中国通信学会普及与教育工作委员会推荐教材

21世纪高职高专电子信息类规划教材
21 Shiji Gaozhi Gaozhuan Dianzi Xinxilei Guihua Jiaocai

光传输
系统配置与维护

刁碧 主编

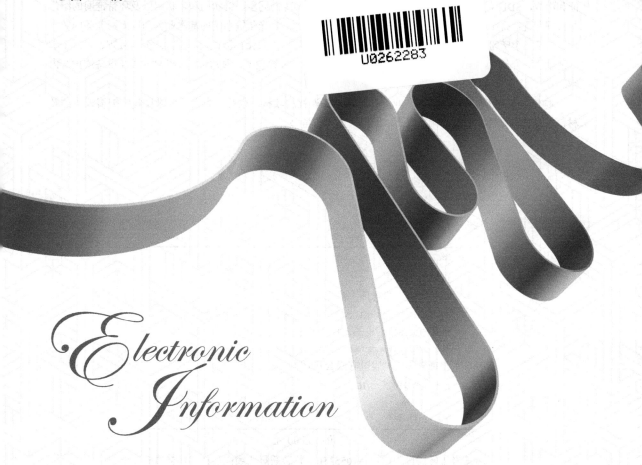

Electronic Information

人民邮电出版社
北京

图书在版编目（C I P）数据

光传输系统配置与维护 / 刁碧主编. -- 北京 : 人民邮电出版社, 2014.9（2021.12重印）
21世纪高职高专电子信息类规划教材
ISBN 978-7-115-35137-1

Ⅰ. ①光… Ⅱ. ①刁… Ⅲ. ①光传输系统－配置－高等职业教育－教材②光传输系统－维修－高等职业教育－教材 Ⅳ. ①TN818

中国版本图书馆CIP数据核字(2014)第165329号

内 容 提 要

本书是作者在积累了 10 多年 SDH 和 DWDM 技术与设备教学经验的基础上，结合高职高专任务驱动教学的要求和特点，以及对光传输网络维护、网络监控工作的职业岗位技能要求，参考了近几年光传输技术最新发展趋势编写的。本书共设 4 个学习情境；第一个学习情境主要介绍了光传输系统的基本概念、功能和组成，SDH 的基本原理、网络结构及保护方式，SDH 网同步、链状网和环状网以及环带链网的组建与数据配置；第二个学习情境主要介绍了以太网的基本原理，光传输系统的基本业务和以太网业务的数据配置；第三个学习情境主要介绍了光传输设备的日常维护、参数指标测试及典型故障分析处理；第四个学习情境主要介绍了 DWDM/OTN 的基本概念、网络结构、关键技术、网元功能、组网方式及设备维护等内容。

本书可作为高职院校通信类专业光纤通信设备课程的教材，也可作为光纤传输设备维护培训班的教材，以及从事光传输网络设计、施工、维护人员的参考书。

◆ 主　　编　刁　碧
责任编辑　滑　玉
责任印制　彭志环　焦志炜

◆ 人民邮电出版社出版发行　　北京市丰台区成寿寺路 11 号
邮编　100164　　电子邮件　315@ptpress.com.cn
网址　http://www.ptpress.com.cn
北京盛通印刷股份有限公司印刷

◆ 开本：787×1092　1/16
印张：12.75　　2014 年 9 月第 1 版
字数：315 千字　　2021 年 12 月北京第 3 次印刷

定价：35.00 元

读者服务热线：(010)81055256　印装质量热线：(010)81055316
反盗版热线：(010)81055315

前言

光纤通信从 1970 年到今天，经历了 40 多年的飞速发展，光传输设备采用的技术经历了 PDH/SDH/MSTP/ASON/DWDM/PTN/OTN 的发展历程，作为通信承载平台的光传输系统的建设和运行维护也显得越来越重要。通信类的高等职业教育以适应通信技术发展、培养通信生产和服务一线的技能型专门人才为目的。本书是一本校企合作开发的工学结合教材，它从通信运营商设备维护岗位中光传输系统维护人员职业岗位能力分析入手，以光传输系统的配置与维护管理为载体，以典型学习情景中工作任务为驱动，既体现了项目教学、任务驱动教学的系统性和完整性，同时也保证了教学任务实施的可操作性。通过本书的学习，学生能够系统掌握 SDH、MSTP、DWDM、OTN 光传输系统的基本原理、网络拓扑结构、网络保护，光传输设备（SDH/MSTP/DWDM/OTN）的操作，光传输系统的组网与业务配置，光传输系统的测试、维护与故障处理，OTN 设备组网及网管配置等内容，为今后从事光传输系统的施工、维护及故障处理工作奠定坚实的基础。

本书共设四个学习情境，11 个工作任务。每个工作任务均按照任务描述、任务分析、任务资讯、任务实施、任务考核、教学策略、任务总结逐一展开。任务描述中模拟真实工作环境给学生下达一个工作任务；任务分析环节中介绍如何完成任务的思路、方法；任务资讯中给出完成工作任务的相关知识点；任务实施环节中学生通过实践操作完成目标任务；任务考核环节由老师和同学一起完成学生该次任务的考核，评定出学生的成绩；教学策略环节中主要给出组织与实施基于工作任务驱动的教学模式的一些方法、建议，最后任务总结归纳了每个工作任务的重要知识点。

本书由刁碧独立编著，但本书在撰写过程中得到了四川邮电职业技术学院老师以及企业工程师的支持和帮助。首先感谢深圳讯方通信技术有限公司的殷法龙、张玉乐等工程师，他们为本书的编写提供很多有价值的技术支持；同时也感谢四川邮电职业技术学院项目研发中心的施刚老师、实训中心的张超老师对本书提供的重要帮助。

限于编者水平，加上时间仓促，书中难免存在不妥和错误的地方，敬请各位读者批评指正。

编　者

前言

光纤通信从1970年到今天，经历了40多年的飞速发展，光传输设备采用的技术经历了PDH/SDH/MSTP/ASON/DWDM/PTN/OTN的发展历程，作为通信系统平台的光传输系统的建设和运行维护也显得越来越重要。通信类的高等职业教育以培养适应通信技术发展，培养通信生产和服务一线的技能型专门人才为目标。本书是一本校企合作开发的工学结合教材，它从通信运营商设备维护岗位中光传输系统维护人员职业岗位能力分析入手，以光传输系统的配置与维护数据为载体，以典型学习情景中工作任务为驱动，整体设计项目教学，任务驱动贯穿的系统性和完整性，同时也保证了教学任务实施的可操作性。通过本书的学习，学生能够掌握SDH、MSTP、DWDM、OTN光传输系统的基本原理、网络拓扑结构、网络保护，光传输设备（SDH/MSTP/DWDM/OTN）的硬件，光传输系统的组网与业务配置，光传输系统的测试、维护与故障处理，OTN设备组网及网管配置等内容，为今后从事光传输系统的施工、维护及监控等工作奠定坚实的基础。

本书共设四个学习情景，11个工作任务。每个工作任务均按照任务描述、任务分析、任务实施、相关知识、任务总结、教学策略、任务考核这一系列开展，在教学活动中模拟真实工作环境，让学生了解一个工作任务；任务分析环节中介绍如何完成任务的思路、方法；相关知识讲解出完成工作任务的相关知识点；任务实施环节中学生通过实践操作完成目标任务；任务考核环节由老师和同学一起完成学生该任务的考核，评定出学生的成绩；教学策略环节中主要给出了教师实施基于工作任务驱动的教学模式的一些方法、建议；最后任务总结归纳了每个工作任务的重要知识点。

本书由[illegible]独立编著，在本书编写过程中得到了四川邮电职业技术学院领导及企业工程师的支持和帮助，首先感谢深圳讯方通信技术有限公司的[illegible]、张[illegible]等工程师，他们为本书的编写提供很多有价值的技术支持；同时也感谢四川邮电职业技术学院项目研发中心的姚刚老师、实训中心的张超老师对本书提供的重要帮助。

由于编者水平，加上时间仓促，书中难免存在不当和错误的地方，敬请各位读者批评指正。

编 者

目 录

学习情景一

SDH/MSTP 设备组网及数据配置

✦情境描述

本情境主要描述的是 SDH/MSTP 设备在组网配置过程中的工作流程，其中包括简单的链状组网、较复杂的环形组网、复杂的环带链状组网及它们的数据配置等典型工作任务，以指导学生作为传输工程师在实际传输组网及数据配置过程中的具体操作。

✦能力目标

❖ 专业能力

- T2000 网管的基本操作
- SDH/MSTP 链状组网及数据配置
- SDH/MSTP 环状组网及数据配置
- SDH/MSTP 环带链状组网及数据配置

❖ 方法能力

- 能根据工作任务的需要使用各种信息媒体，独立收集和查阅资料信息。
- 能根据工作任务的目标要求合理进行任务分析，制定小组工作计划，有步骤地开展工作，并做好各步骤的预期与评估。
- 能分析工作中出现的问题，并提出解决问题的方案。
- 能自主学习新知识和新技术并在工作中应用。

❖ 社会能力

- 具有良好的社会责任感和工作责任心，积极主动参与到工作中。
- 具有团队协作精神，主动与人合作、沟通和协调。
- 具有良好的语言表达能力，能有条理地表达自己的观点和看法。

任务 1　SDH/MSTP 设备链状组网及数据配置

📖任务描述

某市新增四个传输节点，需要新建一个链状网络以连接这些节点，要求维护人员进行组网方案设计，完成设备安装以及数据配置。

📖任务分析

SDH 的网络拓扑结构中链状网是最简单的一种，就是将网中的所有节点一一串联，而首尾两端开放。链状网分为无保护链和有保护链（1+1 或者 1∶1），要完成链状组网工程设计及数据配置，首先需分析设计条件，根据设计条件进行具体的工程设计，完成设计方案（网络拓扑结构，业务矩阵，时隙安排、系统结构、公务等），然后完成硬件设备安装，最后在网管上完成软件设置（即数据配置）。

📖任务资讯

1.1.1 传输系统的基本概念

一、传输系统的概念

通信是由一地向另一地传递信息的过程，通信网是由终端设备、交换设备和连接它们之间的传输系统有机地组织在一起，按约定的信令或协议完成任意用户间信息交换的通信体系。其基本组成如图 1-1 所示。

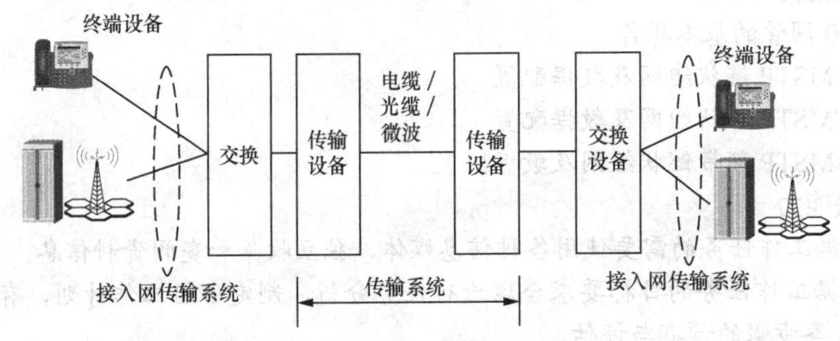

图 1-1 传输系统组成示意图

终端设备是通信网中的源点和终点，常见的终端设备有电话机、手机、计算机、传真机、视频终端、智能终端和 PBX 等，其主要功能是用户信息的处理和信令信息的处理。用户信息的处理主要包括用户信息的发送和接收，将用户信息转换成适合信道上传送的信号，或进行相反的变换。信令信息的处理主要包括产生和识别连接建立、业务管理等所需的控制信息。

交换设备的作用是实现局内或局间用户信号的交换和连接。不同的业务，如语音、数据、图像通信等交换设备的要求各不相同。常见的交换设备有电话交换机、分组交换机、ATM 交换机、NGN 交换机。

传输系统的功能是完成信号复用，将低速的信号复用成高速的信号并完成这些信息的传送，如完成终端设备与交换设备之间、交换设备与交换设备之间的局间中继信息传送。从图 1-1 中可以看出，传输系统是能满足各种业务和信号传输的承载平台，能够有效地支持现有各种业务、支撑网和未来的综合信息网。传输系统是由传输设备和传输介质构成的，按照采用的传输媒介的不同，如电缆、光缆、微波、卫星等，可以分为有线传输系统（光缆、电缆）和无线传输系统（微波、卫星）。传输设备的主要作用则是将需要传输的信号转换成适

合传输媒介传输的信号或进行相反的变换，如复用、电/光转换等。传输设备有 PDH\SDH\MSTP\ASON\DWDM\PTN 等。

二、传输系统的层次

我国的传输系统分为长途传输网（骨干网）、本地传输网（或城域传送网）、接入传输网，如图 1-2 所示。

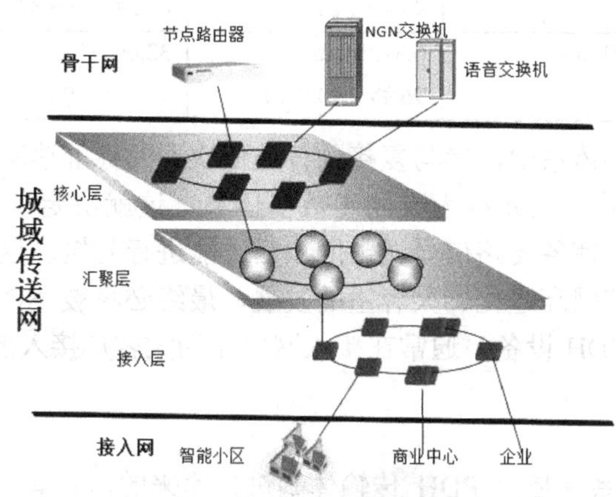

图 1-2　城域传送网的分层

其中长途传输网可以细分为国际长途传输网、省际长途传输（一级干线）网和省内长途传输网（二级干线）。国际长途传输网是连接国际长途传输业务节点之间的网络；国内长途传输网又分为一级干线和二级干线网。一级干线传输网是连接省（区或直辖市）中心长途业务节点之间的传输网络，负责疏通各省间的省际长途传输业务及各省的国际出口业务；二级干线传输网是连接省（区或直辖市）中心长途业务节点与地/市长途业务节点之间的传输网络，负责疏通省内的长途业务及各地市出口业务。

城域传送网是指覆盖城市及其郊区范围、为城市多业务提供综合传送平台的网络，主要应用于大中型城市地区，它以多业务光传送网络为基础，实现语音、数据、图像、多媒体、IP 等接入。

三、光传输技术

我国已建成以光纤通信为主，以微波、卫星通信为辅的通信网。光纤通信是指以光波为载体，以光纤为传输媒质的通信方式。从 1970 年美国康宁公司生产出第一根光纤、美国贝尔研究所研制出第一台半导体激光器以来，光纤通信得到了非常迅速的发展。

光传输技术经历了：PDH 技术、SDH 技术、MSTP 技术、ASON 技术、WDM 技术、OTN 技术、PTN 技术。

1. PDH 技术

PDH 即准同步数字体系，从 20 世纪 70 年代至 80 年代末，PDH 设备和系统在通信网中获得了大规模的应用。国际电信联盟（ITU-T）提出了两个 PDH 体系的建议，即 E 体系 PCM30/32 路基群和 T 体系 PCM24 路系列。前者是我国大陆和欧洲采用，后者被日本和北美采用。见表 1-1。

表 1-1 PDH 的速率等级标准

国家、地区	一次群（基群）	二 次 群	三 次 群	四 次 群
我国、欧洲	2.048Mbit/s 30 路	8.448Mbit/s 120 路（30×4）	34.368Mbit/s 480 路（120×4）	139.264Mbit/s 1920 路（480×4）
北美	1.544Mbit/s 24 路	6.312Mbit/s 96 路（24×4）	44.736Mbit/s 672 路（96×7）	139.264Mbit/s 4032 路（672×6）
日本	1.544Mbit/s 24 路	6.312Mbit/s 96 路（24×4）	32.064Mbit/s 480 路（96×5）	97.728Mbit/s 1440 路（480×6）

在 PDH 准同步数字体系中，参与复接的各地低次群的标准速率虽然相同，但是实际的瞬时数码率有一定的偏差，因此称为准同步数字体系。这就决定了各支路信号不能直接复接，要先进行码速调整，使各支路信号调整同步后才能进行复接。这种复接原理决定了它有很多缺陷，不能适应电信网高速化、大容量的发展，最终必将被 SDH 所代替，但现今的电信网仍保留一定数量的 PDH 设备，通常在接入网中作为大客户接入的传输技术。

2. SDH 技术

SDH 即同步数字体系，是由 PDH 传输体制进化而来的，它具有 PDH 体制所无法比拟的优点，是不同于 PDH 体制的全新的一代传输技术，与 PDH 相比在技术体制上进行了根本的改革。

SDH 的出现是在 20 世纪 80 年代中期，由美国贝尔通信研究所首先提出了用一整套分等级的标准数字传递结构组成的同步光网络（SONET）体制，ITU-T（原 CCITT）接受了 SONET 概念，并重新命名为同步数字体系（SDH），使其成为不仅使用于光纤传输，也适用于微波和卫星传输的通用技术体制。SDH 采用同步复用技术，可方便地插入和分出低速的支路信号，并具有全世界统一的网络节点接口、兼容而经济的传输设备基础、标准的光接口、强大的网络管理能力等优点，成为传输网的发展主流，但是传统的 SDH 是基于承载 TDM 业务的技术，而现今数据业务的不断需求，因此出现了基于 SDH 的 MSTP 技术。

3. MSTP 技术

MSTP 的概念最初出现在国内是在 1999 年 10 月北京国际通信展上，当时在以 TDM 业务为主的传输网中，出现了数据业务的传送要求，华为公司适时把握了网络的发展要求，提出了多业务传输平台 MSTP 的概念。MSTP（基于 SDH 的多业务传送平台）是指基于 SDH 平台同时实现 TDM、ATM、以太网等业务的接入、处理和传送，提供统一网管的多业务节点。

4. ASON 技术

ASON（智能交换光网络）是构建下一代通信网络的核心技术之一。ASON 可以自动完成网络连接、动态调整逻辑拓扑结构，实现网络带宽的动态按需分配，以增强网络连接的自适应能力，适应数据流的突发性和不可预见性需求，智能交换光网络技术的出现使得我们可以建立一套最大自动化的传输网络，从而降低网络的运营成本。

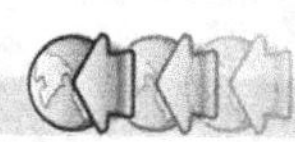

5. WDM 技术

随着语音业务的飞速发展和各种新业务的不断涌现，对网络的宽带要求越来越大，而 WDM 是一种最好的网络升级扩容方式，WDM（波分复用）技术是指一根光纤中可以传输多个波长光信号的技术。根据复用的波长信号的信道间隔的不同，可以分为 CWDM（粗波分复用）和 DWDM（密集波分复用）。DWDM 复用往往是指在同一个波长窗口下信道间隔较小的波分复用。

6. OTN 技术

OTN（光传送网）是以波分复用技术为基础、在光层组织网络的传送网，OTN 是通过一系列 ITU-T 的建议所规范的新一代数字传送体系和光传送体系。传统波分复用（WDM）存在网络保护能力弱、无波长/子波长业务调度能力差、组网能力弱等问题，而 OTN 技术能够解决这些问题。OTN 加入了智能光交换功能，可以通过数据配置实现光交叉而不需要人为跳纤，大大提升了 DWDM 设备的可维护性和组网的灵活性。并且，新的 OTN 网络也在逐渐向更大带宽，更大颗粒，更强的保护演进，所以 OTN 将成为下一代的骨干传输网技术。

7. PTN 技术

PTN（分组传送网）支持多种基于分组交换业务的双向点对点连接通道，具有适合 PTN 网络的各种粗细颗粒业务、以及端到端的组网能力，提供了更加适合于 IP 业务特性的传输管道。PTN 不仅具备丰富的保护方式，具有电信级业务保护倒换，能够实现传输级别的业务保护和恢复，而且继承了 SDH（同步数字体系）的操作、管理和维护机制，具有点对点连接的完美 OAM 体系，保证网络具备通道监控、保护切换、错误检测能力。PTN 网管系统还可以控制连接信道的建立和设置，实现业务 QoS 的区分和保证，灵活提供 SLA 等优点。

四、光传输网的发展趋势

分组化、IP 化是未来光传送网发展的必然方向，未来本地传输网依然在相当长的时间内面临多种业务共存、承载的业务颗粒多样化等问题，光传输网络将是多种设备混合组网应用方式。核心层网络主要由网络中几个核心数据机房组成，布设的设备是 DWDM 和 ASON，在这一层网络中有大容量数据传送的需求，有更高、更快、更安全的网络保护和恢复的需求。汇聚网和接入网这一层的节点就是所有业务的接入点，包括通信基站、大客户专线、宽带租用点和小区宽带集散点等。网络结构有环状、链状和星状，业务需求也各式各样，有需要 IP 业务的，有需要 ATM 业务的，还有需要 2M 业务等。布设的设备通常是 PTN，PTN 一种设备就可以满足所有各类的业务需求，实现“一网承送多重业务”，但这个目标的实现也是需要一个渐进的过程（目前这层网络中的设备还是以 SDH 和 MSTP 为主），首先是在有多业务需求的节点布设 PTN 设备，逐步由 PTN 单节点演进到全 PTN 环，最后形成全 PTN 网络应用。总而言之，DWDM、ASON 和 PTN 这三种设备的优点决定了它们是下一代光传送网络的主流设备，将得到大规模的应用。

1.1.2 SDH 的基本概念

随着通信技术的发展，传统的传输体制 PDH（准同步数字体系）已经不能满足现代信息网络的传输要求，因此 SDH（同步数字体系）就应运而生了。就像 PDH 准同步数字传输体制一样，SDH 这种传输体制规范了数字信号的帧结构，复用方式，传输速率等级，接口码型等特性。它是在 PDH 暴露出很多缺陷后而产生的新的传输体制，它实现了标准光接口，采用的同步复用技术能实现灵活、可靠的上下话路及高效的网络运行、维护与管理，因而在现代信息传输网中占有重要地位。

一、PDH 的缺陷

传统的 PDH 传输体制的缺陷体现在以下几个方面。

1. 接口方面

① 只有地区性的电接口规范，不存在世界性标准。目前国际上存在相互独立的两大体系或 3 种地区性标准（日本、北美和欧洲）。由于没有统一的世界性标准，造成国际间互联互通困难。

② 没有世界性标准的光接口规范。PDH 仅仅制定电接口（G.703）的技术标准，但没有世界性标准光接口规范，导致了各个厂家自行开发的专用光接口大量滋生，故使不同厂家生产的设备在光缆线路上不能互通，必须转换成标准的电接口才能互通，从而增加了设备的成本，并且不灵活。

2. 复用方式

既然 PDH 采用异步复用方式，那么从 PDH 的高速信号中就不能直接地分/插出低速信号，例如不能从 140Mbit/s 的信号中直接分/插出 2Mbit/s 的信号，这就会引起两个问题：

① 从高速信号中分/插出低速信号要一级一级的进行。例如从 140Mbit/s 的信号中分/插出 2Mbit/s 低速信号。

② 由于低速信号分/插到高速信号要通过层层的复用和解复用过程，这样就会使信号在复用/解复用过程中产生的损伤加大，使传输性能劣化。在大容量传输时此种缺点是不能容忍的，这也就是为什么 PDH 体制传输信号的速率没有更进一步提高的原因。

3. 运行维护方面

PDH 中没有安排很多的用于网络运行、维护和管理（OAM）的比特，只有通过线路编码来安排一些插入比特用于监控，因此，难以满足电信管理网（TMN）发展的要求。

4. 没有统一的网管接口

由于没有统一的网管接口，这就使你买一套某厂家的设备就需买一套该厂家的网管系统，容易形成网络的七国八制的局面，不利于形成统一的电信管理网。

以上种种缺陷使 PDH 传输体制越来越不适应传输网的发展。于是美国贝尔通信研究所首先提出了用一整套分等级的标准数字传递结构组成的同步网络（SONET）体制，CCITT 于 1988 年接受了 SONET 概念，并重命名为同步数字体系 SDH。

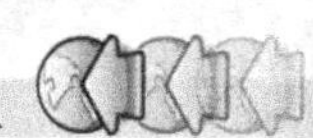

二、SDH 的概念和优点

SDH 网络是由一些基本网络单元（NE）组成的，在传输媒质（光纤、微波等）上可以进行同步信息传输、复用、分插和交叉连接，并由统一网管系统操作的传输网络。既然 SDH 传输体制是 PDH 传输体制进化而来的，因此它具有 PDH 体制所无可比拟的优点。它是不同于 PDH 体制的全新的一代传输体制，与 PDH 相比在技术体制上进行了根本的变革。SDH 的优点如下。

1．接口方面

（1）电接口方面

接口的规范化与否是决定不同厂家的设备能否互连的关键。SDH 体制对网络节点接口 NNI 作了统一的规范。规范的内容有数字信号速率等级、帧结构、复接方法、线路接口、监控管理等，这就使 SDH 设备容易实现多厂家互连，也就是说在同一传输线路上可以安装不同厂家的设备，体现了横向兼容性。

（2）光接口方面

线路接口（这里指光口）采用世界性统一标准规范。SDH 信号的线路编码仅对信号进行扰码，不再进行冗余码的插入。

2．复用方式

由于低速 SDH 信号是以字节间插方式复用进高速 SDH 信号的帧结构中的，这样就使低速 SDH 信号在高速 SDH 信号的帧中的位置是固定的、有规律性的，也就是说是可预见的，因此，可以直接从 STM-N 光线路信号中分插出低速的各种支路信号，使上、下业务变得简单容易。

3．运行维护方面

SDH 信号的帧结构中安排了丰富的用于运行维护 OAM 功能的开销字节，使网络的监控功能大大加强，也就是说维护的自动化程度大大提高。

4．兼容性良好

SDH 具有良好的兼容性，所谓后向兼容性是指 SDH 网与现有的 PDH 网络完全兼容，即可兼容 PDH 的各种速率。而前向兼容性是指 SDH 网络能兼容各种新的数字业务信号，如 ATM 信元、IP 包等。

三、SDH 的缺点

① 频带利用率比 PDH 低。以 2.048Mbit/s 为例，PDH140M 系统可以容纳 64 个 2.048Mbit/s 信号，而 SDH 的 155.5202.048Mbit/s 系统只能容纳 63 个 2.048Mbit/s 信号。因此可以说，SDH 的高可靠性和灵活性，是以牺牲频带利用率为代价的。

② 指针调整机理复杂，并且产生指针调整定时抖动。

③ 软件的大量应用，使系统易受误操作、软件故障或计算机病毒的危险。

综上所述，同步数字体系（SDH）尽管有不足之处，但毕竟比传统的准同步传输有着明显的优越性。因此，它必将最终取代 PDH 传输体制。

1.1.3 SDH 的速率和帧结构

一、SDH 的速率

SDH 具有一套标准化的信息结构等级，被称为同步传送模块 STM-*N*（*N*=1、4、16、256），其中最基本的模块是 STM-1，其传输速率是 155.520Mbit/s，更高等级的 STM-*N* 是将 *N* 个 STM-1 按字节间插同步复用后所获得的。其中 *N* 的取值有 1、4、16、64、256。

ITU-TG.707 建议规范的 SDH 标准速率见表 1-2。

表 1-2　同步数字系列的速率等级

同步数字系列等级	比特率（Mbit/s）	2M 数量	容量（话路）
STM-1	155.520	63	1890
STM-4	622.08	252	7560
STM-16	2488.32（2.5Gbit/s）	1008	30240
STM-64	9953.280（10Gbit/s）	4032	120880
STM-64	40Gbit/s	16128	483520

二、SDH 的帧结构

STM-N 信号 ITU-T 规定了 STM-*N* 的帧是以字节（8bit）为单位的矩形块状帧结构。其帧结构如图 1-3 所示。

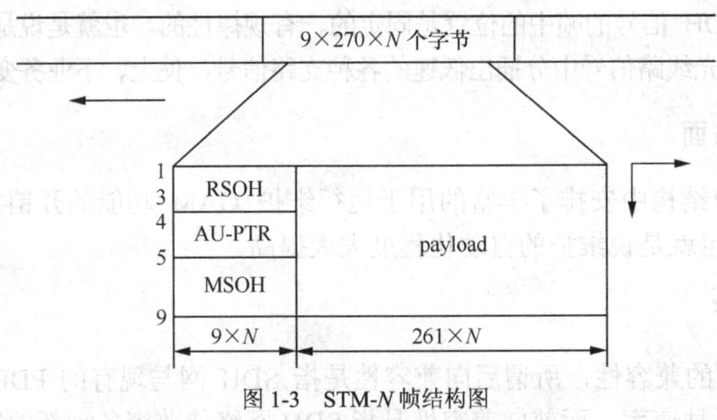

图 1-3　STM-*N* 帧结构图

从图 1-3 可看出 STM-*N* 的信号是 9 行 270×*N* 列的帧结构，此处的 *N* 与 STM-*N* 的 *N* 相一致，(取值范围 1，4，16，64)，表示此信号由 *N* 个 STM-1 信号通过字节间插复用而成。由此可知 STM-1 信号的帧结构是 9 行 270 列的块状帧。由上图看出当 *N* 个 STM-1 信号通过字节间插复用成 STM-*N* 信号时，仅仅是将 STM-1 信号的列按字节间插复用，行数恒定为 9 行。

从图 1-3 可看出 STM-*N* 的帧结构由 3 部分组成：段开销（包括再生段开销 RSOH 和复用段开销 MSOH）、管理单元指针 AU-PTR、信息净负荷 payload。下面我们讲述这三大部分的功能。

① 信息净负荷 payload 是在 STM-*N* 帧结构中存放将由 STM-*N* 传送的各种信息码块的地方。信息净负荷区相当于 STM-*N* 这辆运货车的车箱，车箱内装载的货物就是经过打包的

低速信号。待运输的货物为了实时监测打包的低速信号在传输过程中是否有损坏，在将低速信号打包的过程中加入了监控开销字节—通道开销 POH 字节。POH 作为净负荷的一部分与信息码块一起装载在 STM-*N* 这辆货车上在 SDH 网中传送，它负责对打包的低速信号进行通道性能监视管理和控制。

② 段开销 SOH 是为了保证信息净负荷正常灵活传送所必须附加的，供网络运行、管理和维护 OAM 使用的字节，段开销又分为再生段开销 RSOH 和复用段开销 MSOH，分别对相应的段层进行监控。

再生段开销在 STM-*N* 帧中的位置是第 1 到第 3 行的第 1 到第 9×N 列，共 3×9×*N* 个字节。复用段开销在 STM-*N* 帧中的位置是第 5 到第 9 行的第 1 到第 9×N 列，共 5×9×*N* 个字节，与 PDH 信号的帧结构相比较段开销丰富是 SDH 信号帧结构的一个重要的特点。

③ 管理单元指针 AU-PTR。指针 AU-PTR 是用来指示信息净负荷的第一个字节在 STM-*N* 帧内的准确位置的指示符，以便收端能根据这个位置指示符的指针值正确分离信息净负荷。

指针有高低阶之分，高阶指针是 AU-PTR，低阶指针是 TU-PTR。支路单元指针 TU-PTR 的作用类似于 AU-PTR，只不过所指示的货物堆更小一些而已。

1.1.4　SDH 的开销

SDH 的开销是指用于 SDH 网络的运行、管理和维护（OAM）的比特。SDH 的开销分为段开销（SOH）和通道开销（POH）两大类，分别用于段层和通道层的维护。段开销又分为再生段开销（RSOH）和复用段开销（MSOH）两种，通道开销又分为高阶通道开销和低阶通道开销。这些开销字节实施了对 SDH 信号层层细化的监控。比如，对 2.5Gbit/s 系统的监控，再生段开销负责对整个 STM-16 信号的监控，复用段开销细化到对其中 16 个 STM-1 的任一个进行监控，高阶通道开销再将其细化成对每个 STM-1 中 VC-4 的监控，低阶通道开销又将对 VC-4 的监控细化为对其中 63 个 VC-12 的任一个 VC-12 进行监控，由此实现了对 2.5Gbit/s 级别到 2Mbit/s 级别的多级监控手段。

一、段开销

段层的监控又分为再生段层和复用段层的监控，通道层监控分为高阶通道层和低阶通道层的监控。

STM-*N* 帧的段开销位于帧结构的 1-9 行 1-9*N* 列（除第 4 行为 AU-PTR 外），我们以 STM-1 信号为例来讲段开销各字节的用途。对于 STM-1 信号段开销包括位于帧中的 1-3 行、1-9 列的 RSOH 和位于 5-9 行 1-9 列的 MSOH，如图 1-4 所示。

1．定帧字节 A1 和 A2

由于接收机必须在收到的信号流中正确地选择分离出各个 STM-*N* 帧，即先要定位每个 STM-*N* 帧的起始位置在哪里，然后再在各帧中定位相应的低速信号的位置。A1、A2 字节就是起到定位的作用，用来识别一帧的起始位置，以实现帧同步的功能。通过它接收机可从信息流中定位分离出 STM-*N* 帧。A1、A2 有固定的值也就是有固定的比特图案 A1=11110110（f6H），A2=00101000（28H）。当连续 5 帧以上（625μs）无法判别帧头，区分出不同的帧时，那么收端进入帧失步状态，产生帧失步告警 OOF，若 OOF 持续了 3ms 则进入帧丢失状态，设备产生帧丢失告警 LOF，下插 AIS 信号，整个业务中断。在 LOF 状态下若收端连续 1ms 以上又处于定帧状态那么设备回到正常状态。

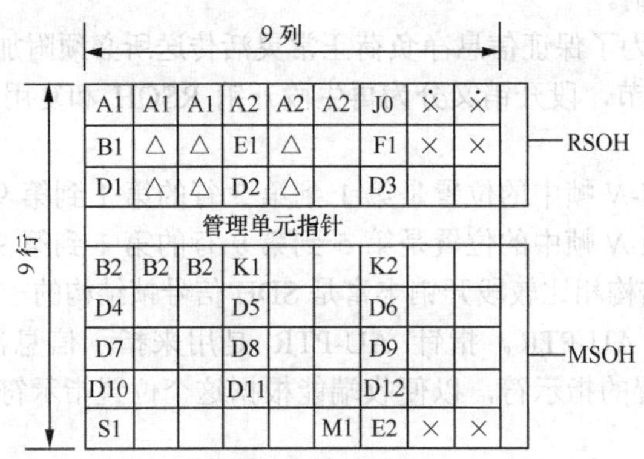

图 1-4　STM-1 帧的段开销字节示意图

2．再生段踪迹字节（J0）

该字节被用来重复地发送段接入点标识符，以便使接收端能据此确认与指定的发送端是否处于持续连接状态，在同一个运营者的网络内该字节可为任意字符，而在不同两个运营者的网络边界处要使设备收发两端的 J0 字节相匹配。通过 J0 字节可使运营者提前发现和解决故障，缩短网络恢复时间。如果收发的 J0 字节不一致，则产生 RS-TIM（再生段踪迹失配告警）。

3．数据通信通路（DCC 字节 D1-D12）

SDH 的一大特点就是 OAM 功能的自动化程度很高，可通过网管终端对网元进行命令下发、数据查询，完成 PDH 系统所无法完成的业务实时调配、告警故障定位、性能在线测试等功能。用于 OAM 功能的数据信息下发的命令、查询上来的告警性能数据等，是通过 STM-*N* 帧中的 D1-D12 字节传送的，D1-D12 字节提供了所有 SDH 网元都可接入的通用数据通信通路。

其中 D1-D3 是再生段数据通路字节 DCC，速率为 3×64kbit/s=192kbit/s，用于再生段终端间传送 OAM 信息；D4-D12 是复用段数据通路字节 DCC，共 9×64kbit/s=576kbit/s，用于在复用段终端间传送 OAM 信息。

4．公务联络字节（E1 和 E2）

公务联络字节分别提供一个 64kbit/s 的公务联络语声通道，语音信息放于这两个字节中传输。E1 属于 RSOH，用于再生段的公务联络，E2 属于 MSOH，用于终端间直达公务联络。

5．使用者通路字节（F1）

F1 提供速率为 64kbit/s 数据/语音通路保留给使用者，通常指网络提供者用于特定维护目的的临时公务联络。

6．比特间插奇偶校验 8 位码-B1 字节（BIP-8）

这个用于再生段误码监测的 B1 字节，位于再生段开销中。

B1 字节的工作机理是，发送端对前一帧加扰后的所有字节进行 BIP-8 偶校验，将结果放在下一个待扰码帧中的 B1 字节，接收端将当前待解扰帧的所有比特进行 BIP-8 校验所得的结果，与下一帧解扰后的 B1 字节的值相异或比较，若这两个值不一致则异或有 1 出现，根据出现多少个 1 则可监测出在传输中出现了多少个误码块。

7．比特间插奇偶校验字节 B2（BIP-N×24）

B2 的工作机理与 B1 类似，只不过它检测的是复用段层的误码情况。三个 B2 字节对应一个 STM-1 帧检测机理是，发端 B2 字节对前一个待扰的 STM-1 帧中，除 RSOH 部分的全部比特进行 BIP-24 计算结果放于本帧待扰 STM-1 帧的 B2 字节位置。收端对当前解扰后 STM-1 的除了 RSOH 的全部比特进行 BIP-24 校验，其结果与下一 STM-1 帧解扰后的 B2 字节相异或，根据异或后出现 1 的个数来判断该 STM-1 在 STM-*N* 帧中的传输过程中出现了多少个误码块，可检测出的最大误码块个数是 24 个。

8．自动保护倒换 APS 通路字节 K1K2（b1-b5）

这两个字节用作传送自动保护倒换 APS 信令，用于保证设备能在故障时自动切换，使网络业务恢复自愈，用于复用段保护倒换自愈情况。

9．复用段远端失效指示 MS-RDI 字节 K2（b6-b8）

这是一个对告的信息，由收端信宿回送给发端信源，表示收信端检测到故障，或正收到复用段告警指示信号等，这时回送给发端 MS-RDI 告警信号，以使发端知道收端的状态。若收到的 K2 的 b6-b8 为 110 码，则此信号为对端对告的 MS-RDI 告警信号；若收到的 K2 的 b6-b8 为 111，则此信号为本端收到 MS-AIS 信号，此时要向对端发 MS-RDI 信号。

10．同步状态字节 S1（b5-b8）

不同的比特图案表示 ITU-T 的不同时钟质量级别，使设备能据此判定接收的时钟信号的质量，以决定是否切换时钟源，即切换到较高质量的时钟源上。S1（b5-b8）的值越小表示相应的时钟质量级别越高。

11．复用段远端误码块指示字节 M1（MS-REI）

这是个对告信息，由接收端回发给发送端，M1 字节用来传送接收端由 BIP-*N*×24（B2）所检出的误块数，以便发送端据此了解接收端的收信误码情况。

12．与传输媒质有关的字节（△）

△字节专用于具体传输媒质的特殊功能，例如用单根光纤做双向传输时可用此字节来实现辨明信号方向的功能。

13．国内保留使用的字节（×）

×字节为国内保留使用的字节，其他所有未做标记的字节的用途待由将来的国际标准确定。此外，各 SDH 生产厂家往往会利用 STM 帧中段开销的未使用字节，来实现一些自己设备的专用功能。

二、通道开销

段开销负责段层的 OAM 功能，而通道开销负责的是通道层的 OAM 功能。POH 又分为高阶通道开销和低阶通道开销。高阶通道开销 VC4 可对 H4（140Mbit/s）在 STM-*N* 帧中的传输情况进行监测；低阶通道开销 VC12 监测 H-12（2Mbit/s）在 STM-*N* 帧中的传输性能。

1．高阶通道开销（HP-POH）

高阶通道开销的位置在 VC4 帧中的第一列共 9 个字节。

（1）J1（通道踪迹字节）

AU-PTR 指针指的是 VC4 的起点在 AU-4 中的具体位置，即 VC4 的第一个字节的位置，以使收信端能据此 AU-PTR 的值正确地在 AU-4 中分离出 VC4。J1 字节是 VC-4 的第 1 个字节，用来重复发送“高阶通道接入点识别符”，即利用 J1 字节来确认与指定的发送端是否处于持续的连接状态。

（2）通道 B3 字节（BIP-8）

通道 BIP-8 码 B3 字节负责监测 VC4 在 STM-*N* 帧中传输的误码性能，监测机理与 B1、B2 相类似，只不过 B3 是对 VC4 帧进行 BIP-8 校验。

（3）C2（信号标记字节）

C2 用来指示 VC 帧的复接结构和信息净负荷的性质，例如通道是否已装载、所载业务种类和它们的映射方式。例如 C2=00H 表示这个 VC4 通道未装载信号，这时要往这个 VC4 通道的净负荷中插全“1”码 TU-AIS，设备出现高阶通道未装载告警 HP-UNEQ；C2=02H 表示 VC4 所装载的净负荷是按 TUG 结构的复用路线复用来的，我国的 2Mbit/s 复用进 VC-4 采用的是 TUG 结构。

（4）G1（通道状态字节）

G1 用来将通道终端状态和性能情况回送给 VC4 通道源设备，从而允许在通道的任一端或通道中任一点对整个双向通道的状态和性能进行监视。G1 字节的 b1-b4 回传给发端由 B3 检测出的 VC4 通道的误块数也就是 HP-REI；当收端收到 AIS，误码超限，J1、C2 失配时由 G1 字节的第 5 比特回送发端一个 HP-RDI 高阶通道远端劣化指示，使发端了解收端接收相应 VC4 的状态，以便及时发现定位故障。G1 字节的 b6 至 b8 暂时未使用。

（5）F2、F3 使用者通路字节

这两个字节提供通道单元间的公务通信。

（6）H4-TU（位置指示字节）

（7）K3（空闲字节）

K3 留待将来应用要求接收端忽略该字节的值。

（8）N1（网络运营者字节）

N1 用于特定的管理目的。

2．低阶通道开销（LP-POH）

低阶通道开销这里指的是 VC-12 中的通道开销，当然它监控的是 VC-12 通道级别的传输性

能，低阶通道开销放在一个 VC-12 的复帧结构内，一个 VC-12 复帧由 4 个 VC-12 基帧组成，低阶 POH 就位于每个 VC-12 基帧的第一个字节。一组低阶通道开销共有 4 个字节 V5、J2、N2、K4。

1.1.5　网元类型和 SDH 的拓扑结构

一、SDH 网元类型

SDH 传输网是由不同类型的网元通过光缆线路的连接组成，并通过不同的网元完成 SDH 网的传送功能，如上/下业务、交叉连接业务、网络故障自愈等。下面介绍 SDH 网中常见网元的特点和基本功能。

1. TM 终端复用器

终端复用器用在网络的终端站点上，例如一条链的两个端点，它是一个双端口器件，如图 1-5 所示。

它的作用是将支路端口的低速信号复用到线路端口的高速信号 STM-*N* 中，或从 STM-*N* 的信号中分出低速支路信号。需要注意的是将低速支路信号复用进 STM-*N* 帧时有一个交叉复用的功能，例如可将支路的一个 STM-1 信号复用进线路上的 STM-16 信号中的任意位置上，或支路的 2Mbit/s 信号可复用到一个 STM-1 中 63 个 VC12 的任一个位置上。

2. ADM 分/插复用器

分/插复用器用于 SDH 传输网络的转接站点处，例如链的中间结点或环上结点，它是一个三端口的器件，如图 1-6 所示。

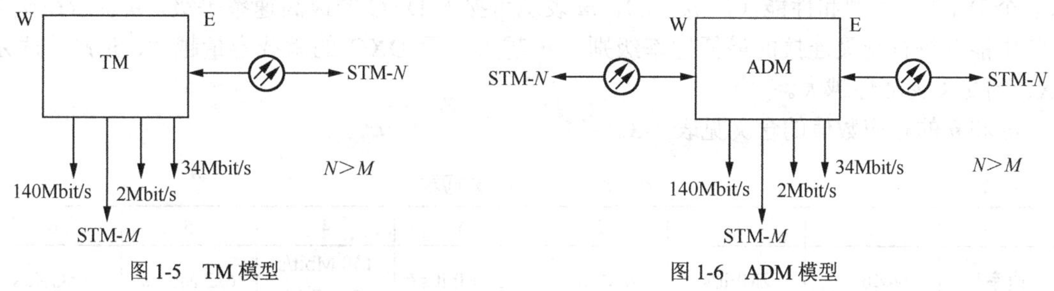

图 1-5　TM 模型　　图 1-6　ADM 模型

ADM 有两个线路端口和一个支路端口。两个线路端口各接一侧的光缆，每侧收/发共两根光纤，通常称为西向 W 和东向 E 两个线路端口。ADM 的作用是将低速支路信号交叉复用进东或西向线路上去，或从东或西侧线路端口收的线路信号中拆分出低速支路信号。另外还可将东/西向线路侧的 STM-*N* 信号进行交叉连接，一个 ADM 可等效成两个 TM。

3. REG 再生中继器

光传输网的再生中继器有两种。一种是纯光的再生中继器，主要进行光功率放大，以延长光传输距离；另一种是用于脉冲再生整形的电再生中继器，主要通过光/电变换、电信号抽样、判决、再生整形、电/光变换以达到不积累线路噪声，保证线路上传送信号波形的完好性。此处讲的是后一种。再生中继器（REG）是双端口器件，只有两个线路端口 W、E，如图 1-7 所示。

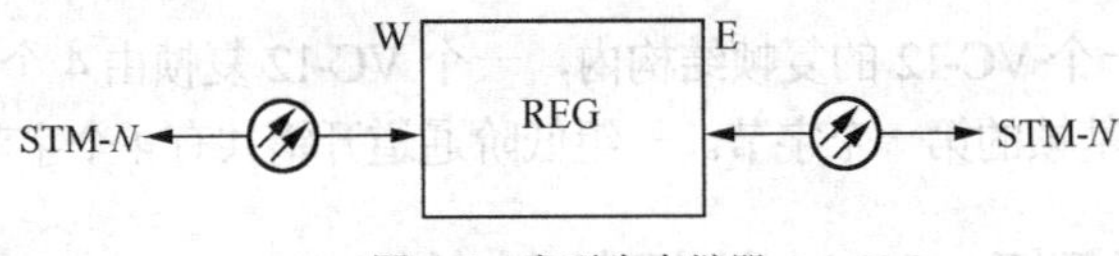

图 1-7　电再生中继器

它的作用是将 W/E 侧的光信号，经 O/E 抽样、判决、再生整形、E/O 在 E 或 W 侧发出。REG 与 ADM 相比仅少了支路端口，所以若本地不上/下支路信号时 ADM 完全可以等效一个 REG。

真正的 REG 只需处理 STM-*N* 帧中的 RSOH 且不需要交叉连接功能，东西直通即可。而 ADM 和 TM 因为要完成将低速支路信号分/插到 STM-*N* 中，所以不仅要处理 RSOH 而且还要处理 MSOH。另外 ADM 和 TM 都具有交叉连接功能，因此用 ADM 来等效 REG 有点大材小用了。

4. 数字交叉连接设备

数字交叉连接设备（DXC）主要完成 STM-*N* 信号的交叉连接功能，它是一个多端口器件，相当于一个交叉矩阵完成各个信号间的交叉连接，如图 1-8 所示。

DXC 可将输入的 m 路信号交叉连接到输出的 n 路信号上，图 1-8 所示有 m 条入信号和 n 条出信号。DXC 的核心是交叉连接，功能强的 DXC 能完成高速信号在交叉矩阵内的低级别交叉，例如 VC12 级别的交叉。通常用 DXCm/n 来表示一个 DXC 的类型和性能（注 $m \geqslant n$），m 表示可接入 DXC 的最高速率等级，n 表示在交叉矩阵中能够进行交叉连接的最低速率级别，m 越大表示 DXC 的承载容量越大，n 越小表示 DXC 的交叉灵活性越大。

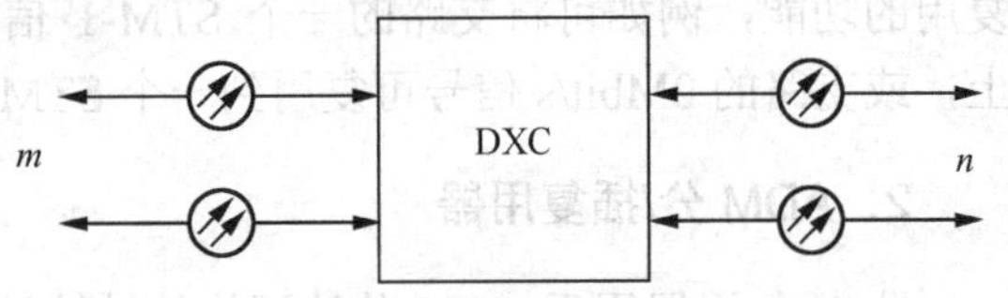

图 1-8　DXC 功能图

m 和 n 的相应数值的含义见表 1-3。

表 1-3　　m、n 数值与速率对应表

m 或 n	0	1	2	3	4	5	6
速率	64Kbit/s	2Mbit/s	8 Mbit/s	34 Mbit/s	140 Mbit/s 155 Mbit/s	622 Mbit/s	2.5Gbit/s

二、SDH 基本的网络拓扑结构

网络拓扑的基本结构有链状、星状、树状、环状和网状，如图 1-9 所示。

1. 链状网

此种网络拓扑是将网中的所有节点一一串联，而首尾两端开放。这种拓扑的特点是较经济，在 SDH 网的早期用得较多。

2. 星状网

此种网络拓扑是将网中一网元作为特殊节点，与其他各网元节点相连，其他各网元节点

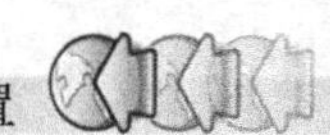

互不相连，网元节点的业务都要经过这个特殊节点转接。这种网络拓扑的特点是可通过特殊节点来统一管理其他网络节点，利于分配带宽节约成本。但存在特殊节点的安全保障和处理能力的潜在瓶颈问题。特殊节点的作用类似交换网的汇接局，此种拓扑多用于本地网接入网和用户网。

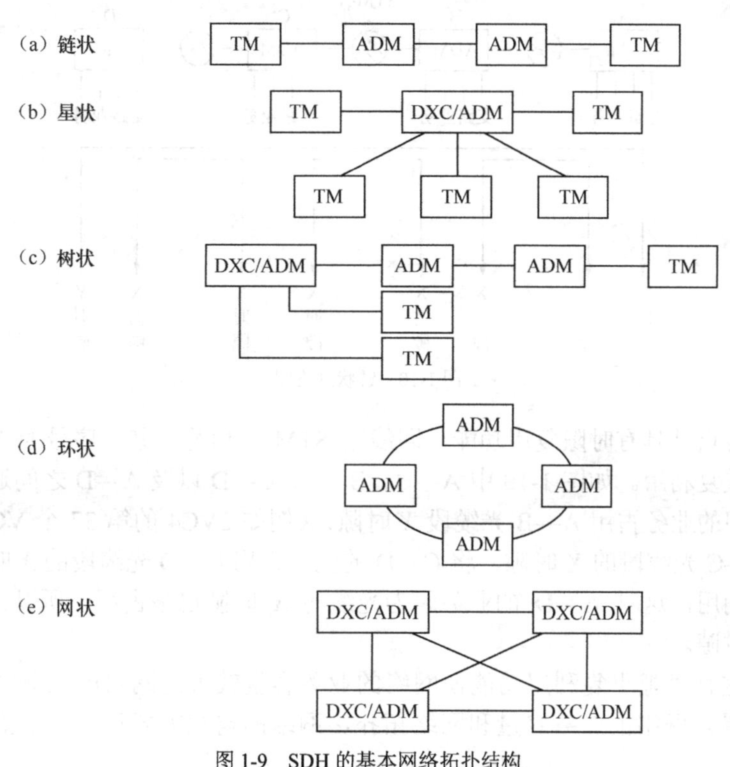

图 1-9　SDH 的基本网络拓扑结构

3．树状网

此种网络拓扑可看成是链状拓扑和星状拓扑的结合，也存在特殊节点的安全保障和处理能力的潜在瓶颈问题。这种拓扑结构适合于广播式业务，不适于提供双向通信业务。

4．环状网

环状拓扑实际上是指将链状拓扑首尾相连，从而使网上任何一个网元节点都不对外开放的网络拓扑形式，这是当前使用最多的网络拓扑形式，主要是因为它具有很强的生存性即自愈功能较强，环状网常用于本地网（接入网和用户网）、局间中继网。

5．网状网

将所有网元节点两两相连就形成了网状网络拓扑，这种网络拓扑为两网元节点间提供多个传输路由，使网络的可靠性更强，不存在瓶颈问题和失效问题，但是由于系统的冗余度高必会使系统有效性降低，成本高且结构复杂。网状网主要用于长途网中，以提供网络的高可靠性。

当前用得最多的网络拓扑是链状和环状，通过它们的灵活组合可构成更加复杂的网络。

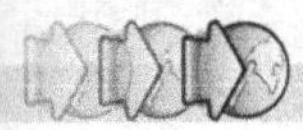

1.1.6 链状网的特点、业务容量和保护方式

典型的链状网如图 1-10 所示。

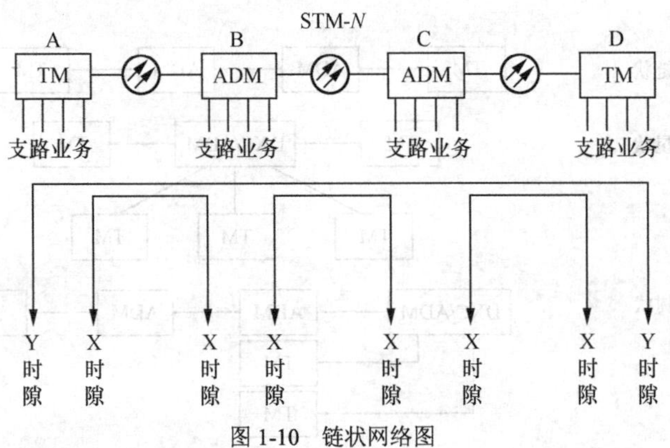

图 1-10 链状网络图

链状网的特点是具有时隙复用功能，即线路 STM-*N* 信号中某一序号的 VC 可在不同的传输光缆段上重复利用。如图 1-10 中 A—B、B—C、C—D 以及 A—D 之间通有业务，这时可将 A—B 之间的业务占用 A—B 光缆段 *X* 时隙，（例如 2VC4 的第 37 个 VC12），将 B—C 的业务占用 B—C 光缆段的 X 时隙，将 C—D 的业务占用 C—D 光缆段的 *X* 时隙，这种情况就是时隙重复利用，这时 A—D 的业务因为光缆的 *X* 时隙已被占用，所以只能占用光路上的其他时隙 *Y* 时隙。

链状网的这种时隙重复利用功能使网络的业务容量较大。网络的业务容量指能在网上传输的业务总量。网络的业务容量和网络拓扑、网络的自愈方式和网元节点间业务分布关系有关。

链状网的最小业务量发生在链状网的端站为业务主站的情况下。所谓业务主站是指各网元都与主站互通业务，其余网元间无业务互通。以图 1-10 为例，若 A 为业务主站，那么 B、C、D 之间无业务互通，此时 C、B、D 分别与网元 A 通信，这时由于 A—B 光缆段上的最大容量为 STM-*N*（因系统的速率级别为 STM-*N*），则网络的业务容量为 STM-*N*。

链状网达到业务容量最大的条件是链状网中只存在相邻网元间的业务。在图 1-10 中，此时网络中只有 A—B、B—C、C—D 的业务，不存在 A—D 的业务，这时时隙可重复利用，那么在每一个光缆段上业务都可占用整个 STM-*N* 的所有时隙。若链网有 *M* 个网元，此时网上的业务最大容量为（*M*-1）×STM-*N*，*M*-1 为光缆段数。

常见的链状网有二纤链——不提供业务的保护功能（不提供自愈功能）；四纤链——一般提供业务的 1+1、1∶1 保护。四纤链中其中两根光纤收/发作主用信道，另外两根收/发作备用信道。

1+1 指发端在主备用两个信道上发同样的信息（并发），收端在正常情况下选收主用信道上的业务，因为备用信道上的业务完全一样，当主用信道损坏时，通过切换选收备用信道而使业务恢复。这种倒换方式又叫做单端倒换（仅收端倒换），倒换速度快，但信道利用率低。

1∶1 方式指在正常时发端在主用信道上发主用业务，在备用信道上发额外业务（低级

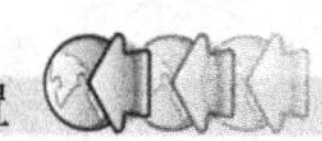

别业务)，收端从主用信道收主用业务，从备用信道收额外业务。当主用信道损坏时，为保证主用业务的传输，发端将主用业务发到备用信道上，收端将切换到备用信道选收主用业务，此时额外业务被终结，主用业务传输得到恢复。这种倒换方式称为双端倒换（收/发两端均进行切换)，倒换速率较慢，但信道利用率高。由于额外业务的传送在主用信道损坏时要被终结，所以额外业务也叫做不被保护的业务。

1∶n 是指一条备用信道保护 n 条主用信道，这时信道利用率更高，但一条备用信道只能同时保护一条主用信道，所以系统可靠性降低了。1∶n 保护方式中 n 最大只能到 14。这是由 K1 字节的 b5～b8 限定的，K1 的 b5～b8 的 0001～1110[1～14]指示要求倒换的主用信道编号。

1.1.7 SDH 的网同步

网同步是指使网络中所有交换节点的时钟频率和相位都控制在预先确定的容差范围内，以便使网内各交换节点的全部数字流实现正确有效的交换。

一、数字网同步方式

1．伪同步

数字交换网中各数字交换局采用的时钟都具有极高的精度和稳定度，一般用铯原子钟。由于时钟精度高，网内各局的时钟虽不完全相同（频率和相位)，但误差很小接近同步，于是称为伪同步。国际数字网中一个国家与另一个国家的数字网之间采取这样的同步方式，例如中国和美国的国际局均各有一个铯时钟，二者采用伪同步方式。

2．主从同步

主从同步指网内设一时钟主局，配有高精度时钟，网内各局均受控于该主局，即跟踪主局时钟，以主局时钟为定时基准，并且逐级下控直到网络中的末端网元（终端局)。主从同步方式一般用于一个国家地区内部的数字网。它的特点是国家或地区只有一个主局时钟，网上其他网元均以此主局时钟为基准来进行本网元的定时。

主从同步和伪同步的原理如图 1-11 所示。

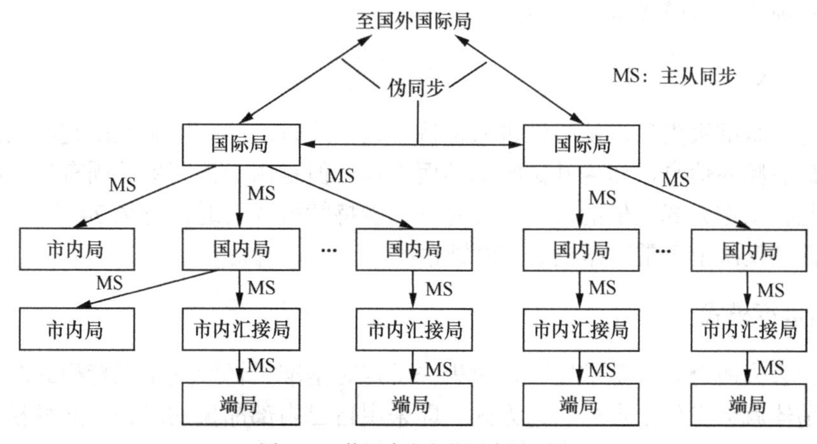

图 1-11 伪同步和主从同步原理图

3. 互同步方式

互同步方式是指在网中不设主时钟，由网内各交换节点的时钟相互控制，最后都调整到一个稳定的、统一的系统频率上的同步方式。优点：对节点时钟要求较低，价格便宜；缺点：稳定性不如主从方式，易受外界影响。

我国采用的同步方式是等级（4 个等级）主从同步方式。

二、时钟类型

目前公用网中使用的时钟类型有 5 种。

① 铯原子钟：长期频率稳定性好和精度很高的时钟，其长期频偏优于 1×10^{-11}。

② 石英晶体振荡器：可靠性高，寿命长，价格低，但长期频率稳定性不好；一般高稳定度的石英晶振作为长途交换局和端局的从时钟；低稳定度的石英晶振作为远端模块或数字终端设备的时钟。

③ 铷原子钟：性能介于上述两种时钟之间。

④ 全球定位系统（GPS）：是由美国国防部组织建立并控制的利用多个低轨道卫星进行全球定位的导航系统。时钟精度可达 1×10^{-12}。

⑤ 大楼综合定时系统（BITS）。

BITS 的功能特点：

① 可以滤除传输中产生的抖动、漂移，将高精度的、理想的同步信号提供给楼内的各种设备；

② 性能稳定，可靠精度可达二级钟或三级钟水平。

三、从时钟的工作模式

主从同步的数字网中从站的时钟通常有三种工作模式。

1. 正常工作模式—跟踪锁定上级时钟模式

此时从站跟踪锁定的时钟基准是从上一级站传来的，可能是网中的主时钟，也可能是上一级网元内置时钟源下发的时钟，也可是本地区的 GPS 时钟。

此种从时钟的工作模式精度最高。

2. 保持模式

当所有定时基准丢失后，从时钟进入保持模式。此时从站时钟源利用定时基准信号丢失前所存储的最后频率信息，作为其定时基准而工作，但是由于振荡器的固有振荡频率会慢慢地漂移，故此种工作方式提供的较高精度时钟不能持续很久（通常持续 24 小时），此种工作模式的时钟精度仅次于正常工作模式的时钟精度。

3. 自由运行模式

当从时钟丢失所有外部基准定时，也失去了定时基准记忆或处于保持模式时间太长，从时钟内部振荡器就会工作于自由振荡方式。即采用自己内部晶振的时钟，此种模式的时钟精度最低。

四、我国数字同步网的结构

1. 我国数字同步网的结构

我国数字同步网的结构是采用分级的主从同步方式，即用单一基准时钟经同步分配网的同步链路控制全网。同步网中使用一系列分级时钟，每一级时钟都与上一级时钟或同一级时钟同步。

2. 数字同步网的特点

我国数字同步网的特点：多基准钟，分区等级同步方式。

① 在北京、武汉等各建一个以铯原子钟为主的、包括GPS接收机的高精度基准钟，称PRC。

② 在其他 29 个省中心城市（北京、武汉等除外）各建立了一个以 GPS 接收机为主加铷钟构成的高精度区域基准钟，称 LPR。

③ LPR 以 GPS 为主用，当 GPS 信号发生故障或降质时，该 LPR 转为经地面直接（或间接）跟踪北京或武汉的 PRC。

④ 各省以本省中心的 LPR 为基准钟组建数字同步网。

⑤ 地面传输同步信号一般采用 PDH2M 专线，缺乏 PDH 链路时，采用 STM-*N* 光线路码流传输定时信号。

3. SDH 网的同步方式

SDH 网的主从同步时钟可按精度分为四个类型（级别），分别对应不同的使用范围：作为全网定时基准的主时钟；作为转接局的从时钟；作为端局的从时钟；作为 SDH 设备的时钟。

ITU-T 对各级时钟精度进行了规范，时钟质量级别由高到低分列如下。

① 基准主时钟—精度达 $1\text{x}10^{-11}$，由 G.811 规范。

② 转接局时钟—精度达 $5\text{x}10^{-9}$，由 G.812 规范（中间局转接时钟）。

③ 端局时钟—精度达 $1\text{x}10^{-7}$，由 G.812 规范（本地局时钟）。

④ SDH 网络单元时钟—精度达 $4.6\text{x}10^{-6}$，由 G.813 规范（SDH 网元内置时钟）。

五、SDH 网同步原则

在数字网中传送时钟基准应注意以下几个问题。

① 在同步时钟传送时不应存在环路，如图 1-12 所示。

若 NE2 跟踪 NE1 的时钟，NE3 跟踪 NE2，NE1 跟踪 NE3 的时钟，这时同步时钟的传送链路组成了一个环路。这时若某一网元时钟劣化就会使整个环路上网元的同步性能连锁性的劣化。

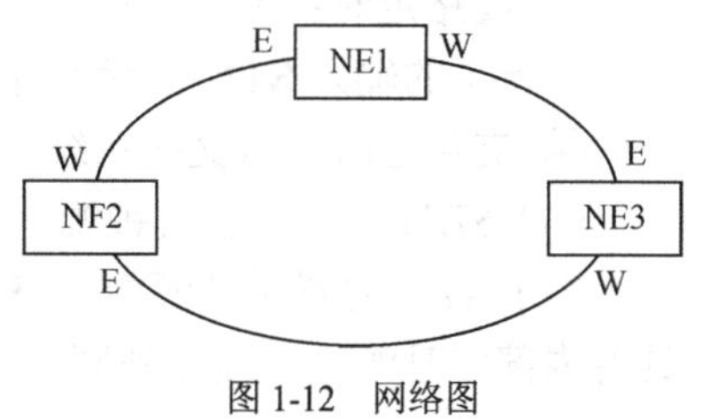

图 1-12　网络图

② 尽量减少定时传递链路的长度，避免由于链路太长影响传输的时钟信号的质量。

③ 从站时钟要从高一级设备或同一级设备获得基准。

④ 应从分散路由获得主备用时钟基准，以防止当主用时钟传递链路中断后导致时钟基准丢失的情况。

⑤ 选择可靠性高的传输系统来传递时钟基准。

六、SDH 的时钟源

1. SDH 同步定时参考信号来源

定时参考信号可以有以下四种来源。

① 从 STM-N 等级的信号中提取时钟。

② 直接利用外部输入站时钟（2048kHz）。

③ 从来自纯 PDH 网或交换系统的 2Mb/s 支路信号中提取时钟。

④ SDH 设备内置时钟源。

2. SDH 设备的定时方式

（1）外同步方式

目前每个 SDH 网络单元中的 SETPI（同步设备定时物理接口模块）提供了输出定时和输入定时接口，接口具有 G.703 2Mbit/s 的物理特性。外部提供的定时源一般有三种：（时钟主站-通常网关网元采用）

① PDH 网同步中的 2048kHz 同步定时源。

② 同局中其他 SDH 网络单元输出的定时。

③ 同局中 BITS 输出的时钟。

一般在较大的局站中，通常配置有称为大楼综合定时供给系统（BITS）的时钟源。BITS 接收国内基准或其他如 GPS 的定时基准同步，具有保持功能。局内需要同步的 SDH 设备均受其同步。

（2）从接收信号提取的定时

从接收信号中提取定时是被广泛应用的局间同步定时方式，BITS 需要从上级节点传输过来的信号中提取定时基准。本局内没有 BITS 的 SDH 设备也要从接收信号中提取定时以同步于基准时钟。目前主要推荐从不受指针调整影响的 STM-*N* 信号中直接提取定时。

随 SDH 设备应用的场合不同，接收信号中提取时钟又可分为。

① 通过定时：网络单元由同方向终结的输入 STM-*N* 信号中提取定时信号，并由此再对网络单元的发送时钟的定时进行同步（通常 REG 设备采用）。

② 环路定时：网络单元的每个发送 STM-*N* 信号都由相应的输入 STM-*N* 信号中所提取的定时来同步（通常 TM 复用设备采用）。

③ 线路定时：像 ADM 这样的网络单元中，所有发送 STM-*N*/M 信号的定时信号都是从某一特定的输入 STM-*N* 信号中提取的（通常 ADM 设备采用）。

④ 支路定时：从交换系统来的 2Mbit/s 支路信号中提取时钟。

（3）SDH 设备内置时钟源

SDH 设备内置时钟源由 SDH 网元内部石英晶体振荡器产生的频率为基准。SDH 网元都具备内部定时源，以便在外同步定时源丢失时，可以使用内部自身的定时源。

1.1.8 SDH 的网络管理

一、TMN 原理

TMN 的基本概念是提供一个有组织的体系结构，以达到各种类型的操作系统（网管系

统）和电信设备之间的互通，并且使用一种具有标准接口（包括协议和信息规定）的统一体系结构来交换管理信息，从而实现电信网的自动化和标准化管理，并提供各种管理功能。TMN 在概念上是一种独立于电信网而专职进行网络管理的网络，它与电信网有若干不同的接口，可以接收来自电信网的信息并控制电信网的运行。TMN 和电信网的关系如图 1-13 所示。

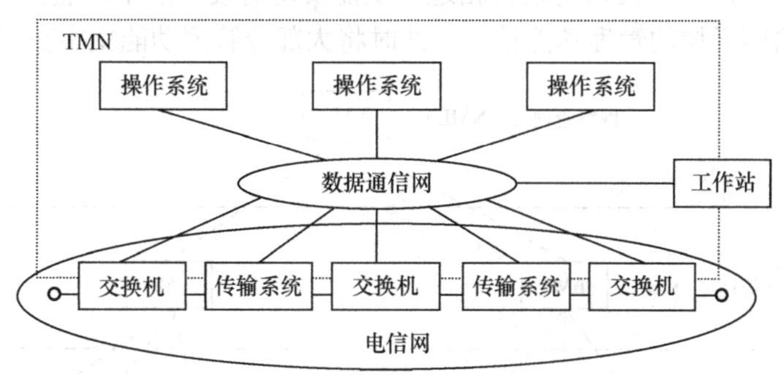

图 1-13 TMN 和电信网的关系示意图

二、SDH 管理网的概念

SDH 管理网（SMN）实际就是管理 SDH 网络单元的 TMN 的子集。它可以细分为一系列的 SDH 管理子网（SMS），这些 SMS 由一系列分离的 ECC 及站内数据通信链路组成。TMN、SMN 和 SMS 的关系如图 1-14 所示。

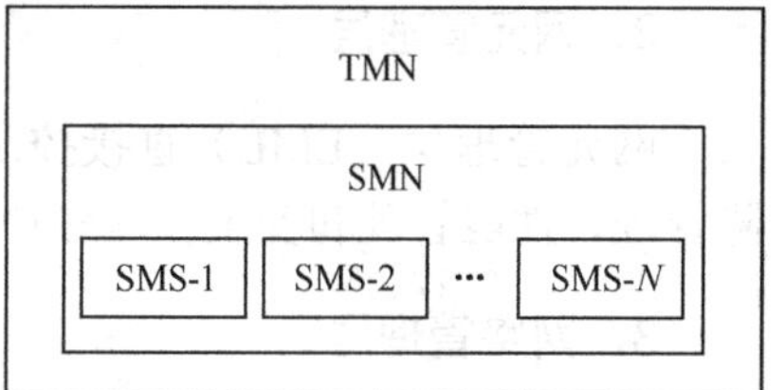

图 1-14 SMS、SMN、TMN 的关系图

在 SDH 系统内传送网管消息通道的逻辑通道为 ECC，其物理通道应是 DCC，它是利用 SDH 再生段开销 RSOH 中 D1～D3 字节和复用段开销 MSOH 中 D4～D12 字节组成的 192kbit/s 和 576kbit/s 通道，分别称为 DCC（R-再生段）和 DCC（M-复用段），前者可以接入中继站和端站，后者是端站间传输网管信息的快车道。

三、SDH 管理接口

Q 接口—SDH 管理网与 TMN 通信的接口（分为完整的 Q3 和早期的 Qx 接口）；

X 接口—与其他 TMN 之间的接口；

F 接口—提供设备与本地网管的接口；

T 接口—定时时钟接口。

四、SDH 管理网的特点和分层结构

SDH 管理网具有智能的网元和采用嵌入的 ECC 是它的重要特点，这两者的结合使 TMN 信息的传送和响应时间大大缩短，而且可以将网管功能经 ECC 下载给网元，从而实现分布式管理。

SDH 管理网从网络角度可以分为 3 层，从下至上依次为网元层（NEL）、网元管理层（EML）和网络管理层（NML），如图 1-15 所示。

1. 网元层 NEL

网元层提供 SDH 网元自身的基本管理功能，如单个网元的数据配置、故障管理和性能管理等。在分布式网管系统中，网元层往往具有很强的管理功能，这种方式对提高网络的响应速率有很大的好处，特别是用于保护目的的通道恢复情况更是如此。这个层面的管理通常利用本地网管终端 LT 与 F 接口与设备相连，从而实现对设备的本地监控、管理。而在集中式网管系统中，给网元层的管理功能较弱，此时将大部分管理功能集中在网元管理层上。

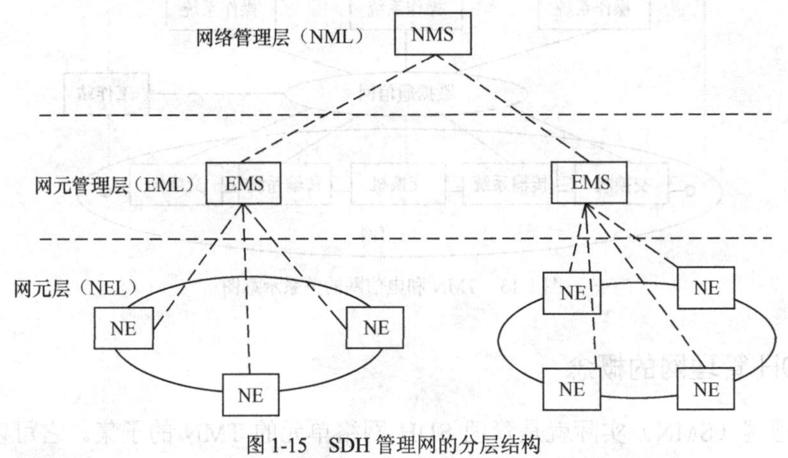

图 1-15　SDH 管理网的分层结构

2. 网元管理层

网元管理层（EML）直接控制设备，管理一组子网元。网元管理层具有配置管理、故障管理、性能管理和安全管理等功能。该层的管理通常认为是子网级管理层面。

3. 网络管理层

网络管理层（NMS）负责对所辖较大管理区域进行全面监视和控制。该层能对一个和若干个网元管理系统进行管理和集中监控，从较大的方面管理整个网络，而细节管理可由网元管理层来完成。

📖任务实施

一、实践操作一：认识光传输系统、平台及 SDH/MSTP 设备

1. 认识光传输系统及平台

某学院为满足教学需要搭建的光纤传输系统来模拟城域网的三个层面（核心层、汇聚层、接入层），如图 1-16 所示。该光传输平台包含了目前主流的传输设备，可以完成链状、环状等组网和相关数据配置，其中核心层设备采用 OSN9500\0SN3500，汇聚层设备采用 OSN1500，接入层设备采用 Optix155/622H（Metro1000），此系统可以承载语音业务、数据业务等信息。

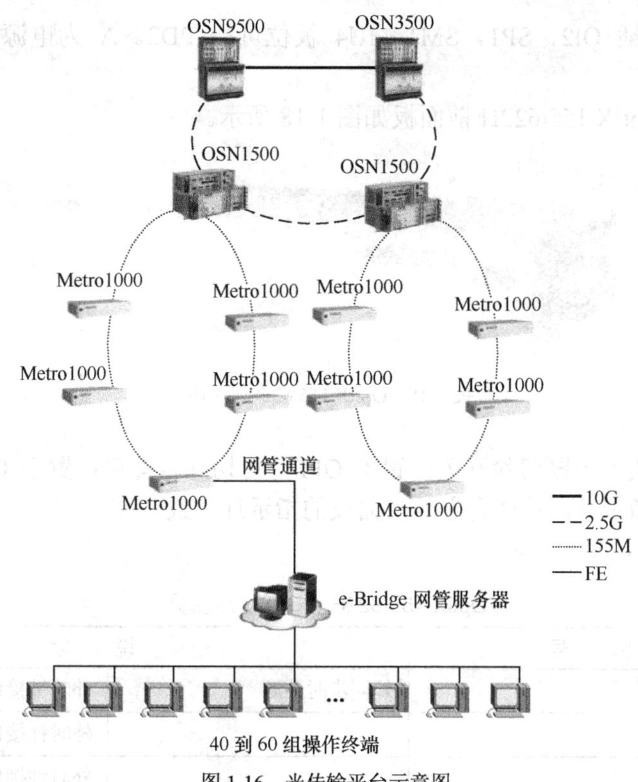

图 1-16　光传输平台示意图

2. 认识 SDH/MSTP 设备

（1）Optix155/622H（Metro1000）设备

OptiX 155/622H 是华为技术有限公司根据城域网现状和未来发展趋势，开发的新一代光传输设备，它融 SDH（Synchronous Digital Hierarchy）、Ethernet、PDH（Plesiochronous Digital Hierarchy）等技术于一体，实现了在同一个平台上高效地传送语音和数据业务。OptiX 155/622H 实现了数据业务的传输和汇聚。支持 10M/100M 以太网业务的接入和处理；支持 HDLC（High level Data Link Control）、LAPS（Link Access Procedure-SDH）或 GFP（Generic Framing Procedure）协议封装；支持以太网业务的透明传输、汇聚和二层交换；支持 LCAS（Link Capacity Adjustment Scheme），可以充分提高传输带宽效率；支持 L2 VPN（Virtual Private Network）业务，可以实现 EPL（Ethernet Private Line）、EVPL（Ethernet Virtual Private Line）、EPL/EPLAN（Ethernet Private LAN）和 EVPLn/EVPLAN（Ethernet Virtual Private LAN）业务。

① Optix155/622H（Metro1000）硬件结构

- OptiX 155/622H 结构示意图（后面板）如图 1-17 所示。

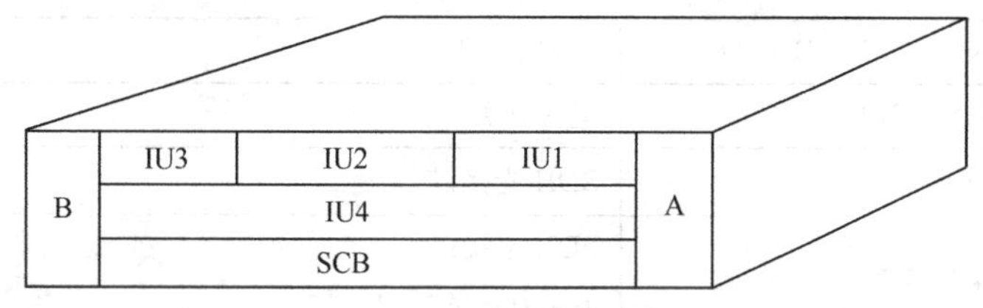

图 1-17　OptiX 155/622H 结构示意图（后面板）

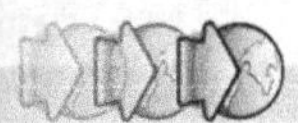

其中 IU1-3 可插 OI2，SP1，SM1，IU4 板位可插 PD2。A 为电源滤波板和风扇过滤网。B 为风扇板。

- 前面板。OptiX 155/622H 前面板如图 1-18 所示。

图 1-18　OptiX 155/622H 前面板

前面板左侧开关为告警切除开关：置于 OFF，可切除告警声；置于 ON，允许发出告警声。前面板右侧为指示灯，具体含义与后面板的指示灯一致。

- 后面板接口，见表 1-4。

表 1-4　OptiX 155/622H 设备接口及说明

序　号	标　　号	说　　明	
1	IN Ⅰ	外同步时钟源	外时钟接口 1，输入
	IN Ⅱ		外时钟接口 2，输入
	OUT Ⅰ		外时钟接口 1，输出
	OUT Ⅱ		外时钟接口 2，输出
2	RST	复位键（RESET）	
3	ETN	设备指示灯	以太网灯
	RUN		运行灯
	R		严重告警灯
	Y		一般告警灯
	FAN		风扇告警灯
4	ALMCUT	告警切除开关	
5	RS-232 1	RS-232 串口	网管 MODEM 接口
	RS-232 2		透明传输串行通信口
	RS-232 3		
6	PHONE	RJ11 公务电话接口	
7	ETHERNET	RJ45 以太网接口	
8	AUI	AUI 以太网接口	
9	PGND、GND、-48V、BGND	双电源接口	
10	POWER（ON、OFF）	电源开关	
11	←⃝　⃝←	SDH 光接口	
12	87　65　43　21	PDH 电接口 2mmHM 连接器	

● 指示灯。OptiX 155/622H 设备在正面与背面都有着相同的指示灯，这些指示灯的颜色及含义见表 1-5。

表 1-5　指示灯的颜色及含义

灯　位	颜　色	意　义
ETN	黄色	以太网指示灯。当设备作为网关与网管终端利用网线相连时，灯亮起。否则，灯熄灭
RUN	绿色	运行灯。设备正常开工后，运行灯每两秒闪烁一次。否则，设备运行不正常
RALM	红色	严重告警灯。出现级别为危急的告警时，严重告警灯亮
YALM	黄色	一般告警灯。出现级别为主要或次要的告警时，一般告警灯亮
FAN ALM	黄色	风扇告警灯。当风扇板上至少一个风扇停止工作时，风扇告警灯亮

设备指示灯的闪烁次数都有一定的含义，说明如下。

（a）RUN（运行灯）。当运行灯 RUN 快速闪动（每秒钟亮灭 5 次），表示设备处于未开工状态。设备未开工的原因可能是设备上电后，未配置数据。

当运行灯 RUN 亮 1 秒钟、灭 1 秒钟（每 2 秒钟亮灭 1 次）时，表示本板处于开工状态，即单板上电后对系统的配置数据正常。

（b）YALM、RALM 告警灯。

当告警灯 YALM 和 RALM 都没有亮起时，表示本板无告警发生。

当红色告警灯 RALM 亮起时，表示设备有危急告警事件发生。

当黄色告警灯 YALM 亮起时，表示本板有非危急告警事件发生。

● ALMCUT 开关。与前面板开关功能一致。这两个开关中只要有一个切除，告警就切除。如果两个开关都处于未切除状态，则只要有告警发生，即发出告警声，且此开关没有确认功能，如果告警不切除而且一直有告警，就一直响。

● 3 个 DB9 母头接口。

1 为 MODEM 接口，可实现远程接入功能。2，3 为透明传输口，其速率小于 19.2kbit/s。注意透明传输口的管脚非标准 RS232 接口，外接设备时要注意管脚的定义。

● 两路电源接口。同时接入两路电源，在 MMB2 处合为一路。

② 单板介绍

● SCB 板。SCB 板上的 ID 开关如图 1-19 所示，A 为 2 组 2 位拨码开关（S5，S3），组成 IP 的第三字节的后四位。B 为 1 组 8 位拨码开关（S2），组成 IP 的第四个字节，就是我们常用的 ID 拨码开关。

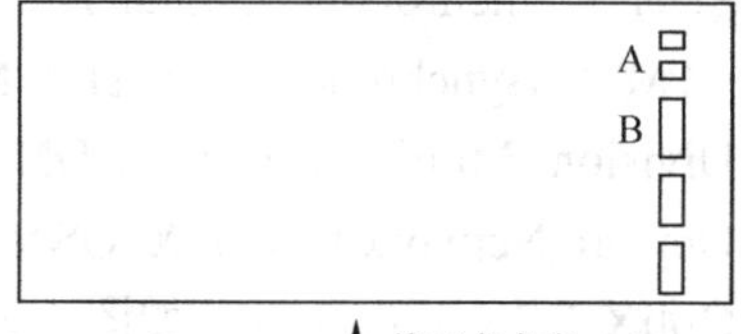

图 1-19　网元 ID 拨码开关示意图

● SP1 板。该板分为两种：SP1D 和 SP1S。SP1D 为 8 路 2M 通道板，SP1S 为 4 路 2M 通道板。在支路板 SP1 上，2M 信号从拉手条上的 2mmHM 连接器接口进出。SP1 板的 2M PDH 接口提供 75Ω 和 120Ω 两种阻抗类型，通过改变板上相应 2M 通道的跳线（1～8 号的 2M 通道对应跳线组 JB1～JB8）适配 75Ω 和 120Ω 两种阻抗类型的 E1 业

务，同时也必须通过网管将该通道设置成相应的匹配阻抗。

支路板 2M 信号线引出和连接电缆接口。OptiX 155/622H 所有支路板的 2M 接口中继电缆均采用 2mmHM 连接器，根据输出阻抗不同，使用的电缆不同，HM 连接器的接线方式也不同，但 HM 连接器本身是相同的。不同阻抗的中继电缆打线方式如图 1-20、图 1-21 所示。

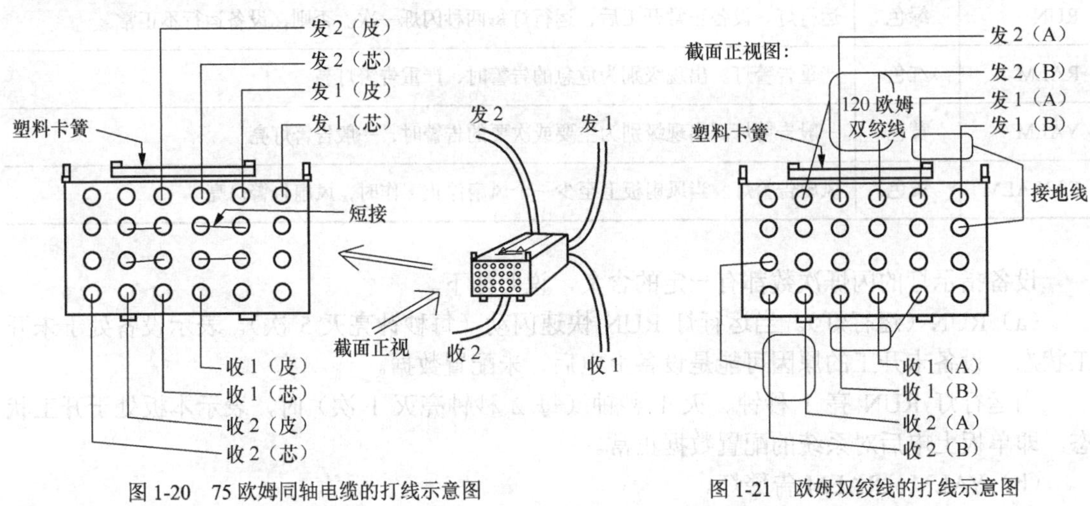

图 1-20　75 欧姆同轴电缆的打线示意图　　图 1-21　欧姆双绞线的打线示意图

● OI2。OptiX 155/622H 目前使用的光板分为两种：OI2D 和 OI2S。前者为双光口板，后者为单光口板。

OptiX 155/622H 光板（包括 OI4）是在每个光口的旁边都有一个红色告警灯。它的作用与 SCB 板上的红色告警灯不同，它只判断此光口有无收光。当有收光时，红灯熄灭；当收无光时，红灯点亮。此灯只检测 R-LOS，对其他告警不做检测。此功能在开局过程中是非常有用的。

（2）OSN1500 设备

OptiX OSN 1500 智能光传输设备是华为技术有限公司开发的新一代智能光传输设备。实现了在同一个平台上高效地传送语音、数据、存储网和视频业务，它融合了以下技术：SDH（Synchronous Digital Hierarchy）、PDH（Plesiochronous Digital Hierarchy）、Ethernet、ATM（Asynchronous Transfer Mode）、SAN（Storage Area Network）、WDM（Wavelength Division Multiplexing）、DDN（Digital Data Network）、ASON（Automatically Switched Optical Network），OptiX OSN 1500 有两种型号，OptiX OSN 1500A 设备如图 1-22 所示，OptiX OSN 1500B 设备如图 1-23 所示。OptiX OSN 1500A 和 OptiX OSN 1500B 除了外观上不同，主要是接入容量的不同。该设备容量包括交叉容量和微波容量，不同类型的交叉板具有不同的交叉容量。

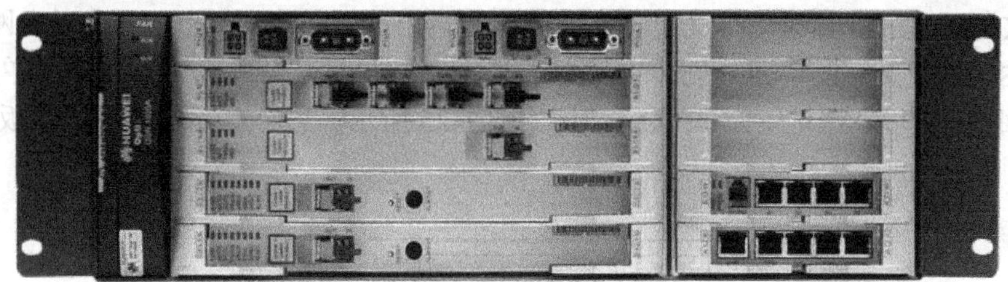

图 1-22　OptiX OSN 1500A

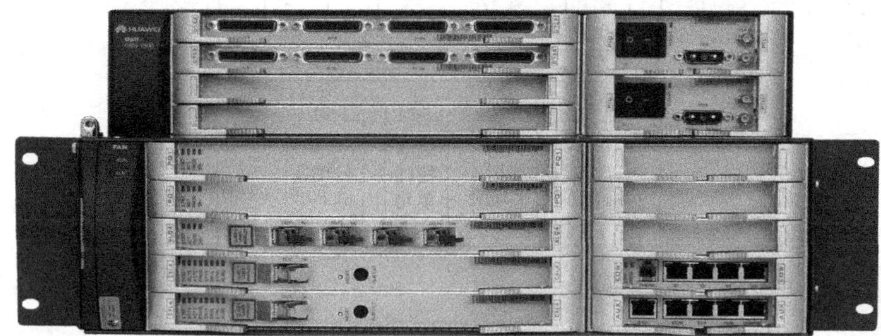

图 1-23　OptiX OSN 1500B

（3）OSN3500 设备

OptiX OSN 3500 智能光传输设备（以下简称 OptiX OSN 3500）是华为技术有限公司开发的新一代智能光传输设备。它融合了以下技术。

① SDH（Synchronous Digital Hierarchy）

② WDM（Wavelength Division Multiplexing）

③ Ethernet

④ ATM（Asynchronous Transfer Mode）

⑤ PDH（Plesiochronous Digital Hierarchy）

⑥ SAN（Storage Area Network）

⑦ DVB（Digital Video Broadcasting）

⑧ ASON（Automatically Switched Optical Network）

它实现了在同一个平台上高效地传送语音和数据业务。子架尺寸为：722mm（高）×497mm（宽）×295mm（深），单个空子架的重量为 23kg。OptiX OSN 3500 子架采用双层子架结构，分为出线板区、风扇区、处理板区和走纤区，如图 1-24 所示。

图 1-24　OSN3500 设备

OptiX OSN 3500 主要应用于城域传输网中的汇聚层和骨干层，可与 OptiX OSN 9500、OptiX OSN 7500、OptiX 10G、OptiX OSN 2500、OptiX OSN 1500、OptiX Metro 3000、OptiX Metro 1000 混合组网，优化运营商投资、降低建网成本。

OptiX OSN 3500 系统以交叉矩阵单元为核心，由 SDH 接口单元、PDH/以太网/ATM 接口单元、SDH 交叉矩阵单元、同步定时单元、系统控制与通信单元、开销处理单元和辅助接口单元组成。OptiX OSN 3500 系统结构如图 1-25 所示，各个单元所包括的单板及功能见表 1-6。

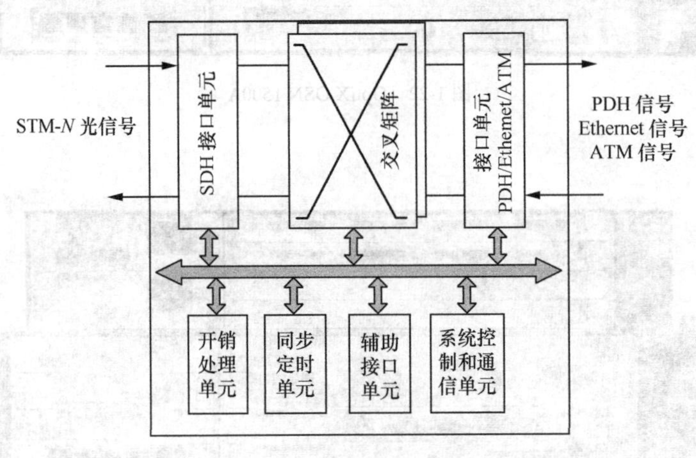

图 1-25　OptiX OSN 3500 系统结构

表 1-6　单板所属单元及相应的功能

系统单元		所包括的单板	单元功能
SDH 接口单元	处理板	SL64、SF16、SL16、SLQ4、SLD4、SL4、SLT1、SLQ1、SL1、SEP1、SEP	接入并处理 STM-1/STM-4/STM-16/STM-64 速率及 VC-4-4c/VC-4-16c/VC-4-64c 级联的光信号；接入、处理并实现对 STM-1（电）速率的信号的 TPS 保护
	出线板	EU08、OU08	
	保护倒换板	TSB8、TSB4	
PDH 接口单元	处理板	SPQ4、PD3、PL3、PL3A、PQ1、PQM	接入并处理 E1、E1/T1、E3/T3、E4/STM-1 速率的 PDH 电信号，并实现 TPS 保护
	出线板	MU04、D34S、C34S、D75S、D12S、D12B	
	保护倒换板	TSB8、TSB4	
以太网接口单元	处理板	EGS2、EGT2、EFS0、EFS4、EFT8	接入并处理 1000Base-SX/LX/ZX、100Base-FX、10/100Base-TX 以太网信号
	出线板	ETS8（支持 TPS）、ETF8、EFF8	
	保护倒换板	TSB8	
RPR（Resilient Packet Ring）处理单元	处理板	EMR0、EGR2	接入和处理 1000Base-SX/LX/ZX、100Base-FX、10/100Base-TX 以太网业务，支持 RPR 特性
	出线板	ETF8、EFF8	
ATM 接口单元		ADL4、ADQ1、IDL4、IDQ1	接入并处理 STM-4、STM-1、E3 和 IMA E1 接口的 ATM 信号

续表

<table>
<tr><th colspan="2">系 统 单 元</th><th>所包括的单板</th><th>单 元 功 能</th></tr>
<tr><td colspan="2">SAN 接口单元</td><td>MST4</td><td>接入并透明传输 SAN 业务、视频业务</td></tr>
<tr><td colspan="2" rowspan="2">WDM 单元</td><td>MR2A、MR2C</td><td>提供任意相邻两个波长的分插复用功能</td></tr>
<tr><td>LWX</td><td>实现任意速率（10Mbit/s～2.7Gbit/s NRZ 码信号）客户侧波长和满足 G.692 标准波长之间的转换</td></tr>
<tr><td colspan="2">SDH 交叉矩阵单元</td><td rowspan="2">GXCSA、EXCSA、UXCSA、UXCSB、XCE</td><td rowspan="2">完成业务的交叉连接功能，并为设备提供时钟功能</td></tr>
<tr><td colspan="2">同步定时单元</td></tr>
<tr><td colspan="2">系统控制与通信单元</td><td rowspan="2">SCC、N1GSCC</td><td rowspan="2">提供系统控制和通信功能，并处理 SDH 信号的开销</td></tr>
<tr><td colspan="2">开销处理单元</td></tr>
<tr><td colspan="2">电源输入单元</td><td>PIU</td><td>电源的引入和防止设备受异常电源的干扰</td></tr>
<tr><td colspan="2">辅助接口单元</td><td>AUX</td><td>为设备提供管理和辅助接口</td></tr>
<tr><td colspan="2">风扇单元</td><td>FAN、FANA</td><td>为设备散热</td></tr>
<tr><td rowspan="2">其他功能单元</td><td>光放大板</td><td>BA2、BPA、61COA、62COA、N1COA</td><td>实现光功率放大和前置放大</td></tr>
<tr><td>色散补偿板</td><td>DCU</td><td>实现 STM-64 光信号的色散补偿</td></tr>
</table>

注：XCE 单板用于扩展子架。

二、实践操作二：SDH/MSTP 设备链型组网及配置

1. 链状网工程设计

在进行 SDH 设备的链状组网设计时，首先了解实际情况，明确设计条件，然后根据设计条件进行具体的设计：群路光接口（传输速率、工作波长、各站的应用模式是 TM、ADM、还是 REG）、支路接口（接口的速率等级；对 2Mbit/s 接口，还要清楚接口是 75Ω还是 120Ω，是否采用单元保护）等。

（1）设计组网结构

通常将一个网元的东光口与另一个网元的西光口相连，假设 A、B、C、D 站组成一个链状网，无保护链组网结构如图 1-26 所示，有保护链组网结构如图 1-27 所示。

方案一：无保护链（2 纤）。

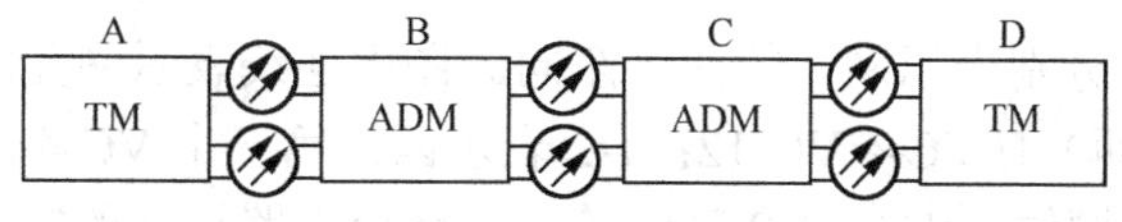

图 1-26　链状网方案一

方案二：有保护链（4 纤）。

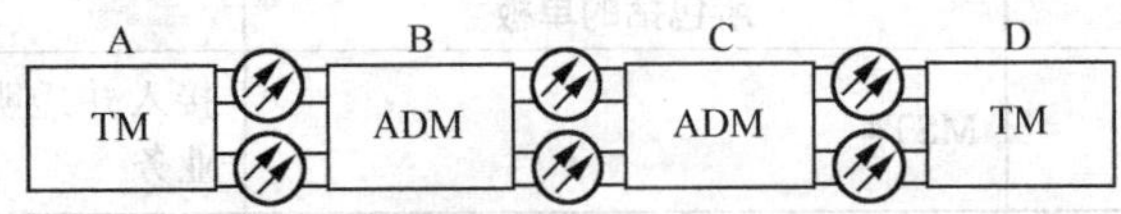

图 1-27　链状网方案二

（2）设计业务矩阵

组网结构确定下来后，根据实际需要进行业务分配，确定各站之间的业务量，并用业务矩阵表示出来。如果 A 站到 B 站有 2 个 2Mbit/s，A 站到 C 站有 2 个 2Mbit/s，A 站到 D 站有 4 个 2Mbit/s，B 站到 C 站有 4 个 2Mbit/s，用业务矩阵可以清楚地看到各站之间的业务量以及每个站上下业务的总量，见表 1-7。

表 1-7　　SDH 链状网工程业务矩阵表

站　名	A	B	C	D	总计
A		2	2	4	8
B	2		4		6
C	2	4			6
D	4				4
总计	8	6	6	4	24

（3）完成时隙分配

业务矩阵确定以后即可以对 SDH 链状网络的链路进行时隙分配，时隙分配图是对 SDH 网元进行业务设置的依据，图 1-28 就是表 1-7 所示的业务矩阵的一种时隙分配图（假设支路板 SP_1D 板插在第 IU3 槽位，且每块支路板上有 8 个 2Mbit/s 通道）。

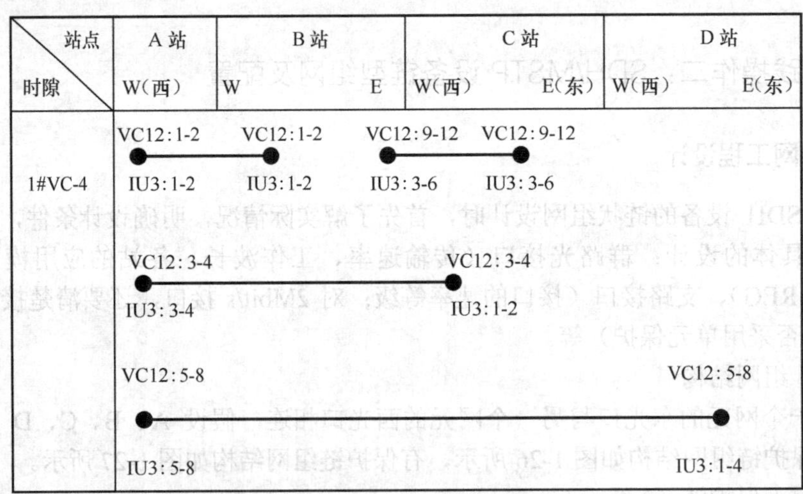

图 1-28　时隙分配方案

图 1-28 中 W、E 分别表示网元的西、东向。图中连线表示网元间的连接，黑点表示业务上下。如 A 站 W（西）1#VC-4 VC-12：1-2 表示西向第一个 VC-4 的 1-2 个 VC-12 时隙，IU3 表示网元上第 3 号槽位，IU3：1-2 表示第 3 号槽位支路板上的第 1 到第 2 个 2M 通道。注意：中间站 B 站在配置业务时，除了要配置到 A 站的 2 个 2M 业务和 C 站的 4 个 2M 本

地业务之外，还要配置 A 站到 C 站及 A 站到 D 站的穿通业务。

（4）确定系统结构

根据设计条件和业务矩阵就可以确定系统结构和系统中各站的结构。对于链状网，端站为终端复用设备（TM），如果不带保护，一个系统只用到东向侧或西向侧的群路接口；如果带保护，则需要 2 个群路端口来提供主备用的保护。链路站的中间站为分插复用设备（ADM），如果是无保护链，要用到一个东向侧及一个西向侧的群路接口；如果是有保护链，要用到两个东向侧及两个西向侧的群路接口。群路接口确定后，根据业务矩阵来确定支路板的类型和数量。

2. 数据配置过程

① 登录华为 T2000 网管，输入用户名：admin，密码：T2000（英文要大写），如图 1-29 所示。

② 新建子网，如图 1-30 所示。

图 1-29　登录界面

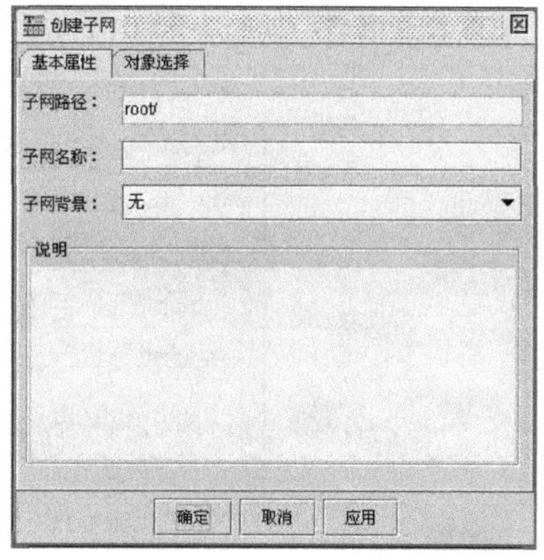

图 1-30　创建子网界面

③ 创建子网下的网元即拓扑对象，并配置网元（如单板），配置界面如图 1-31 所示。

图 1-31　创建拓扑对象界面

④ 创建网元之间的纤缆进行组网（链状）。如图 1-32 所示。

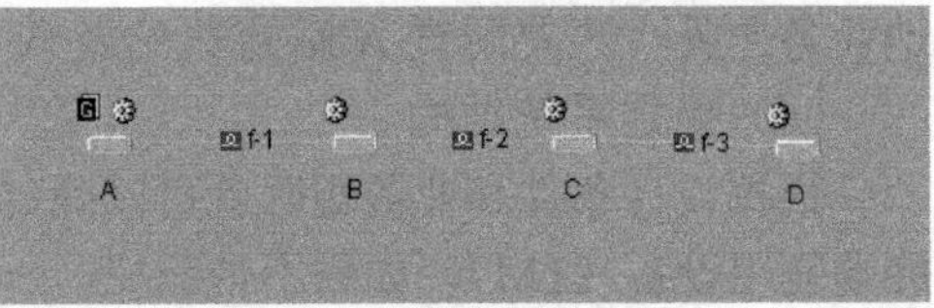

图 1-32 链状组网示意图

⑤ 配置网络保护方式（设置为无保护链），如图 1-33 所示。

⑤ 配置各网元的时钟优先级实现网络同步，如图 1-34 所示。

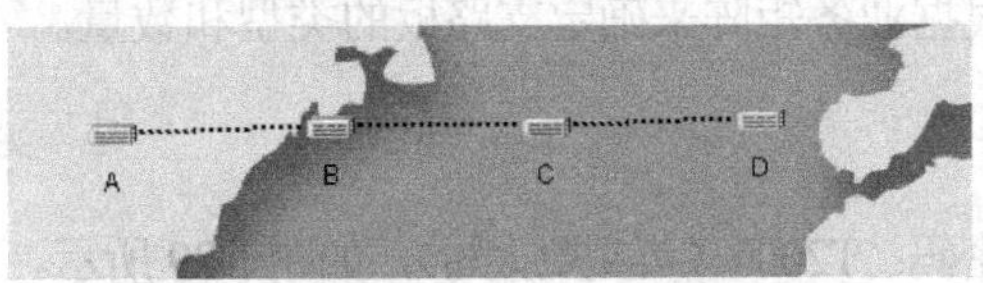

图 1-33 保护视图（无保护链）示意图

时钟源	外部时钟源模式
外部时钟源1	2M Bit/s
内部时钟源	-

图 1-34 时钟优先级配置示意图

⑦ 配置公务电话，如图 1-35 所示。

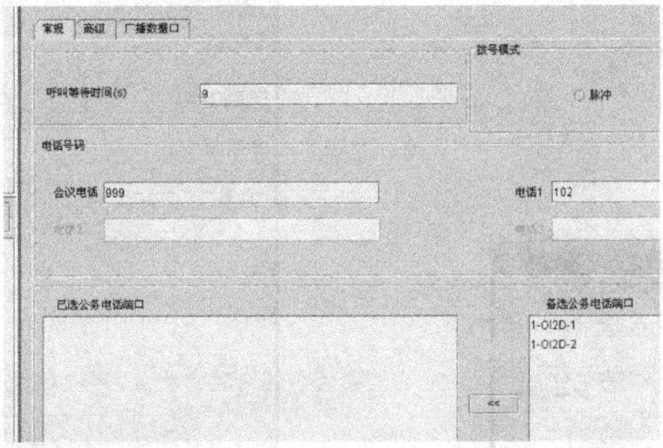

常规 | 高级 | 广播数据口

拨号模式

呼叫等待时间(s) 9

脉冲

电话号码

会议电话 999

电话1 102

已选公务电话端口

备选公务电话端口

1-OI2D-1

1-OI2D-2

<<

图 1-35 公务电话配置示意图

⑧ 配置业务，并查询路径视图，如图 1-36 所示。

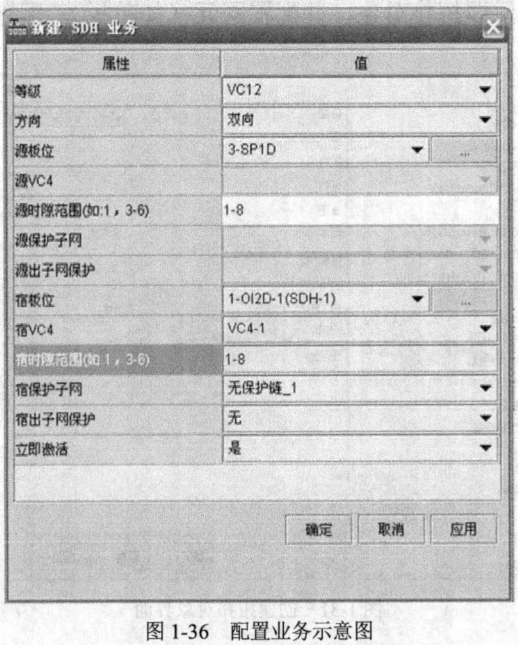

新建 SDH 业务

属性	值
等级	VC12
方向	双向
源板位	3-SP1D
源VC4	
源时隙范围(如:1，3-6)	1-8
源保护子网	
源出子网保护	
宿板位	1-OI2D-1(SDH-1)
宿VC4	VC4-1
宿时隙范围(如:1，3-6)	1-8
宿保护子网	无保护链_1
宿出子网保护	无
立即激活	是

确定 取消 应用

图 1-36 配置业务示意图

📖任务考核

通过对下面所列评分表完成该项任务的考核，综合学生学习讨论过程中的表现，评定出学生的成绩。

评价总分 100 分，分三部分内容。

（1）过程考核共 30 分，从工作计划提交、仪器仪表使用规范、操作熟练程度方面考核。

（2）结果考核共 20 分，从任务完成情况、技术报告方面考核。

（3）综合能力考核占 50 分，从知识掌握能力、成果讲解能力、小组协作能力、创新能力、态度几个方面进行考核。考核表见表 1-8。

表 1-8　　考核项目指标体系

<table>
<tr><th colspan="3">评 价 内 容</th><th>自我评价</th><th>小组互评</th><th>教师评价</th></tr>
<tr><td rowspan="3">过程考核
（30%）</td><td colspan="2">工作计划提交（10%）</td><td></td><td></td><td></td></tr>
<tr><td colspan="2">仪器仪表使用规范（10%）</td><td></td><td></td><td></td></tr>
<tr><td colspan="2">操作熟练程度（10%）</td><td></td><td></td><td></td></tr>
<tr><td rowspan="2">结果考核
（20%）</td><td colspan="2">任务完成情况（15%）</td><td></td><td></td><td></td></tr>
<tr><td colspan="2">技术报告（5%）</td><td></td><td></td><td></td></tr>
<tr><td rowspan="7">综合能力
考核
（50%）</td><td rowspan="3">知识掌握能力
（30%）</td><td>链状网的组网及业务特点（10%）</td><td rowspan="3"></td><td rowspan="3"></td><td rowspan="3"></td></tr>
<tr><td>设备硬件安装流程（10%）</td></tr>
<tr><td>网管数据配置（10%）</td></tr>
<tr><td colspan="2">成果讲解能力（5%）</td><td></td><td></td><td></td></tr>
<tr><td colspan="2">小组协作能力（5%）</td><td></td><td></td><td></td></tr>
<tr><td colspan="2">创新能力（5%）</td><td></td><td></td><td></td></tr>
<tr><td colspan="2">态度方面（是否耐心、细致）（5%）</td><td></td><td></td><td></td></tr>
</table>

📖教学策略

完成本工作任务（任务资讯、任务实施、任务考核），建议总课时安排为 14 个课时，建议从以下几个部分完成。

1．资询阶段

首先将全班同学分成若干各项目小组，老师提出工作任务，并分析任务整理出学生需要掌握的知识点，学生初步拟定完成工作任务的计划安排、前期工作准备。在该阶段中的教师职责是负责准备相关资料，同时教师对必要的知识点进行一定的讲解。

2．计划阶段

学生根据老师布置的任务，准备相关知识的查找、学习，拟定配置方案、数据配置过程、画出配置方案图、确定网络配置正确与否的检验方案。教师的职责是检查学生配置方案，针对学生的配置方案中的问题进行解答，并配合小组同学验证方案的正确性。

3．实施阶段

各小组根据布置的任务和光传输设备进行学习讨论；小组同学利用实训室 SDH 设备组成链型光传输网；完成链型光传输网的数据配置。各小组经过自主学习讨论后形成链型光传输网构成的报告，画出该结构图，并掌握该网络的优缺点。教师职责是组织学生参观和讨论，并在小组讨论过程中，随时准备解答学生一切可能的问题。同时，教师注意观察各小组的讨论情况，注意收集问题。

4．总结、成果展示、考核

每个小组应将自己小组做的方案和如何完成数据配置的过程进行展示和讲解，老师完成对该小组的同学的考核。

任务总结

① 传输系统是能满足各种业务和信号传输的承载平台，能够有效地支持现有的各种业务、支撑网和未来的综合信息网。传输系统的作用是完成信息的传送，如完成终端设备与交换设备之间、交换设备与交换设备之间的信息传送。

② SDH 技术相比 PDH 有很多不可比拟的优点，SDH 网络是由一些基本的网络单元（NE）组成，在传输媒质（光纤、微波等）上可以进行同步信息传输、复用、分插和交叉连接，并由统一网管系统操作的综合信息传送网络。SDH 网中不含交换设备，它只是交换局之间的传输手段。

③ SDH 具有一套标准化的信息结构等级，称为同步传送模块 STM-*N*（*N*=1，4，16，64，256），其传输速率分别为 155.520Mbit/s、622.08Mbit/s、2.5GMbit/s、10GMbit/s、40GMbit/s。SDH 的帧结构是以字节为单位的矩形块状结构，由 9 行、270xN 列字节组成，帧周期为 125us，整个帧结构由信息净负荷、段开销和管理单元指针三个区域组成。

④ SDH 的网元有四种：TM（终端复用器）、ADM（分插复用器）、REG（再生中继器）、DXC（数字交叉连接设备），它们可以组成的基本网络拓扑结构有链状网、星状网、树型网、环状网和网状网。

⑤ SDH 的链状网是最简单的网络结构，由于具有时隙复用功能，某种情况下（相邻业务），业务容量也很大，在链状网中 4 纤链才有保护功能，且必须在路由备用的情况下才有，链状网的保护方式有 1+1、1∶1 方式及 1∶*n* 方式。

⑥ SDH 实现网同步的方式有伪同步方式和主从同步方式，在我国采用的等级的主从同步方式，一共分成了 4 级：基准主时钟、转接局时钟、端局从时钟、SDH 网元内置时钟源。SDH 网元的时钟源有 4 个：外部时钟源、线路时钟源、支路时钟源、内部时钟源。

⑦ SDH 管理网从网络角度可以分为 3 层，从下至上依次为网元层（NEL）、网元管理层（EML）和网络管理层（NML），其管理功能有配置管理、故障管理、性能管理、安全管理功能。

思考题

1．说明构成通信网的组成有哪几个部分？

2．阐述传输系统的作用？传输系统的层次如何划分的？

3．STM-1、STM-4、STM-16、STM-64、STM-256 的速率是多少？

4．SDH 的帧结构由几部分组成，各部分的作用是什么？STM-1 信号的帧周期、帧长度是多少？

5．在 STM-1 帧中，计算 STM-1、SOH、AU-PTR 各部分的速率？

6．SDH 的开销是如何分类的？

7．RSOH 和 MSOH 的作用分别是什么？二者有何区别？

8．A1、A2 字节的名称？它们的作用是什么？如果接收的时候没有检测到 A1、A2 字节会产生什么告警？

9．E1、E2 字节均可用来传公务电话，但是有什么区别？每个字节提供的通道速率是多少？

10．请说明 SDH 开销中哪些字节实现了 SDH 的再生段、复用段、高阶通道开销、低阶通道开销的误码检查功能？并说明如何实现误码回送功能？

11．实现网同步的方式有哪两种？我国采用的是什么？

12．在数字网中时钟类型有哪些？各有什么特点？从时钟的工作模式有几种？

13．我国数字同步网的结构等级和特点是什么？

14．实现网同步要遵循哪些原则？

15．SDH 网元的时钟源有哪几种类型？

16．阐述 OptiX 155/622H（Metro1000）各单板的功能？

17．在 OptiX 155/622H（Metro1000）设备中，说明 SP1D 板的一个 2M 信号通过哪些单板才能送至光纤上传输？

任务 2　SDH 设备环状组网及数据配置

任务描述

某市 A、B、C、D 四地需要组建新的通信线路，其节点分布如图 1-37 所示。各节点之间的业务需求见表 1-9。

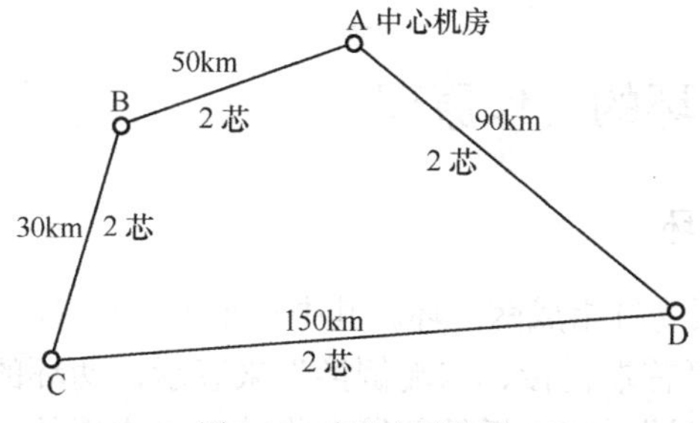

图 1-37　点分布示意图

表 1-9　　各节点业务矩阵表

站　名	A	B	C	D	总计
A		32	32	32	96
B	32		63		95
C	32	63			95
D	32				32
总计	96	95	95	32	318

各地之间的业务需要提供网络级保护，对于中心节点 A 还需要设备级单板保护。

📖任务分析

SDH 的网络中环型网是用得最多的一种网络拓扑结构，因为它的最大特点是具有自愈能力。环形网组网就是将涉及的所用节点串联起来，而首尾相连。要完成环型组网工程设计及数据配置，首先同样要分析设计条件，根据设计条件进行具体的工程设计，完成设计方案（网络拓扑结构及保护方式，业务矩阵，时隙安排、系统结构、公务等），然后完成硬件设备安装，最后在网管上完成软件设置（即数据配置）。

📖任务资讯

1.2.1　自愈环的概念和分类

1．自愈的概念

所谓自愈是指在网络发生故障，例如光纤断时无需人为干预网络自动地在极短的时间内（ITU-T 规定为 50ms 以内）使业务自动从故障中恢复传输，使用户几乎感觉不到网络出了故障。自愈的概念只涉及重新建立通信，而不管具体元部件的修复和更换，后者仍需人工干预才能完成，其基本原理是使网络具备发现替代传输路由，并在一定时限内重新建立通信的功能。

2．自愈环的分类

目前环形网络的拓扑结构用得最多，因为环形网具有较强的自愈功能。自愈环的分类可按保护的业务级别、环上业务的方向、网元节点间光纤数来划分。

按环上业务的方向，可将自愈环分为单向环和双向环两大类。按网元节点间的光纤数可将自愈环划分为双纤环和四纤环。按保护的业务级别可将自愈环划分为通道保护环和复用段保护环两大类。

1.2.2　常见自愈环的工作原理

1．二纤单向通道保护环

二纤通道保护环由两根光纤组成两个环。其中一个为主环 S1，一个为备环 P1。如图 1-38 所示，其工作原理可以用“首端桥接、末端倒换”来表示，两环的业务流向一定要相反，通道保护环的保护功能是通过网元支路板的并发选收功能来实现的，也就是支路板将支路上环

业务并发到主环 S1、备环 P1 上，两环上业务完全一样且流向相反，当 BC 光缆段的光纤同时被切断，注意此时网元支路板的并发功能没有改变，也就是此时 S1 环和 P1 环上的业务还是一样的。

若 BC 之间发生故障时，则受到影响的收端将开关切换到保护通道，接收保护通道送来的业务信号，如图 1-39 所示。网元发生了通道保护倒换后，支路板同时监测主环 S1 上业务的状态，当连续一段时间未发现 TU-AIS 时，发生切换网元的支路板将选收切回到收主环业务，恢复成正常时的默认状态。

二纤单向通道保护倒换环由于上环业务是并发选收，所以通道业务的保护实际上是 1+1 保护，倒换速度快，业务流向简捷明了便于配置维护，缺点是网络的业务容量不大，二纤单向保护环的业务容量恒定是 STM-*N*，与环上的节点数和网元间业务分布无关。

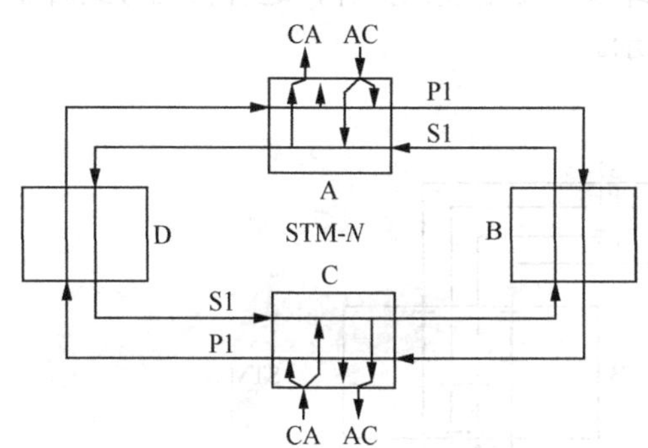

图 1-38　二纤单向通道倒换环（正常时）

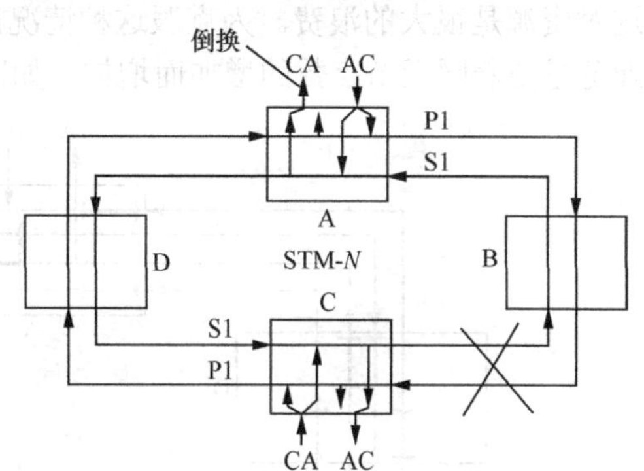

图 1-39　二纤单向通道倒换环（故障时）

2. 二纤单向复用段保护环

二纤单向复用段保护环的工作原理是每个节点的高速线路上都有一个保护倒换开关，正常时业务信号仅在工作光纤上传送，保护光纤处于空闲或传送低阶别的额外业务，如图 1-40 所示。

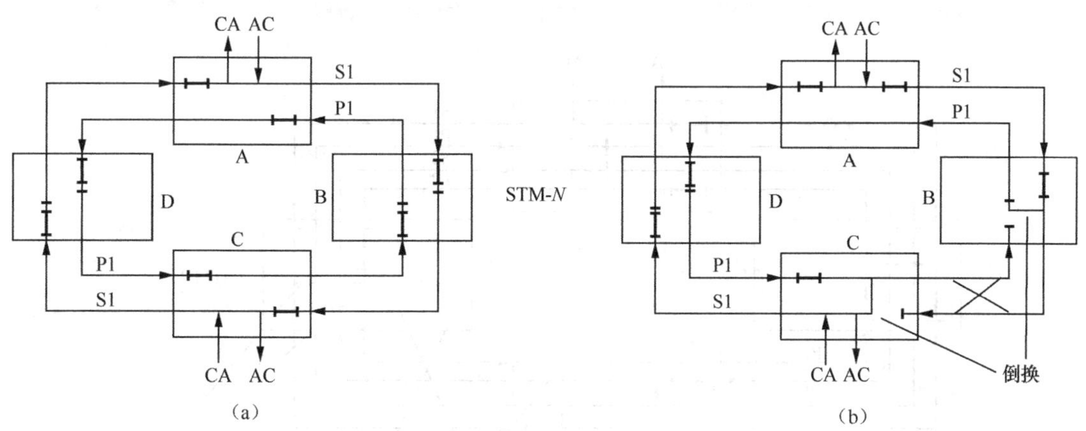

图 1-40　二纤单向复用段倒换环

从图 1-40 中看出，若环上网元 A 与网元 C 互通业务，A 到 C 的业务仅仅在工作光纤 S1 上沿顺时针传送，保护纤 P1 纤空闲，同样 C 到 A 的业务也在工作光纤 S1 上传送。因此在复用环上传送的业务不是 1+1 的业务而是 1∶1 的业务—主环 S1 上传主用业务，备环 P1

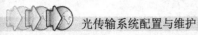

上传备用业务。即复用段保护环上业务的保护方式为 1∶1 保护，有别于通道保护环。由于复用段环保护的业务单位是复用段级别的，业务需通过 STM-*N* 信号中 K1、K2 字节承载的 APS 协议来控制倒换的完成，而倒换要通过运行 APS 协议，所以倒换速度不如通道保护环快。这种自愈环相比二纤单向通道倒换环没有任何优势，倒换速度较慢，而且采用 APS 协议，更为复杂，所以在实际中应用较少。

3. 四纤双向复用段保护环

前面讲的两种自愈方式，网上业务的容量与网元节点数无关，随着环上网元的增多平均每个网元可上/下的最大业务随之减少，网络信道利用率不高。例如二纤单向通道环为 STM-16 系统时，若环上有 16 个网元节点，平均每个 2500 节点最大上/下业务只有一个 STM-1，这对资源是很大的浪费。为克服这种情况出现了四纤双向复用段保护环，这种自愈方式环上业务量随着网元节点数的增加而增加，如图 1-41 所示。

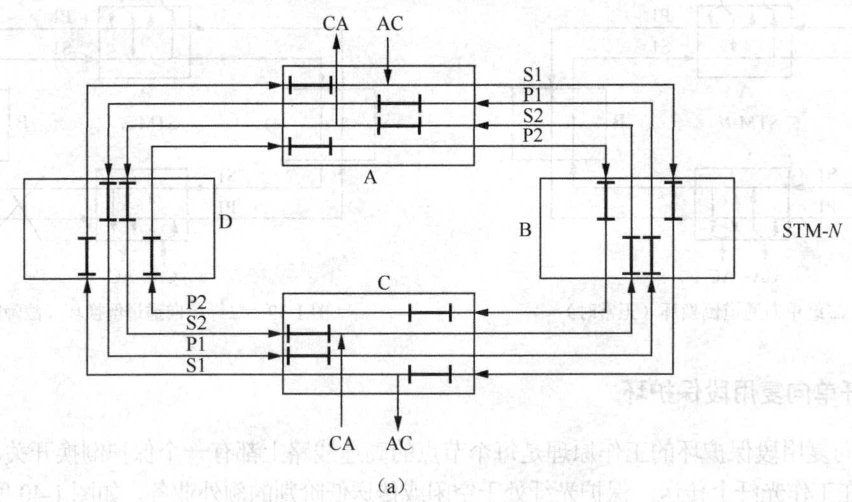

(a)

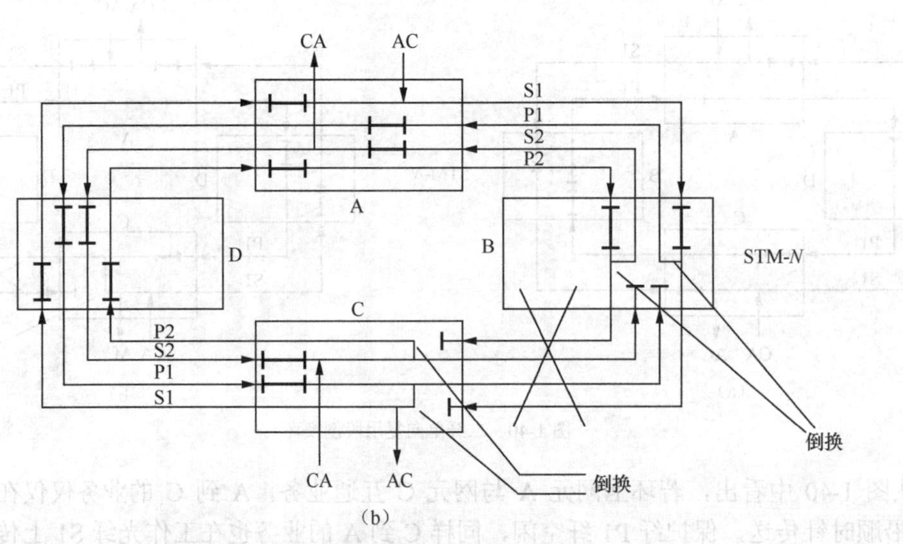

(b)

图 1-41　四纤双向复用段倒换环

四纤环肯定是由 4 根光纤组成，这 4 根光纤分别为 S1、P1、S2、P2，其中 S1、S2 为主纤，传送主用业务；P1、P2 为备纤，传送备用业务。也就是说 P1、P2 光纤分别用来在主纤故障时保护 S1、S2 上的主用业务。注意 S1、P1、S2、P2 光纤的业务流向。S1 与 S2 光纤业务流向相反（一致路由，双向环），S1、P1 和 S2、P2 两对光纤上业务流向也相反。从图 1-41 可看出 S1 和 P2，S2 和 P1 光纤上业务流向相同，这是以后讲双纤双向复用段环的基础。

尽管复用段环的保护倒换速度要慢于通道环，且倒换时要通过 K1、K2 字节的 APS 协议，控制使设备倒换时涉及的单板较多容易出现故障，但由于双向复用段环最大的优点是网上业务容量大，业务分布越分散、网元节点数越多，它的容量也越大，信道利用率要大大高于通道环，所以双向复用段环得以普遍的应用。

双向复用段环主要用于业务分布较分散的网络，四纤环由于要求系统有较高的冗余度，成本较高，故用得并不多。

4．双纤双向复用段保护环（双纤共享复用段保护环）

双纤双向复用段保护环的工作原理如图 1-42 所示。从图中可看到光纤 S1 和 P2，S2 和 P1 上的业务流向相同，那么我们可以使用时分复用技术将这两对光纤合成为两根光纤 S1/P2，S2/P1。这时将每根光纤的前半个时隙，（例如 STM-16 系统为 1#～8#STM-1）传送主用业务，后一半时隙，（例如 STM-16 系统的 9#～16#STM-1）传送额外业务，也就是说一根光纤的保护时隙用来保护另一根光纤上的主用业务，例如 S1/P2 光纤上的 P2 时隙用来保护 S2/P1 光纤上的 S2 业务，这是因为在四纤环上 S2 和 P2 本身就是一对主备用光纤，因此在二纤双向复用段保护环上无专门的主备用光纤，每一条光纤的前一半时隙是主用信道，后一半时隙是备信道，两根光纤上业务流向相反。从图 1-42 中可以看出正常时，A-C 的业务经 S1/P2 纤前一半时隙沿顺时针到 C 点，C-A 的业务经 S2/P1 纤前一半时隙沿逆时针到 A 点。

故障时：若 B—C 之间的光缆断时，则相邻的 B、C 节点按 APS 协议执行环回功能。如图 1-43 所示。

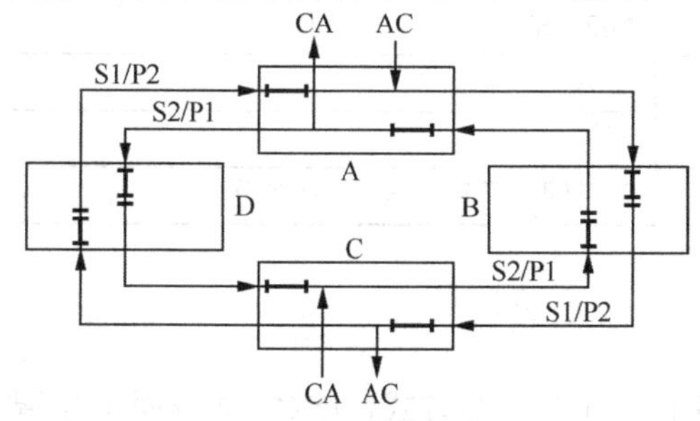

图 1-42　二纤双向复用段保护环（正常时）

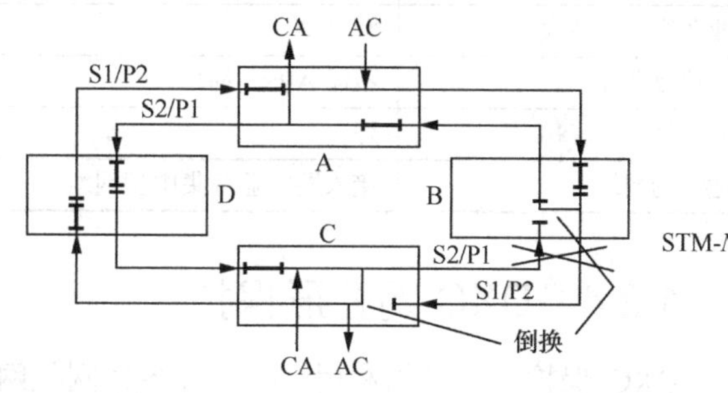

图 1-43　二纤双向复用段保护环（故障时）

比如网元 C 到网元 A 的业务先由网元 C 将主用业务 S2 环回到 S1/P2 光纤的 P2 时隙上，这时 P2 时隙上的额外业务中断，然后沿 S1/P2 光纤经网元 D、网元 A 穿通到达网元 B，在网元 B 处执行环回功能，将 S1/P2 光纤的 P2 时隙业务环到 S2/P1 光纤的 S2 时隙上去，经 S2/P1 光纤传到网元 A 落地。

通过以上方式完成了环网在故障时业务的自愈。

双纤双向复用段保护环的业务容量为四纤双向复用段保护环的 1/2，即 $M/2$（STM-N）

或 M×STM-N（包括额外业务），其中 M 是节点数。

1.2.3 两种自愈环的比较

当前组网中常见的自愈环为二纤单向通道保护环和二纤双向复用段保护环，下面将二者进行比较。

1．业务容量仅考虑主用业务

单向通道保护环的最大业务容量是 STM-N，双纤双向复用段保护环的业务容量为 M/2（STM-N），M 是环上节点数。

2．复杂性

二纤单向通道保护环无论从控制协议的复杂性还是操作的复杂性来说都是各种倒换环中最简单的，由于不涉及 APS 的协议处理过程，因而业务倒换时间也最短；二纤双向复用段保护环的控制逻辑则是各种倒换环中最复杂的。

3．兼容性

二纤单向通道保护环仅使用已经完全规定好了的通道 AIS 信号来决定是否需要倒换，与现行 SDH 标准完全相容，因而也容易满足多厂家产品兼容性要求。二纤双向复用段保护环使用 APS 协议决定倒换，而 APS 协议尚未标准化，所以复用段倒换环目前都不能满足多厂家产品兼容性的要求。综合各方面两种自愈环的比较结果见表 1-10。

表 1-10　二纤单向通道保护环和二纤双向复用段保护环区别

	二纤单向通道保护环	二纤双向复用段保护环
保护的信号	通道信号	复用段信号
倒换的条件	TU-AIS	LOS、LOF、MS-AIS、MS-EXC
信道利用率	1+1，利用率低	1：1，利用率高
业务容量（最大）	STM-N	M/2 × STM-N
协议复杂性	不需 APS，简单	需 APS 协议
兼容性	好	不好
适合的网络	接入网（业务集中型网络）	骨干网、局间中继网（业务分散型网络）

1.2.4 DXC 网孔形保护

DXC 保护主要是指利用 DXC 设备在网状网络中进行保护的方式，DXC 本身属于半智能化的器件，自身有一定的自愈功能。在业务量集中的长途网中，每个节点都有很多大容量的光纤支路，他们彼此之间构成互联的网状拓扑结构。若在节点处采用 DXC4/4 设备，在某处光缆被切断时，则利用 DXC4/4 的快速交叉连接特性，根据指令和程序控制，从故障识别，优先级确定到替代路由的选择及路由建立于测试等一系列过程，就可以很快的找出替代路由，并且恢复通信，于是就产生了 DXC 保护方式。

在如图 1-44 所示的例子中，是 A、D 节点间原有 8 个单位业务量（如 12×140Mbit/s），当 A、D 间光缆切断后，DXC 可能从网络中发现并建立如图中所示的 3 条替代路由来分担

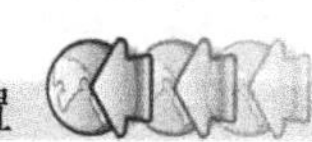

这 12 个单位的业务量。显然，为了保证 DXC 能迅速找到网络的恢复路由，网络必须留有一定的冗余量。

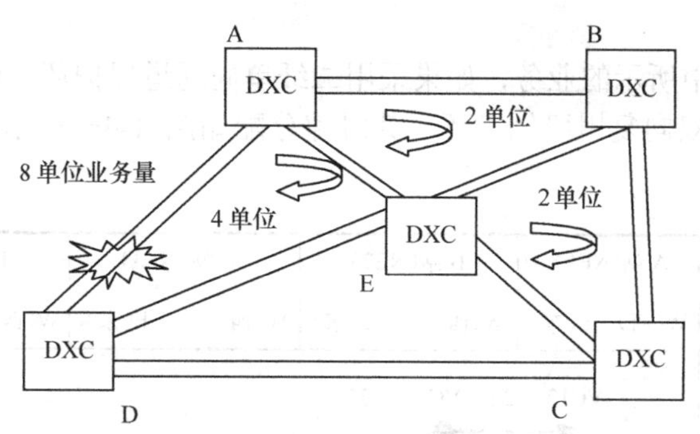

图 1-44 采用 DXC 的保护结构图

采用 DXC 的保护策略具有很高的生存性，而在同样的网络生存性下，所需附加空闲容量远小于环状网，一般附加的空闲容量仅需 10%～15%就足以支持采用 DXC 保护的自愈网，但是 DXC 也有缺点，成本较高，用于网络恢复时间较长。总之，DXC 保护由于具有的高可靠性成为网孔型长途干线等骨干网的主要保护方式。

📖任务实施

操作实践：SDH/MSTP 环状网组网及配置。

一、工程设计方案

1．工程设计条件分析

设计前必须详细了解整个工程的基本情况，主要包括各站的站电源（−24V、−48V），主信道光接口（群路光接口）传输数率是多少，各站的应用模式是 ADM 还是 REG，传输距离短、中还是长、支路接口是什么（接口的速率等级，对 2M 接口，还要清楚接口是 75Ω 还是 120Ω，是否采用单元保护）等。除此之外，还要分析整个网上的业务分配，是集中型业务还是均匀型业务。

通过前面的任务描述，考虑到未来业务量的需求的增加，线路上的带宽使用 2.5Gbit/s，网络管理系统安装在中心节点 A 站。

2．网路结构和保护方式

环状网根据其保护倒换的方式不同可分为二纤单向通道保护环、二纤单向复用段倒换环、四纤双向复用段倒换环和二纤双向复用段倒换环，设计时应根据具体情况进行选择。一般如果业务量主要汇集在一个节点上（集中型业务），可以考虑采用简单、经济、倒换速度快的二纤单向通道倒换环；对于各个节点之间均有较大的业务量，而且节点需要较大的业务量分插能力，可以考虑采用双向复用段倒换环。究竟采用二纤方式，还是四纤方式，则应根据容量要求和经济性考虑综合比较。在本次工程中，由于节点之间是 2 根光纤，虽然从节点之间的业务分配来看，业务类型属于集中型业务，但是如果考虑到未来用户业务量的需求，采用二纤双向复用段倒换环也是可以的。

3. 时隙分配

对于业务分配表中所示的业务，如果采用二纤单向通道保护环，业务时隙配置如图 1-45 所示。如果采用二纤双向复用段倒换环，其时隙分配如图 1-46 所示。需要注意图中所示的时隙分配不是唯一的。

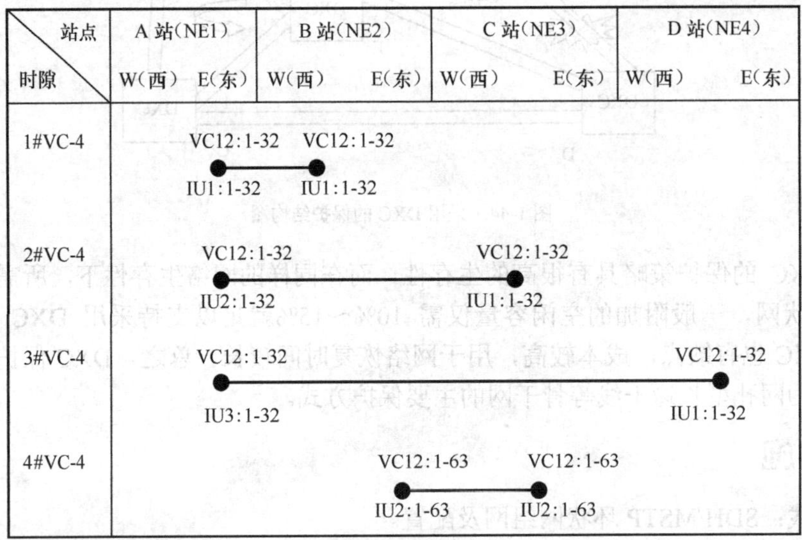

注意：图中所有业务为单向业务

图 1-45　二纤单向通道保护环时隙分配示意图

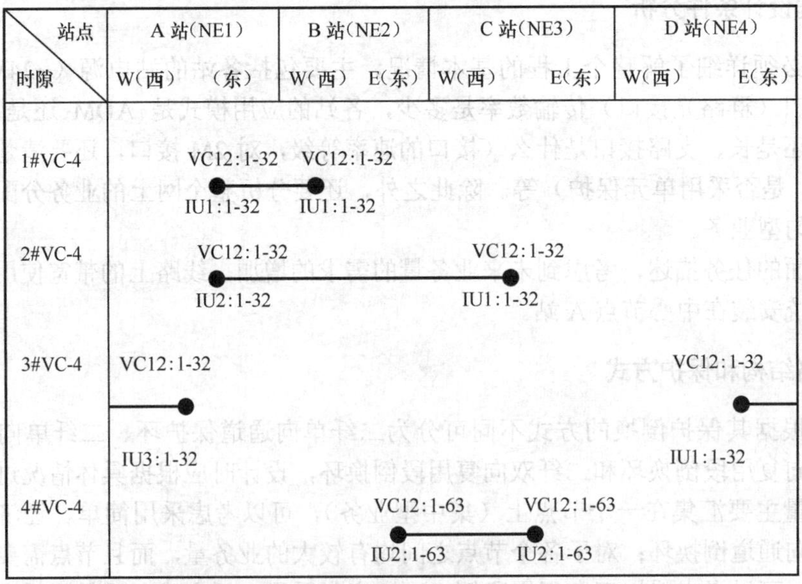

站点 / 时隙	A 站(NE1) W(西)	A 站(NE1) (东)	B 站(NE2) W(西)	B 站(NE2) E(东)	C 站(NE3) W(西)	C 站(NE3) E(东)	D 站(NE4) W(西)	D 站(NE4) E(东)
1#VC-4		VC12:1-32 IU1:1-32	VC12:1-32 IU1:1-32					
2#VC-4		VC12:1-32 IU2:1-32			VC12:1-32 IU1:1-32			
3#VC-4	VC12:1-32 IU3:1-32							VC12:1-32 IU1:1-32
4#VC-4				VC12:1-63 IU2:1-63		VC12:1-63 IU2:1-63		

注意：图中所有业务为双向业务

图 1-46　二纤双向复用段倒换环时隙分配图

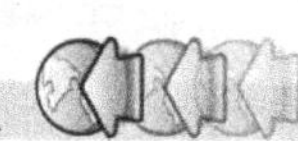

4．设备硬件配置

网元设备采用华为公司 OptiX 2500+（Metro3000）作为 STM-16 级别的 MADM 硬件配置。

（1）A 站（NE1）硬件配置

① 选择单板类型，见表 1-11。

表 1-11　　NE1 硬件配置安排

单板类型	配置单板	配置说明
业务单板	2 块 S16 板	网元需要 2 个 STM-16 光口组成一个 STM-16 环，所以选用两块 S16 板
	4 块 PQ1 3 块 E75S 1 块 FB1 1 块 EIPC	网元 NE1 在本地要上下 96 个 E1 业务，支路板选用 3 块 PQ1 和 3 块 E75S 接口板。由于业务需要进行 TPS 保护，所以还需要 1 块 PQ1 板，1 块电接口保护倒换转接板 FB1 和 1 块电接口保护倒换控制板 EIPC
系统必配的单板	2 块 XCS	交叉板需要进行备份保护，因此选用 2 块 XCS 交叉板
	1 块 SCC	1 块必用的主控板 SCC
	1 块 PBU	1 块电源备份板 PBU 对业务处理板的电源进行备份

② 选择单板板位，如图 1-47、图 1-48 所示。

PQ1
PQ1
PQ1
S16
S16
XCS
XCS
SCC
PQ1

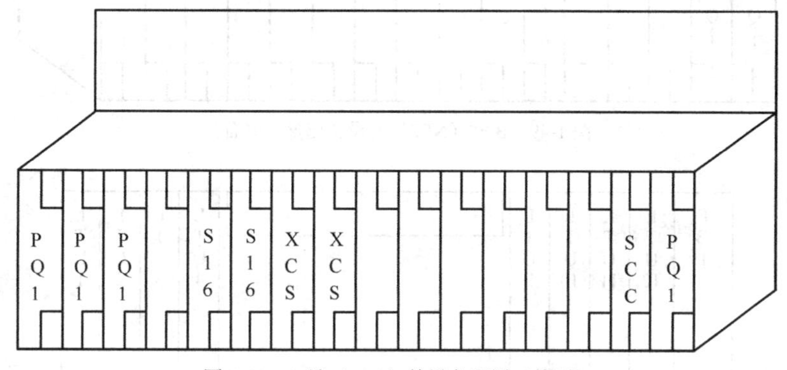

图 1-47　A 站（NE1）的设备配置（前面）

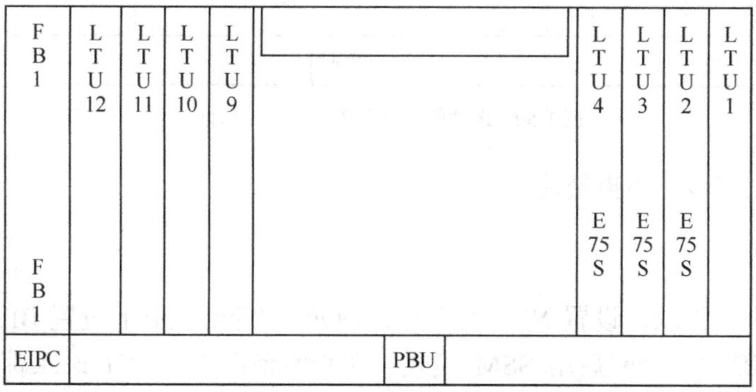

FB1
LTU12
LTU11
LTU10
LTU9
LTU4
LTU3
LTU2
LTU1
E75S
E75S
E75S
FB1
EIPC
PBU

图 1-48　A 站的设备配置（后面接口区）

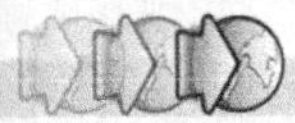

（2）B 站（NE2）硬件配置

① 选择单板类型见表 1-12。

表 1-12　NE1 硬件配置安排

单板类型	配置单板	配置说明
业务单板	2 块 S16 板	网元需要 2 个 STM-16 光口组成一个 STM-16 环，所以选用两块 S16 板
	2 块 PQ1 2 块 E75S	网元 NE1 在本地要上下 96 个 E1 业务，支路板选用 2 块 PQ1 和 2 块 E75S 接口板
系统必配的单板	2 块 XCS	交叉板需要进行备份保护，因此选用 2 块 XCS 交叉板
	1 块 SCC	1 块必用的主控板 SCC
	1 块 PBU	1 块电源备份板 PBU 对业务处理板的电源进行备份

② 选择单板板位，如图 1-49，图 1-50 所示。

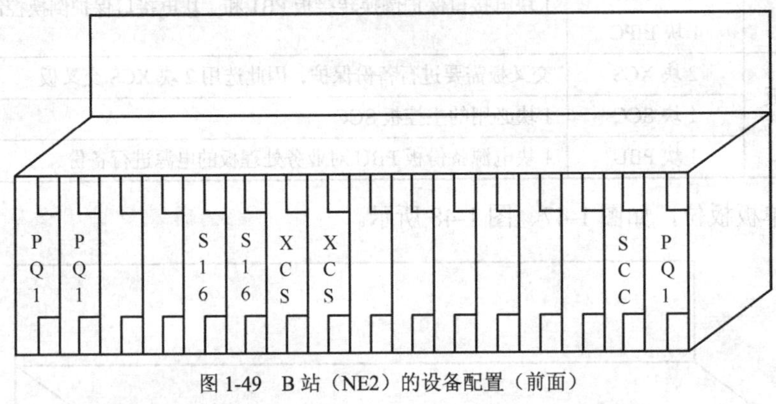

图 1-49　B 站（NE2）的设备配置（前面）

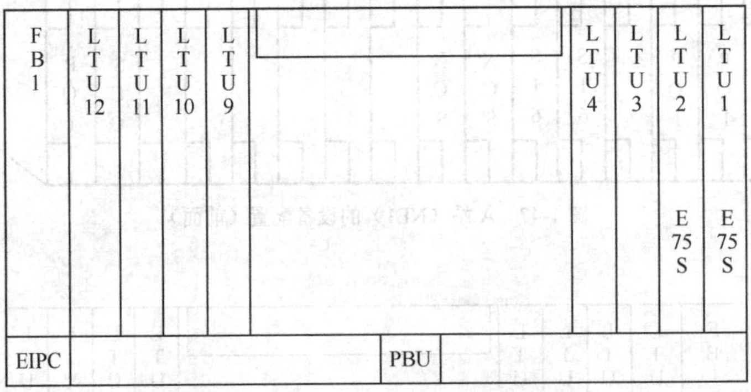

图 1-50　B 站的设备配置（后面接口区）

其余站点与之类似，不再赘述。

5. 同步设计

根据本网络时钟需求，设置 NE1 为主时钟网元，在网元 NE1 设置 BITS 的时钟 ID=1，设置内部时钟源 ID=2，全网启用 SSM 模式。在正常情况下，NE1 站跟踪主用 BITS，其他网元从线路上跟踪到 NE1 站，最终全网的时钟统一到一个基准源 BITS。当发生断纤时，受影响节点依据 SSM 协议，时钟源自动倒换，最后全网的时钟仍然统一于主用 BITS 基准

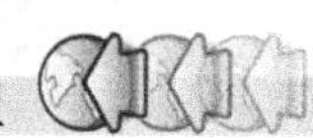

源。当主用 BITS 失效时，NE1 站依据 SSM 协议而跟踪其内部时钟，全网的时钟仍然能统一成唯一的基准源。时钟跟踪如图 1-51 所示。

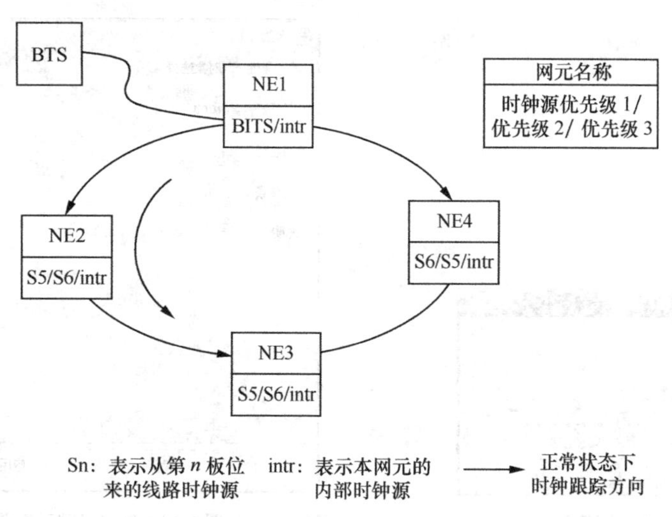

图 1-51　时钟跟踪示意图

6．网络公务图

根据公务需求，本网络的公务电话和会议电话规划如下图 1-52 所示，公务电话号码的设为 4 位，第一位为子网号，二到四位为用户号，建议用户号后两位与网元 ID 相同。

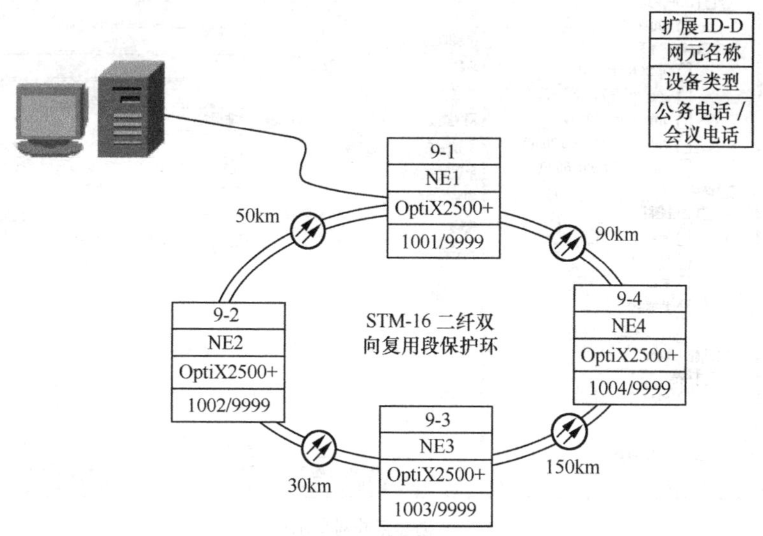

图 1-52　网络公务号码示意图

二、数据配置

该工程采用华为设备，因此采用网管是 IMT2000 网管系统，数据配置过程如下。

① 登录华为 T2000 网管服务端和客户端（用户名：admin　密码：T2000），如图 1-53 所示。

② 新建子网，如图 1-54 所示。

图 1-53　登录网管界面

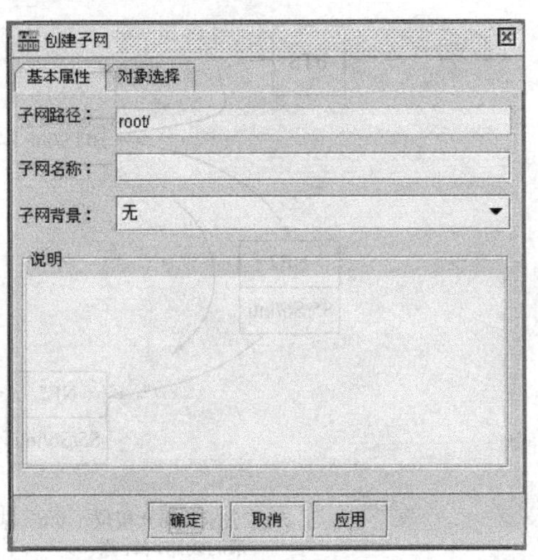

图 1-54　创建子网示意图

③ 创建子网下的网元即拓扑对象（图中采用 OptiX 155/622H，注意本工作任务实际采用 Optix 2500+），并配置网元（如单板），如图 1-55 所示。

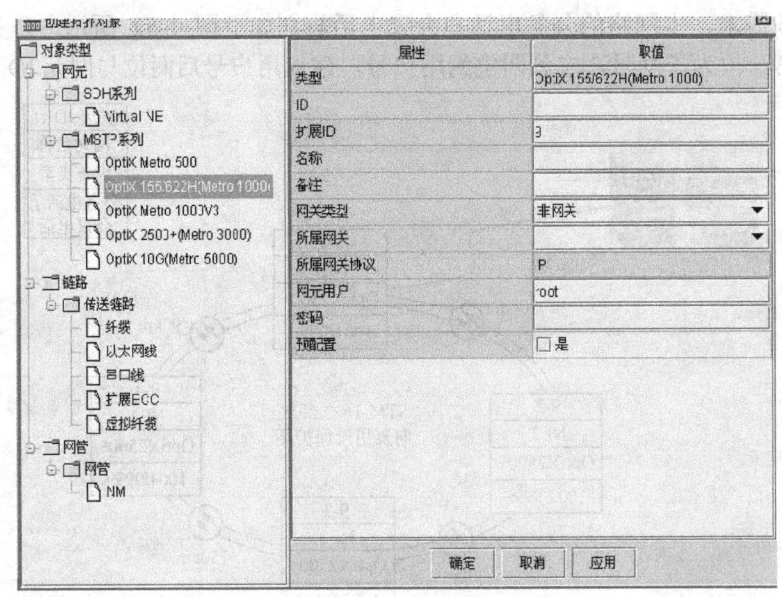

图 1-55　创建拓扑对象示意图

④ 创建网元之间的纤缆进行组网（环状），如图 1-56 所示。

⑤ 配置保护子网（采用二纤单向通道倒换环或者二纤双向复用段倒换环），如图 1-57 所示。

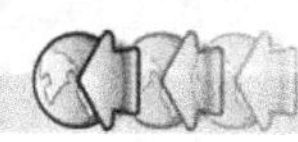

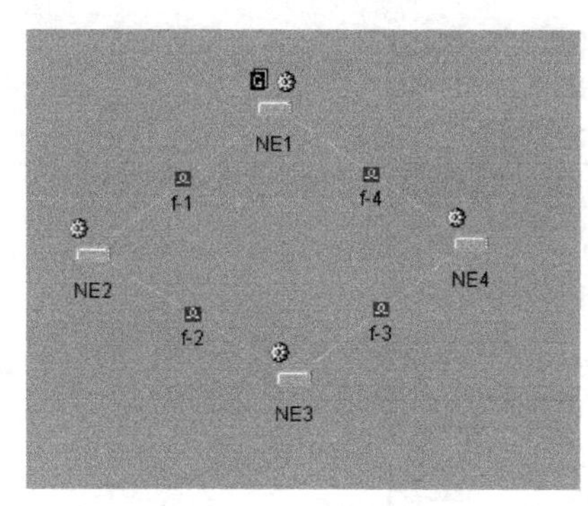

图 1-56　环状组网示意图

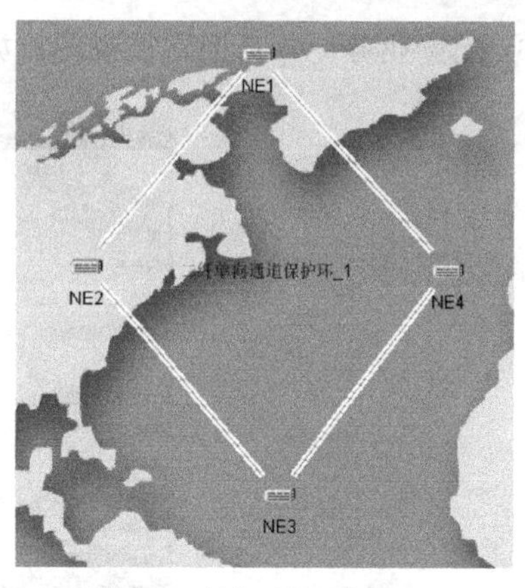

图 1-57　保护子网示意图

⑥ 配置各网元的时钟优先级实现网络同步，并查看时钟视图，如图 1-58 所示。

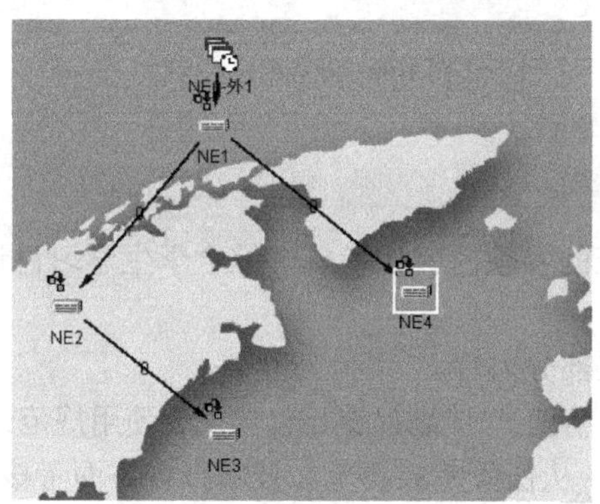

图 1-58　时钟视图示意图

⑦ 配置公务电话，如图 1-59 所示。

常规　高级　广播数据口
拨号模式
呼叫等待时间(s)　9
○ 脉冲
电话号码
会议电话　999
电话1　102
电话2
电话3
已选公务电话端口
备选公务电话端口
1-OI2D-1
1-OI2D-2
<<

图 1-59　公务电话配置示意图

⑧ 配置业务，并查询路径视图，如图 1-60 所示。

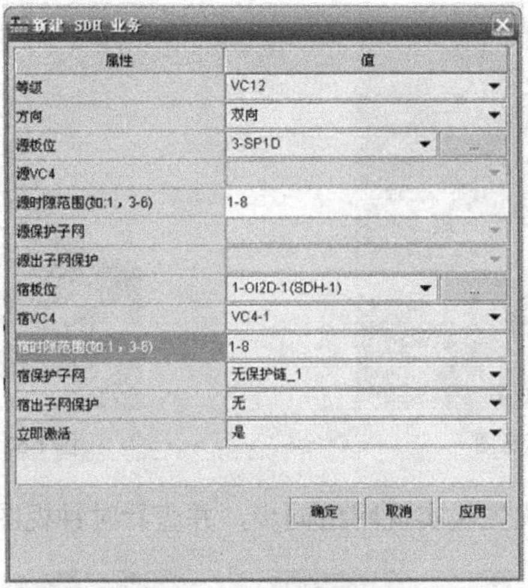

新建 SDH 业务

属性	值
等级	VC12
方向	双向
源板位	3-SP1D
源VC4	
源时隙范围(如:1，3-6)	1-8
源保护子网	
源出子网保护	
宿板位	1-OI2D-1(SDH-1)
宿VC4	VC4-1
宿时隙范围(如:1，3-6)	1-8
宿保护子网	无保护链_1
宿出子网保护	无
立即激活	是

确定 取消 应用

图 1-60　业务配置示意图

🕮任务考核

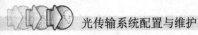

通过对下面所列评分表的各项内容的考核，综合学生学习讨论过程中的表现，评定出学生的成绩。

评价总分 100 分，分三部分内容。

（1）过程考核共 30 分，从工作计划提交、仪器仪表使用规范、操作熟练程度方面考核。

（2）结果考核共 20 分，从任务完成情况、技术报告方面考核。

（3）综合能力考核占 50 分，从知识掌握能力、成果讲解能力、小组协作能力、创新能力、态度方面进行考核，见表 1-13。

表 1-13　考核项目指标体系

评价内容			自我评价	教师评价	其他评价
过程考核（30%）	工作计划提交（10%）				
	仪器仪表使用规范（10%）				
	操作熟练程度（10%）				
结果考核（20%）	任务完成情况（15%）				
	技术报告（5%）				
综合能力考核（50%）	知识掌握能力（30%）	各种自愈环的原理及特点（10%）			
		组网设计方法（10%）			
		网管数据配置（10%）			
	成果讲解能力（5%）				
	小组协作能力（5%）				
	创新能力（5%）				
	态度方面（是否耐心、细致）（5%）				

📖教学策略

任务总课时建议安排 6 课时。教师通过引导、小组工作计划、小组讨论、成果展示多种教学方式达到提高学生的自主学习能力。因此可以从以下几个部分完成。

1．资询阶段

首先将全班同学分成若干各项目小组，小组同学结合相关知识点进行自主学习（教师主要是引导作用），拟定环状网的设计方案，完成计划的时间安排、前期工作准备阶段。在该阶段中的教师职责是负责准备相关资料，同时列出本项任务需要同学们掌握的重要专业知识点，并对必要的知识点进行必要的讲解。

小组同学通过查找资料掌握如下知识点。

① 环状网的特点。

② 各种自愈环网的业务容量（最大业务容量和最小业务容量）。

③ 华为 OptiX 2500+、155/622M SDH 传输设备单板功能，指示灯及各接口的含义。

④ 利用 155/622M SDH 传输设备如何组成 SDH 环形网络，应如何配置。

⑤ 在网管上如何进行利用环型网数据配置。

⑥ 如何对环型光传输 SDH 网进行误码性能测试，并验证数据配置的正确性。

⑦ 小组同学通过阅读 OptiX 2500+、155/622H 设备说明书了解。

（a）设备数据配置步骤。

（b）设备误码性能测试方法。

2．计划阶段

学生根据老师布置的任务，准备相关知识的查找、学习，拟定配置方案、数据配置过程、画出配置方案图、确定网络配置正确与否的检验方案。教师的职责是检查学生配置方案，针对学生的配置方案中的问题进行解答，并配合小组同学验证方案的正确性。

3．实施阶段

各小组根据布置的任务和光传输设备进行学习讨论。小组同学利用实训室 SDH 设备组成环状光传输网，完成环状光传输网的数据配置。各小组经过自主学习讨论后形成环状光传输网构成的报告，画出该结构图，掌握该网络的优缺点并完成设备的硬件安装和软件配置。教师职责是组织学生参观和讨论，并在小组讨论过程中，随时准备解答学生一切可能的问题。同时，教师注意观察各小组的讨论情况，注意收集问题。

4．总结、成果展示、考核

每个小组应将自己小组做方案和如何完成数据配置的过程进行展示和讲解，老师最后完成对该小组的同学的考核。

📖任务总结

① 所谓自愈环中的”自愈”是指在网络发生故障，例如光纤断时无需人为干预网络自动地在极短的时间内（ITU-T 规定为 50ms 以内）使业务自动从故障中恢复传输，使用户几

乎感觉不到网络出了故障。

② 自愈环可以分为二纤单向通道倒换环、二纤双向通道倒换环、二纤单向复用段倒换环、四纤双向复用段倒换环、二纤双向复用段倒换环。

③ 二纤单向通道倒换环工作原理采用“首端桥接、末端倒换”原理，即上业务的时候同时送到工作纤和保护纤，在收端择优选择，即1+1保护倒换方式。

④ 二纤双向复用段倒换环工作原理是利用时隙交换技术，将工作纤S1和保护纤P1上的信号置于一根光纤上称为S1/P2纤，前一半时隙传业务信号，后一半时隙传保护信号。

⑤ DXC保护只要是指DXC设备在网状网络中进行保护的方式，成本较高，但是网络的可靠性很高。

思考题

1．自愈环的种类有哪些？

2．自愈环切换的方式有哪些？

3．通道保护环和复用段保护环的区别。

4．阐述二纤单向通道保护环的工作原理。

5．阐述二纤双向复用段保护环的工作原理。

6．二纤单向通道保护环的触发条件是（　　）告警。

7．二纤双向复用段保护环的触发条件是（　　）、（　　）、（　　）、（　　）告警。

8．二纤双向复用段保护环4个节点，环上速率为2.5Gbit/s，最大业务容量为（　　）个2Mbit/s。

9．DXC4/1、DXC4/4的含义是什么？

任务3　SDH设备环带链状组网及数据配置

任务描述

某城域网中A、B、C、D四个站点组网一个环带链状网络，要求完成环带链状配置等。如图1-61所示。

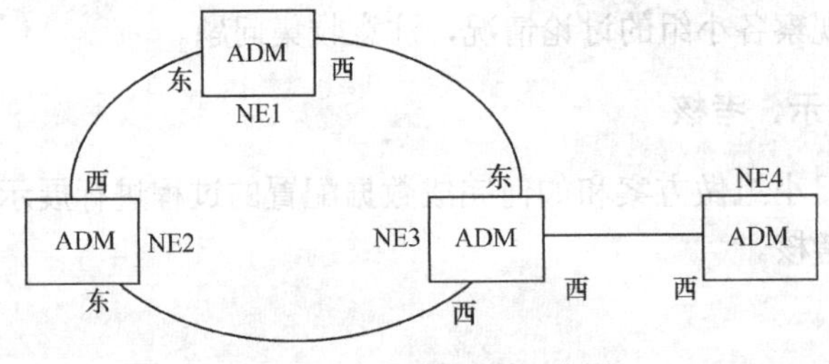

图1-61　环带链状组网示意图

 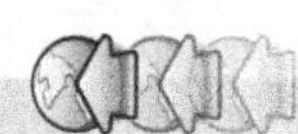

任务分析

SDH 的基本拓扑结构由链状、星状、树状、环状、网状五种，但是实际的网络拓扑结构往往较为复杂，比如环带链状组网、T 状网、环相切、环相交、双节点互连、枢纽形等。本任务目的就是通过该任务组网配置学习，学生能掌握光传输系统较复杂的方案设计、数据配置，能够胜任通信运营商、代维公司传输设备维护岗位的技能要求。要完成该任务，学生需要分析复杂网络拓扑结构的特点，信号流向、子网连接保护原理等。

任务咨询

1.3.1　复杂网络的拓扑结构及特点

通过链和环的组合可构成一些较复杂的网络拓扑结构，下面介绍几个在组网中要经常用到的复杂组网拓扑结构。

1. T 状网

T 状网实际上是一种树状网，如图 1-62 所示。

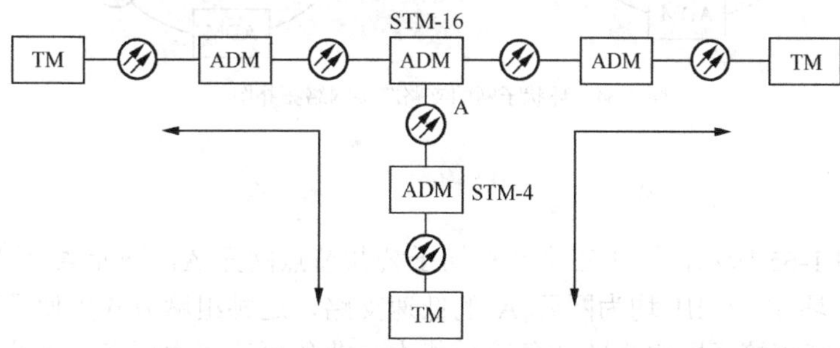

图 1-62　T 状网拓扑图

假设干线上设为 STM-16 系统，支线上设为 STM-4 系统，T 状网的作用是将支路的业务 STM-4，通过网元 A 上/下到干线 STM-16 系统上去，此时支线接在网元 A 的支路上，支线业务作为网元 A 的低速支路信号通过网元 A 进行分插。

2. 环带链

环带链状网络拓扑结构如图 1-63 所示。环带链是由环状网和链状网两种基本拓扑形式组成，链接在网元 A 处，链的 STM-4 业务作为网元 A 的低速支路业务，并通过网元 A 的分/插功能上/下环。STM-4 业务在链上无保护，上环会享受环的保护功能。例如网元 C 和网元 D 互通业务，A—B 光缆段断，链上业务传输中断，A—C 光缆段断，通过环的保护功能网元 C 和网元 D 的业务不会中断。

3. 环状子网的支路跨接

网络结构如图 1-64 所示，两 STM-16 环通过 A、B 两网元的支路部分连接在一起，两环中任何两网元都可通过 A、B 之间的支路互通业务，且可选路由多，系统冗余度高。两环间互通的业务都要经过 A、B 两网元的低速支路，传输存在一个低速支路的安全保障问题。

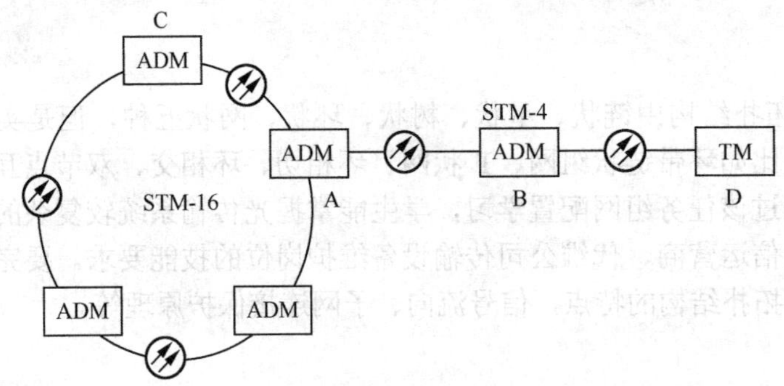

图 1-63　环带链拓扑图

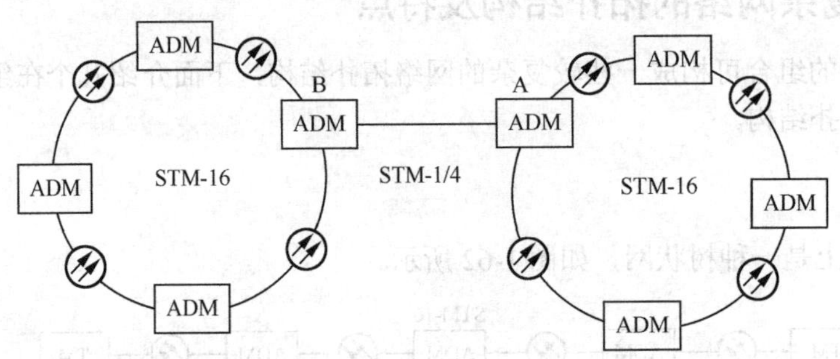

图 1-64　环状子网的支路跨接网络拓扑图

4．相切环

网络结构如图 1-65 所示，图中三个环相切于公共节点网元 A，网元 A 可以是 DXC，也可用 ADM 等效，环 II 环 III 均为网元 A 的低速支路，这种组网方式可使环间业务任意互通，具有比通过支路跨接环网更大的业务疏导能力，业务可选路由更多，系统冗余度更高。不过这种组网存在重要节点网元 A 的安全保护问题。

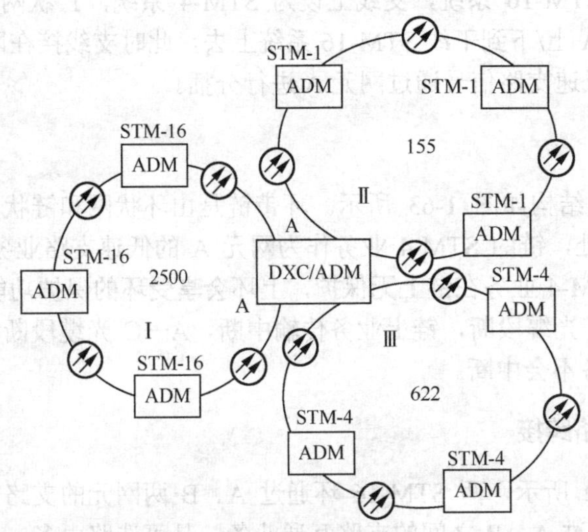

图 1-65　相切环拓扑图

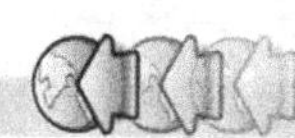

5．相交环

为备份重要节点及提供更多的可选路由加大系统的冗余度，可将相切环扩展为相交环，如图 1-66 所示。

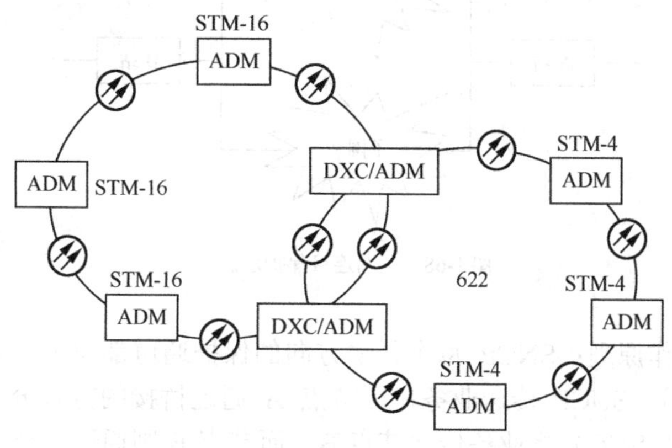

图 1-66　相交环拓扑图

6．枢纽网

网络结构如图 1-67 所示，网元 A 作为枢钮点可在支路侧接入各个 STM-1 或 STM-4 的链路或环，通过网元 A 的交叉连接功能，提供支路业务上/下主干线，以及支路间业务互通。支路间业务的互通经过网元 A 的分/插，可避免支路间铺设直通路由和设备，也不需要占用主干网上的资源。

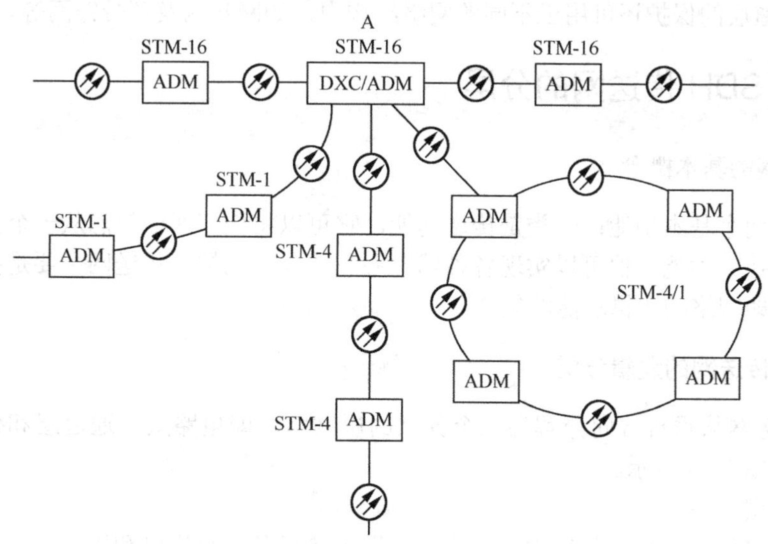

图 1-67　枢纽网拓扑图

1.3.2　子网连接保护原理

子网连接保护（SNCP）是指对某一子网连接预先安排专用的保护路由，一旦子网发生

故障，专用保护路由便取代子网承担在整个网络中的传送任务，如图 1-68 所示。

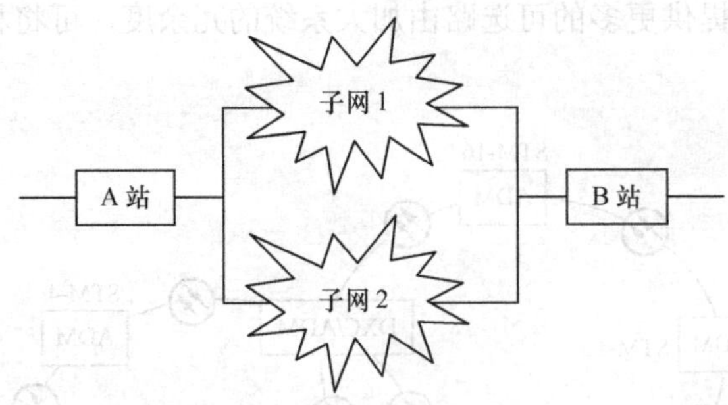

图 1-68　子网连接保护示意图

SNCP 的基本工作原理：SNCP 每个传输方向的保护通道都与工作通道走不同的路由，节点 A 和 B 之间通过 SNCP 传送业务，即节点 A 通过桥接的方式分别通过子网 1（工作 SNC）和子网 2（保护 SNC）将业务传向节点 B，而节点 B 则通过一个倒换开关按照倒换准则从两个方向选取一路业务信息，SNCP 采用的是双发选收的工作方式。

SNCP 在网络中的配置保护连接方面具有很大的灵活性，能够应用于干线网、中继网、接入网等网络，以及树状、环状、网状的各种网络拓扑，其保护结构为“1+1”方式，即每一个工作连接都有一个相应备用连接。当同时在复用段实行保护时，传输信号将有可能被双重保护。

SNCP 的子网是广义上的子网，即一条链或一个环都是一个子网。在网络结构日趋复杂的情况下，SNCP 是唯一的可适用于各种网络拓扑结构且倒换速度快的业务保护方式。SNCP 作为通道层的保护还可用于不同的网络结构中，如网状网及环带链网等。

1.3.3　SDH 传送网的分层

1．传送网的基本概念

电信网有两个基本功能：一类是传送功能，它可以将任何通信信息从一个点传到另一些点；另一类是控制功能，他可以实现各种辅助服务的操作维护。传送网主要是指逻辑功能意义上的网络，即网络的逻辑功能的集合。

2．SDH 传送网的逻辑分层

SDH 传送网从垂直方向分解为三个独立的层网络，即电路层、通道层和传输媒质层，其分层模型如图 1-69 所示。

（1）电路层

电路层直接面向用户为其提供通信业务，设备包括各种交换机和用于租用线业务的交叉连接设备。电路层向用户提供端到端的电路连接，一般由交换机建立。

（2）通道层

通道层支持一个或多个电路层网络，为其提供传送通道，可分为高阶 VC 和低阶 VC 组成的两种通道层。其重要特点是能够对通道网络的连接进行管理和控制。

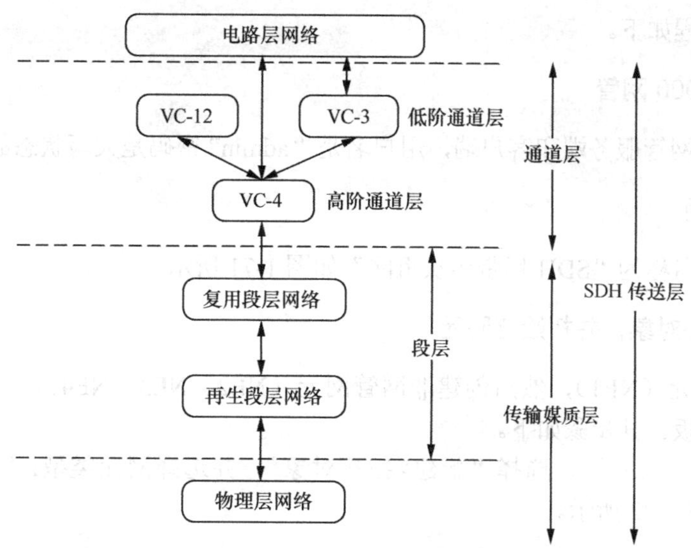

图 1-69　SDH 传送网的分层模型

（3）传输媒质层

传输媒质层与传输媒质（如光缆或微波）有关。支持一个或多个通道层网络，通道层两个节点之间的信息传递的完整性，而物理层涉及具体的支持段层的传输媒质。它可划分成段层（复用段层和再生段层）和物理层（如传输媒质为光缆）。

📖任务实施

操作实践：SDH/MSTP 环带链状组网。

某市需新建一个由 4 个站点组成一个环带链状网络，如图 1-70 所示。(环上速率为 2.5Gbit/s,链上速率为 STM-4，要求采用 OSN3500 设备，需要进行组网方案设计，完成设备单板配置以及网管数据配置。

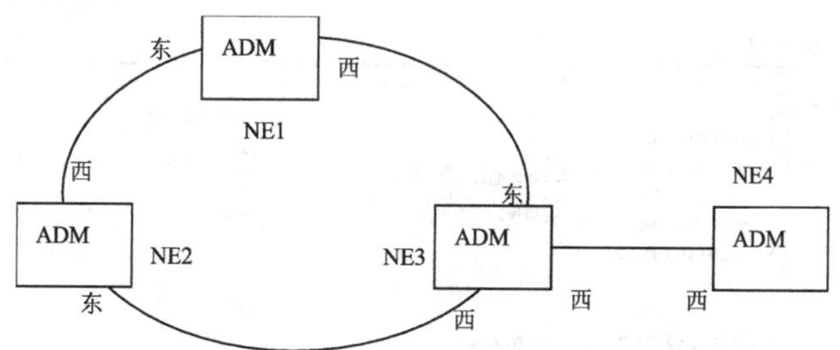

图 1-70　环带链状组网

各站点的业务需求见表 1-14。

表 1-14　各站业务需求情况

站　名	NE1	NE2	NE3	NE4
NE1		63		63
NE2	63			
NE3				
NE4	63			

数据配置流程如下。

1．登录 T2000 网管

登录 T2000 网管服务端和客户端，用户名是“admin”,密码是大写状态的“T2000”。

2．新建子网

新建子网，名称为“SDH 环带链状组网”如图 1-71 所示。

3．创建拓扑对象，并初始化网元

创建网关网元（NE1），然后创建非网管网元（NE2、NE3、NE4），并初始化网元，即配置网元硬件单板。其步骤如下。

在主视图中单击右键，选择“新建>拓扑对象”，并选择网元类型：“OSN 系列>Optix OSN3500”，如图 1-72 所示。

图 1-71　新建子网

图 1-72　新建拓扑对象示意图

然后进入创建网元的界面，在表格中输入网元的各种属性信息，如图 1-73 所示。

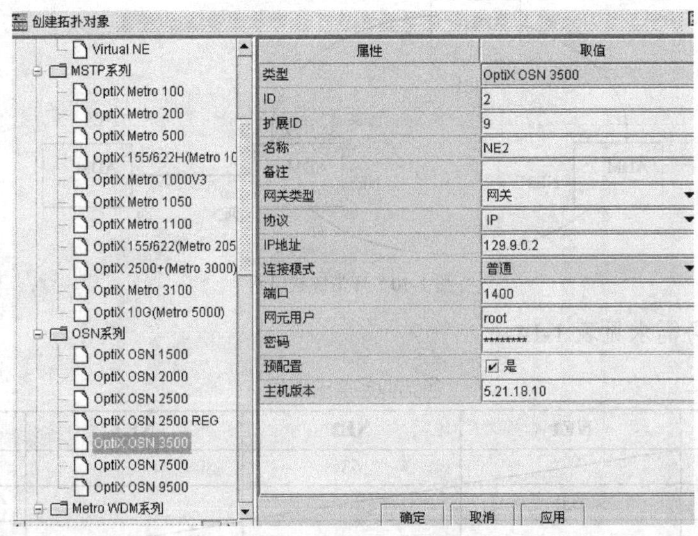

图 1-73　创建网元示意图

在网管上初始化网元配置网元硬件有三种方式：手工配置、复制网元数据和上传。如选择手工配置，单击“下一步”进行配置。确认网元属性，选择“标准子架”命令，进入网元槽位的界面，按照要求配置相应的单板，如 NE1 站点，仅仅在环中，需要两个 STM-16 的光接口，配置两块“SL16”单板，需上下 63 个 2M 业务，需要配置 PQ1 一块和相应的接口板“D75S”，当然还有交叉时钟板以及主控板、电源板等，如图 1-74 所示。

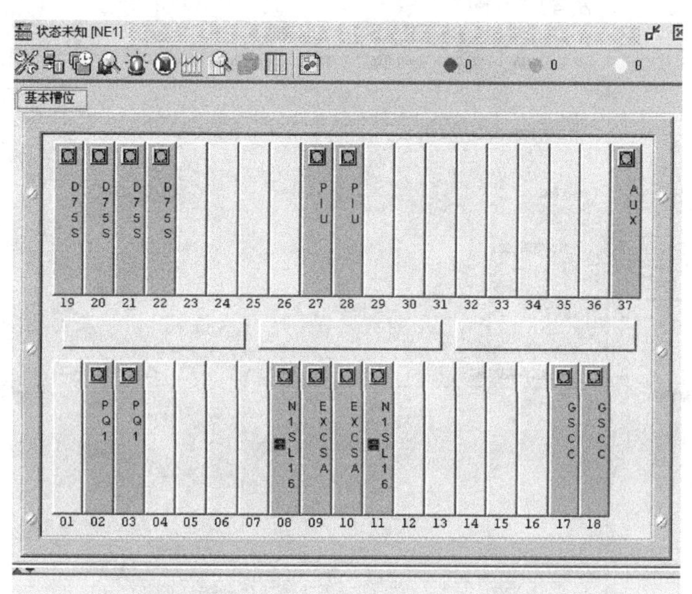

图 1-74　配置网元 1OSN3500 硬件示意图

按照同样的方法依次配置 NE2、NE3、NE4。

4．创建纤缆连接

首先应对网元进行物理连接后，然后在网管上创建网元之间的的纤缆连接，并且要保证网元之间的纤缆连接要与物理连接相一致。在配置上，先要对设备上的光板进行“添加光口”，如图 1-75 所示。然后才能完成网元之间的纤缆连接，如图 1-76 所示。

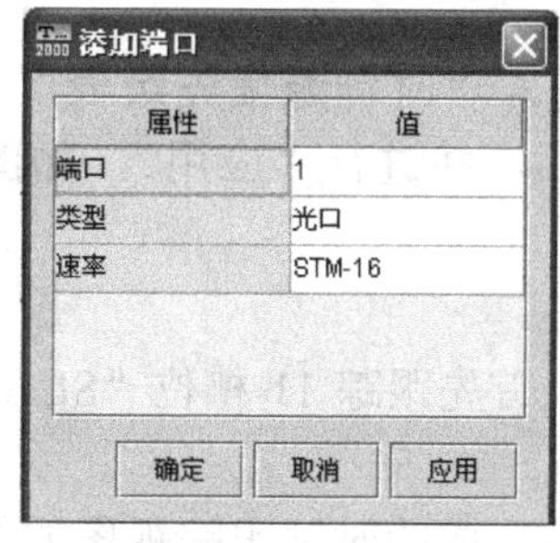

图 1-75　添加端口示意图

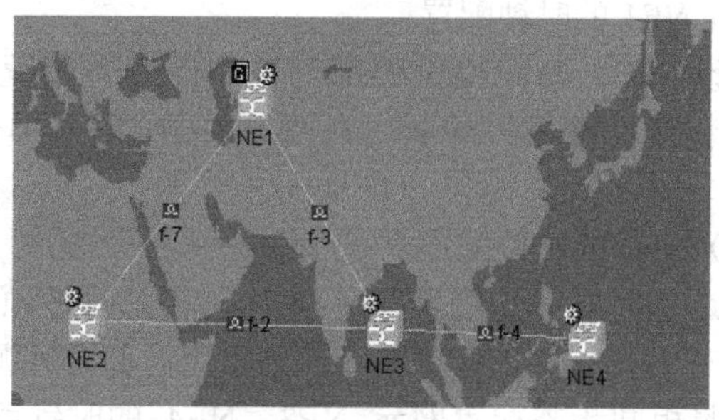

图 1-76　环带链组网纤缆连接示意图

5．配置网元公务电话参数

各个站点的公务电话通常按 100+ID 号组成，因此 NE1 的公务电话为 101，NE2 的公务电话为 102，其他依次类推。其配置如图 1-77 所示。

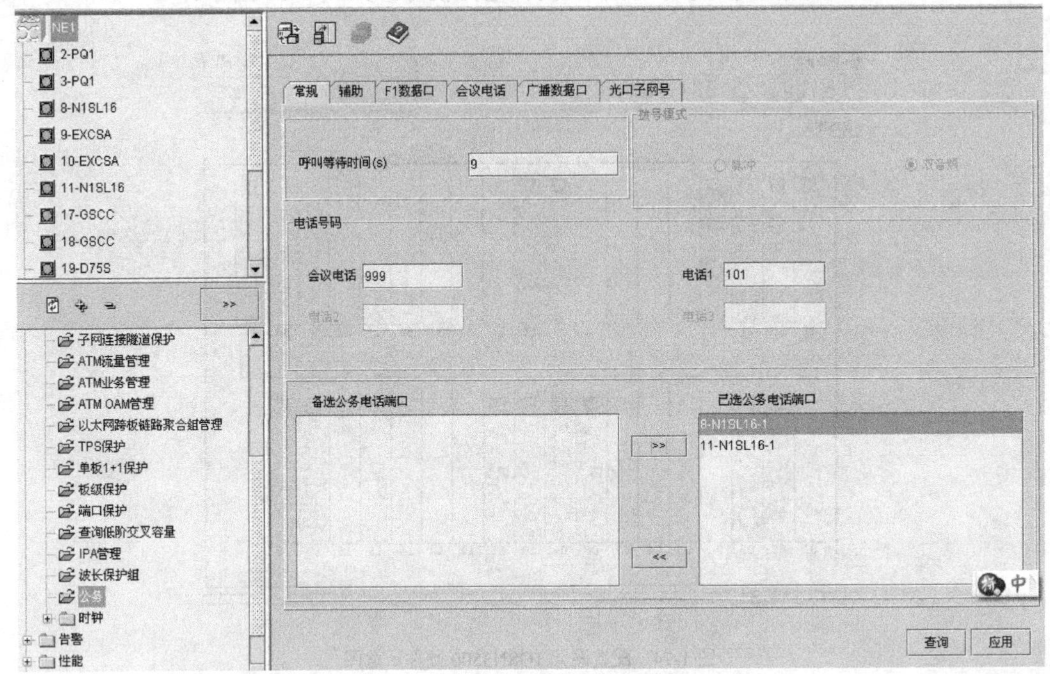

图 1-77　公务电话配置示意图

6．配置网元时钟优先级

在 SDH 网络中采用的网同步方式是主从同步方式，其中一个网元为主时钟，其他网元为从时钟，在本网络中，如设置网元 NE1 为时钟主站，则改网元采用外部时钟源或内部时钟源，其他站点为从站，应从线路上抽取时钟实现与 NE1 的跟踪锁定。

（1）NE1 的时钟配置

假设 NE1 站能提供外部时钟站，配置情况如下，进入“时钟源优先级表”界面。单击“新建”按钮，选择“外部时钟源 1”，单击“确定”，并进行“应用”，如图 1-78 所示。

（2）NE2 的时钟配置

NE2 的时钟优先级为：11-SL16-1/内部时钟源，即 NE2 首先跟踪 11 槽位“SL16-1”从网元 NE1 传送过来的时钟，其次是采用内部时钟源。

按照相同步骤配置网元 NE3、NE4 的时钟跟踪，最后形成的时钟跟踪视图如图 1-79 所示。

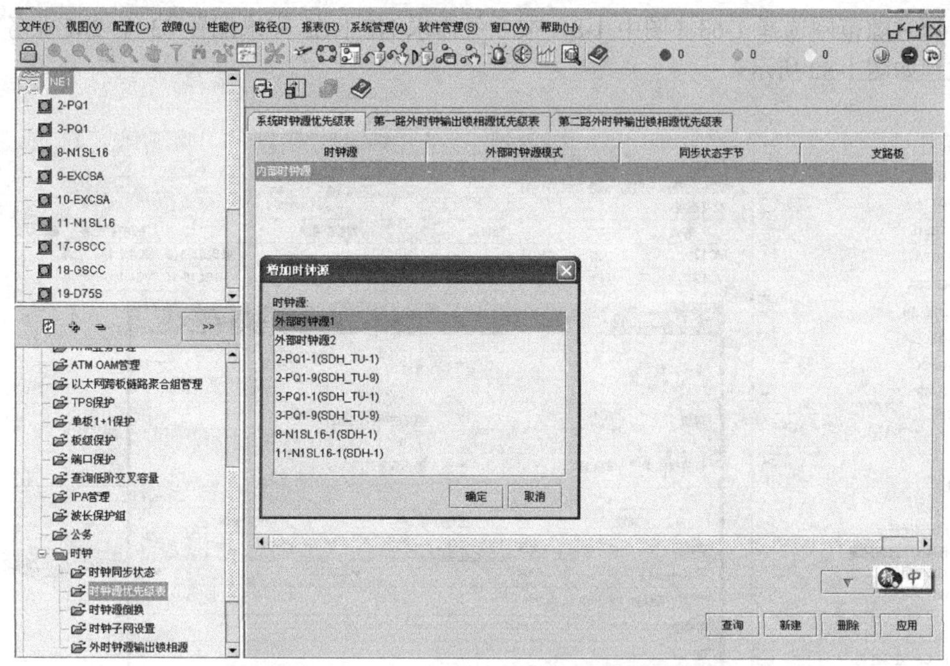

图 1-78　配置 NE1 的优先级别表

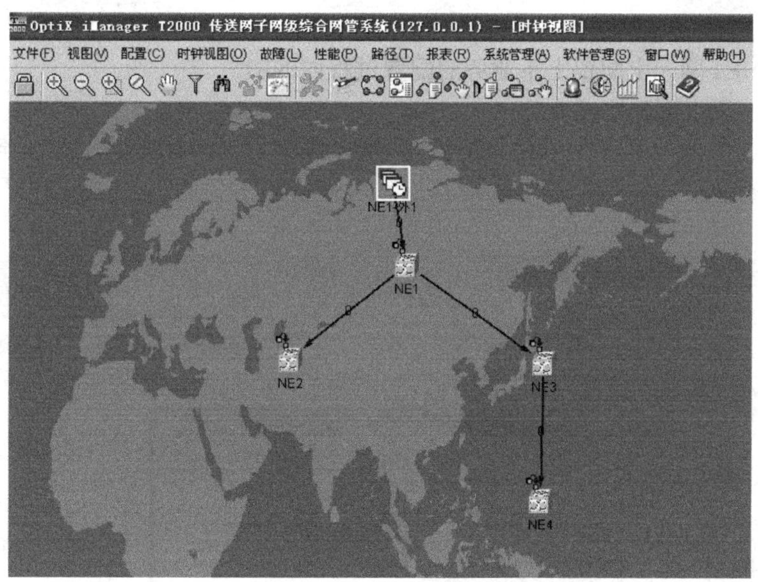

图 1-79　环带链状组网时钟跟踪示意图

7．SNCP 业务配置

根据业务需求，NE1-NE2 之间是 63 个 2M 业务，NE1-NE4 之间是 63 个 2M 业务。

（1）在 NE1 网元上建立上下业务

在 SDH 业务配置界面上选择新建 SNCP 业务，业务类型为 SNCP，方向为单向，业务级别为 VC-12，选择源板位 8-N1SL16（SDH-1）为工作业务，11-N1SL16（SDH-1）为保护

业务，源时隙范围选择 1-63（图中 1-8，按业务需求 NE-NE2 需求配置 63 个 2M 业务），其配置过程如图 1-80 所示。

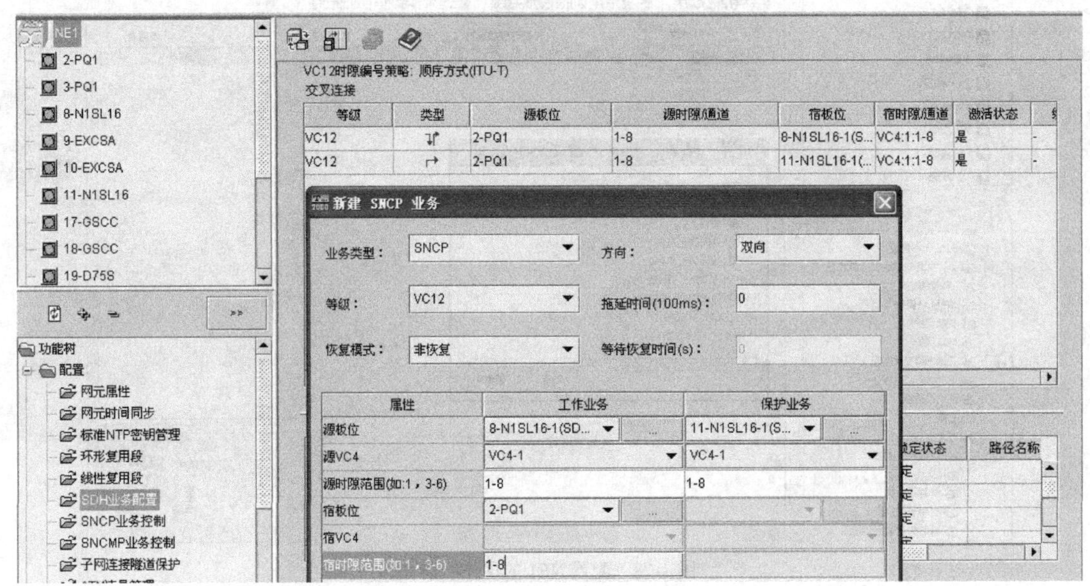

图 1-80　按业务需求 NE-NE2 需求配置 2M 业务示意图

在 NE2、NE4 网元上配置上下业务的配置过程同 NE1。

（2）NE3 网元上创建穿通业务

NE1 到 NE2 的业务将在 NE3 穿通，即从光线路上 11-N1SL64-1 穿通到 8-N1SL64-1 上。如图 1-81 所示。

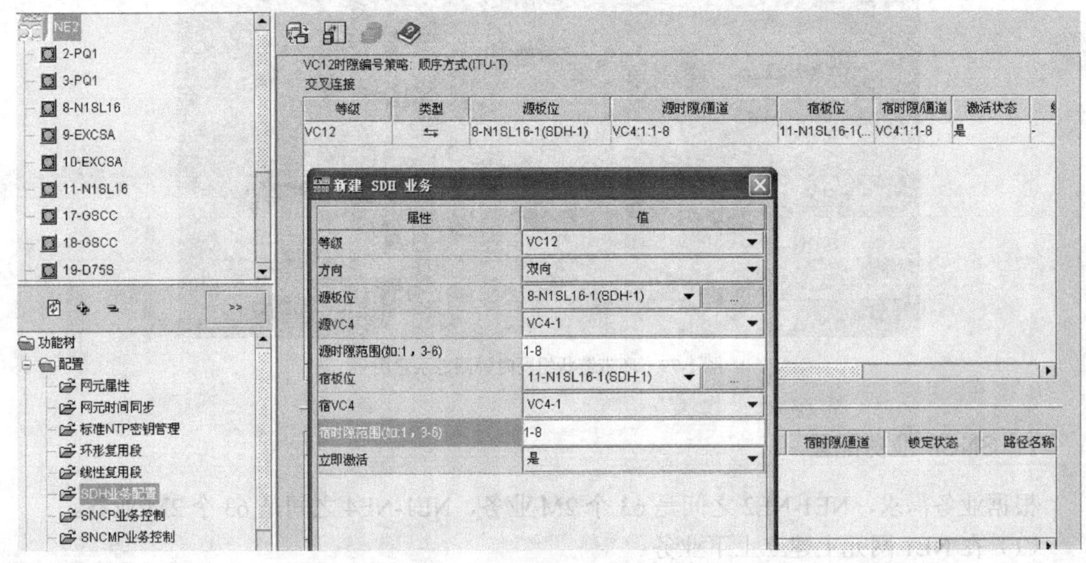

图 1-81　NE3 的穿通业务配置示意图

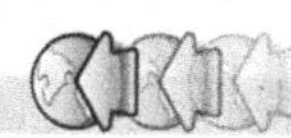

8. 路径查询

将业务配置按照业务需求配置完成后，在 SDH 路径管理菜单下进行路径收索及查询，如图 1-82 所示。通过路径查询，可以看出各个站点之间的业务路径。

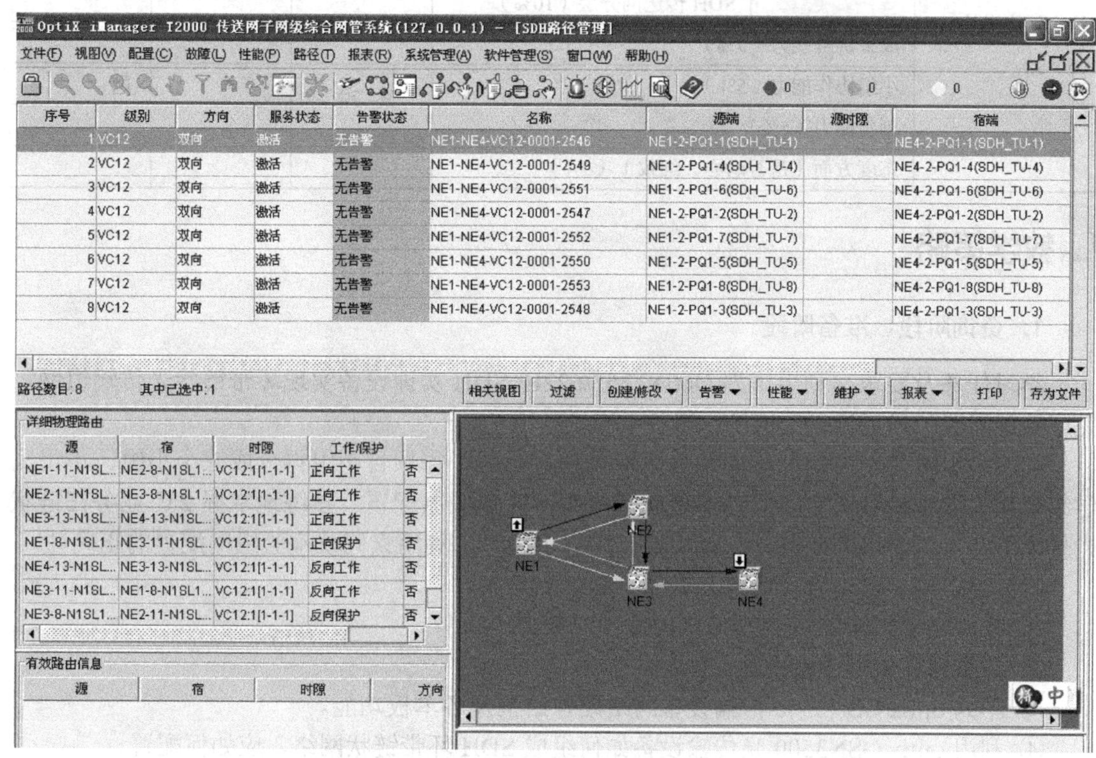

图 1-82 SDH 路径视图

任务考核

通过对下面所列评分表的各项内容的考核，综合学生学习讨论过程中的表现，评定出学生的成绩。

评价总分 100 分，分三部分内容。

（1）过程考核共 30 分，从工作计划提交、仪器仪表使用规范、操作熟练程度方面考核。（2）结果考核共 20 分，从任务完成情况、技术报告方面考核。（3）综合能力考核占 50 分，从知识掌握能力、成果讲解能力、小组协作能力、创新能力、态度方面进行考核。见表 1-15。

表 1-15 考核项目指标体系

评 价 内 容		自我评价	教师评价	其他评价
过程考核（30%）	工作计划提交（10%）			
	仪器仪表使用规范（10%）			
	操作熟练程度（10%）			
结果考核（20%）	任务完成情况（15%）			
	技术报告（5%）			

续表

评价内容			自我评价	教师评价	其他评价
综合能力考核（50%）	知识掌握能力（30%）	各种复杂网的特点（10%）			
		子网连接保护原理（10%）			
		SDH 传送网分层（10%）			
	成果讲解能力（5%）				
	小组协作能力（5%）				
	创新能力（5%）				
	态度方面（是否耐心、细致）（5%）				

教学策略

1．资询阶段、准备阶段

学习任务及要求：利用华为 OptiX 155/622H SDH 实训设备实现环带链状光传输组网，完成数据配置，验证数据配置的正确性。

学生小组讨论学习：全班同学分成两大项目小组，每项目小组再分成三个小组，小组同学结合相关课程内容进行学习，拟定配置方案，完成数据配置。熟练地掌握 2M 业务在链状光传输组网方式时候的配置方法、步骤、注意事项等，利用误码仪检验组网配置的正确性。

（1）小组同学通过查找资料掌握如下知识点。

① 各种复杂组网的特点。

② 环带链状组网的特点。

③ 华为 optix OSN3500 传输设备网络硬件结构及各单板功能。

④ 利用 optix OSN3500 光传输设备如何组成 SDH 环带链状网络，应如何配置。

⑤ 利用 optix OSN3500 光传输设备如何组成 SDH 环带链状网络，应如何配置。

⑥ 在网管上如何进行利用环带链状网数据配置。

⑦ 如何对环带链状光传输 SDH 网进行误码性能测试，并验证数据配置的正确性。

（2）小组同学通过阅读 OSN3500 设备说明书了解。

① OSN3500 设备数据配置步骤。

② OSN3500 设备误码性能测试方法。

教师职责：负责准备相关资料，同时，列出本项任务需要同学们掌握的重要专业知识点，并对必要的知识点进行必要的讲解。

2．计划阶段

学生根据老师布置的任务，准备相关知识的查找、学习，拟定配置方案、数据配置过程、画出配置方案图、确定网络配置正确与否的检验方案。

教师职责：检查学生配置方案，针对学生的配置方案中的问题进行解答，并配合小组同学验证方案的正确性。

3．实施阶段

① 小组根据布置的任务和光传输设备进行学习讨论。

② 小组同学利用传输实训室 SDH 设备组成环带链带状光传输网。

③ 完成环带链状光传输网的数据配置。

④ 利用利用误码仪检验组网配置的正确性。

⑤ 各小组经过自主学习讨论后形成环带链状光传输网构成的报告，画出该结构图，并掌握该网络的优缺点。

教师职责：组织学生参观和讨论，并在小组讨论过程中，随时准备解答学生一切可能的问题。同时，教师注意观察各小组的讨论情况，注意收集问题。

4．展示阶段

① 小组长或另外的成员陈述网络结构，展示结构图，数据配置情况，误码测试情况，并拔掉光纤展示测试数据报告。

② 完成数据配置过程。

③ 说明该网络可能存在的缺点。

④ 陈述过程中，其他组成员可提问，教师及时对问题进行补充说明或引申。

5．考核评价

每个小组应将自己小组做方案和和如何完成数据配置的过程进行展示和讲解，老师完成对该小组的同学的考核。

🕮任务总结

① 通过链和环的组合可构成一些较复杂的网络拓扑结构，如 T 状网、环带链状网络、环相切、环相交、枢纽型等拓扑结构。

② 子网连接保护（SNCP）是指对某一子网连接预先安排专用的保护路由，一旦子网发生故障，专用保护路由便取代子网承担在整个网络中的传送任务，其工作原理类似于通道保护环，但更多地用于复杂网络的保护，比如环带链、环相切等网络业务的保护。

③ SDH 传送网从上到下可以分为三层：电路层、通道层、传输媒质层。

思考题

1．复杂网络拓扑结构常用的有哪几种？各有什么特点？

2．子网连接保护的工作原理是什么？

3．SDH 传送网逻辑上分为几层？各有什么功能？

学习情景二

SDH/MSTP 设备业务配置

✦情境描述

本情境主要描述的是 SDH/MSTP 设备在数据配置过程中的完成的业务配置，其中包括基本业务配置和以太网的业务数据配置，以培养学生作为传输岗位维护工程师在业务数据特别是以太网业务配置过程中的具体操作。

✦能力目标

❖ 专业能力

- T2000 网管的基本操作
- SDH/MSTP 基本业务配置
- SDH/MSTP 以太网业务配置

❖ 方法能力

- 能根据工作任务的需要使用各种信息媒体，独立收集和查阅相关资料信息。
- 能根据工作任务的目标要求合理进行任务分析，制定小组工作计划，有步骤的开展工作，并做好各步骤的预期与评估。
- 能分析工作中出现的问题，并提出解决问题的方案。
- 能自主学习新知识和新技术应用在工作中。

❖ 社会能力

- 具有良好的社会责任感和工作责任心，积极主动参与到工作中。
- 具有团队协作精神，主动与人合作、沟通和协调。
- 具备良好的职业道德，按工程规范和安全操作的要求开展工作。
- 具有良好的语言表达能力，能有条理的表达自己的观点和看法。

任务 4 SDH/MSTP 设备基本业务配置

🕮任务描述

C 市 GX 电信分公司收到用户开通一条 2M 电路的申请，传输组技术支撑在中心网管上调链路。

📖任务分析

要实现 2M 业务的开通，应满足以下几个条件。

1．硬件资源是否满足

（1）通过查看规划图，了解本地网相关设备的配置情况。

本次链路经过的设备是华为公司的 Optix155/622H 的设备，使用的网管是 T2000（V1.2 版本），采用环带链的拓扑结构，在环上采用两纤单向通道保护环，链路采用无保护链。

（2）查看本地的 DDF 架配置情况，了解是否有空余的 2M 接口，如果没有（或者已用完），应该考虑从备品库中取出添加。如果有，应该检查 2M 头是否存在短路，断路和开路现象以确保 2M 链路的顺利开通。

2．软件资源是否满足

（1）通过登录 T2000 网管，结合时隙规划资料，查看相应的 VC4，VC12 是否有空余。如果有，应该规划出一条合理的链路出来，要求经过的路径最短，并且应该有保护（两纤单向通道保护环）。如果没有，分两种情况：

① 支路资源不满足，请添加相应的支路单板。

② 线路资源不满足，请添加相应的线路单板。

（2）通过登录 T2000 网管，结合工程规划图，查看相应的保护，本次采用的是两纤单向通道保护环，并且业务还要出子网，经过无保护链到达。应该注意 SNCP 的配置。

3．链路配置完成后，根据相关的验收规范对开通链路做误码率测试，保护倒换测试。

（1）误码率测试：误码率（BER：bit error ratio）是衡量数据在规定时间内数据传输精确性的指标。误码率=传输中的误码/所传输的总码数*100%。如果有误码就有误码率。

（2）保护倒换测试：该测试要求链路发生故障，比如断纤或者中间站点断电失效时业务不会中断，并且要求倒换时间不能超过 50ms。

📖任务资讯

2.1.1　SDH 的复用结构和步骤

一、SDH 复用的基本概念

SDH 的复用包括两种情况，一种是低阶的 SDH 信号复用成高阶 SDH 信号，另一种是低速支路信号（例如 2Mbit/s，34Mbit/s，140Mbit/s）复用成 SDH 信号 STM-*N*。

1．比特塞入法，又叫做码速调整法

2．固定位置映射法

上面两种方法都有一定的缺点，在 SDH 网络中采用指针定位的技术来校正支路信号频差和实现相位校准。各种业务信号复用进 STM-*N* 帧的过程都要经历映射（相当于信号打包）、定位（相当于指针调整）、复用（相当于字节间插复用）三个步骤。

我国的光同步传输网技术体制规定了以 2Mbit/s 信号为基础的 PDH 系列作为 SDH 的有效负荷，并选用 AU-4 的复用路线，其结构如图 2-1 所示。

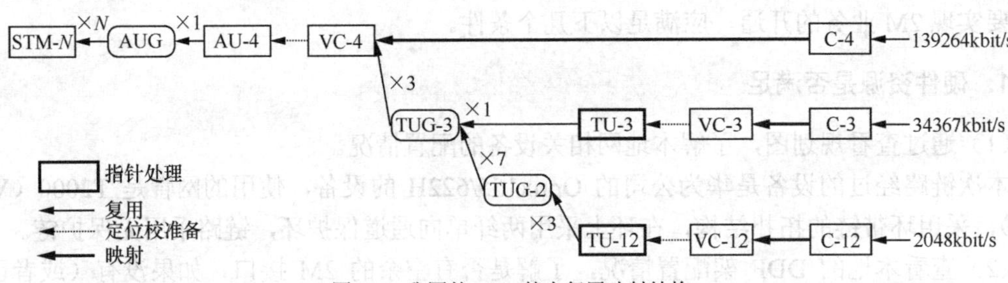

图 2-1　我国的 SDH 基本复用映射结构

二、基本复用单元

1. 容器（C）

容器（C）是一种装载各种速率业务信号的信息结构，主要完成 PDH 信号与 VC 之间的适配功能。ITU-T 规定了 5 种标准容器：C-11、C-12、C-2、C-3、C-4，在我国，实际上只采用三种标准容器 C-12、C-3、C-4。

2. 虚容器（VC）

虚容器（VC）是用来支持 SDH 通道层连接的信息结构，由标准容器加上通道开销（POH），分为低阶虚容器和高阶虚容器。

3. 支路单元和支路单元组（TU 和 TUG）

支路单元（TU）是一种提供低阶通道层和高阶通道层之间适配的信息结构，支路单元（TU）是由相应的虚容器（VC）和一个相应的支路单元指针（TU-PTR）组成的。

支路单元组（TUG）是由一个或多个在高阶 VC 净负荷中固定地占有规定位置的支路单元组成。我国规定的支路单元组（TUG）有两种：TUG-2 和 TUG-3。

4. 管理单元（AU）和管理单元组（TUG）

管理单元（AU）是一种高阶通道层和复用段层提供适配功能的信息结构，由高阶 VC 和一个相应的管理单元指针构成。

管理单元组（AUG）是由一个或多个在 STM-*N* 帧的净负荷中固定地占有规定位置的管理单元组成。

5. 同步传输模块

同步传输模块（STM-*N*）是在 *N* 个 AUG 的基础上，加上能够起到运行、管理和维护作用的段开销（SOH）构成。

三、映射、定位、复用的概念

映射是一种在 SDH 网络边界处（例如 SDH/PDH 边界处），将支路信号适配进虚容器的

过程，如将各种速率的信号（2Mbit/s、34Mbit/s,、140Mbit/s）信号先经过码速调整，分别装入到各自相应的标准容器中，再加上相应的低阶或高阶通道开销，形成各自相对应的虚容器的过程。

定位是指通过指针调整，使指针的值时刻指向低阶 VC 帧的起点在 TU 净负荷中或高阶 VC 帧的起点在 AU 净负荷重的具体位置，使收端能据此正确地分离相应的 VC。

复用是一种使多个低阶通道层的信号适配进高阶通道层或把多个高阶通道层的信号适配进复用层的过程，复用是通过字节间插方式完成。

四、通道、复用段、再生段的概念

通道—指通道终端之间的信息传递，在通道终端，完成对信息净负荷的复用和解复用以及完成对通道开销的处理。

复用段—指复用端终端设备与复用端终端设备之间的信息传递，一个复用段可能包括若干个再生段。

再生段—指再生段终端设备与再生段终端设备之间的信息传递。

2.1.2　140Mbit/s 复用进 STM-*N* 信号

首先将 140Mbit/s 的 PDH 信号经过码速调整比特塞入法适配进 C4。C4 是用来装载 140Mbit/s 的 PDH 信号的标准信息结构。参与 SDH 复用的各种速率的业务信号都应首先通过码速调整适配技术装进一个与信号速率级别相对应的标准容器，2Mbit/s（C12），34Mbit/s（C3），140Mbit/s（C4）。容器的主要作用就是进行速率调整，140Mbit/s 的信号装入 C4 也就相当于将其打了个包封，使 140Mbit/s 信号的速率调整为标准的 C4 速率，C4 的帧结构是以字节为单位的块状帧，帧频是 8000 帧/秒，即经过速率适配 140Mbit/s 的信号在适配成 C4 信号时已经与 SDH 传输网同步了，C4 的帧结构如图 2-2 所示。

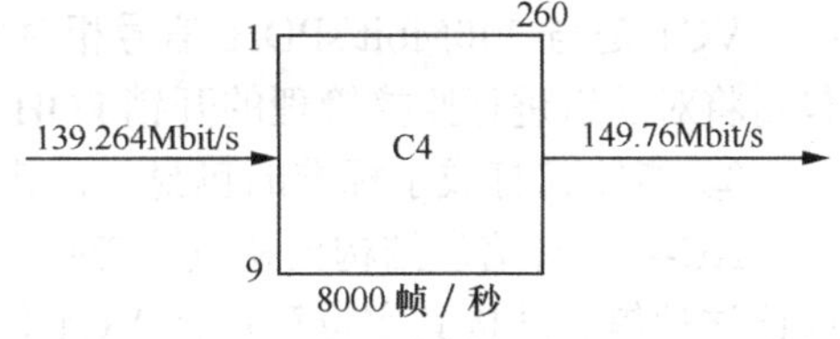

图 2-2　C-4 的帧结构图

C4 信号的帧有 260 列 9 行，PDH 信号在复用进 STM-*N* 中时其块状帧一直保持是 9 行，C4 信号的速率为 8000 帧/秒×9×行×260 列×8bit=149.760Mbit/s。

可将 C4 的基帧 9 行 260 列划分为 9 个子帧，每个子帧占一行，每个子帧又可以 13 个字节为一个单位分成 20 个单位，每个子帧的 20 个 13 字节块的第 1 个字节依次为 WXYYYXYYYXYYYXYYYXYZ，共 20 个字节，每个 13 字节块的第 2 到第 13 字节放的是 140Mbit/s 的信息比特，如图 2-3 所示。

一个 C4 子帧总计有 8×260=2080bit，其分配是：

信息比特 I：1934，固定插入比特 R：130，开销比特 O：10，调整控制比特 C：5，调整机会比特 S：1。

C 比特主要用来控制相应的调整机会比特 S，当 CCCCC=00000 时 S=I；当 CCCCC=11111 时 S=R。分别令 S 为 I 或 S 为 R，可算出 C-4 容器能容纳的信息速率的上限和下限：

当 S=I 时 C-4 能容纳的信息速率最大 C-4max=（1934+1）×9×8000=139.320Mbit/s。

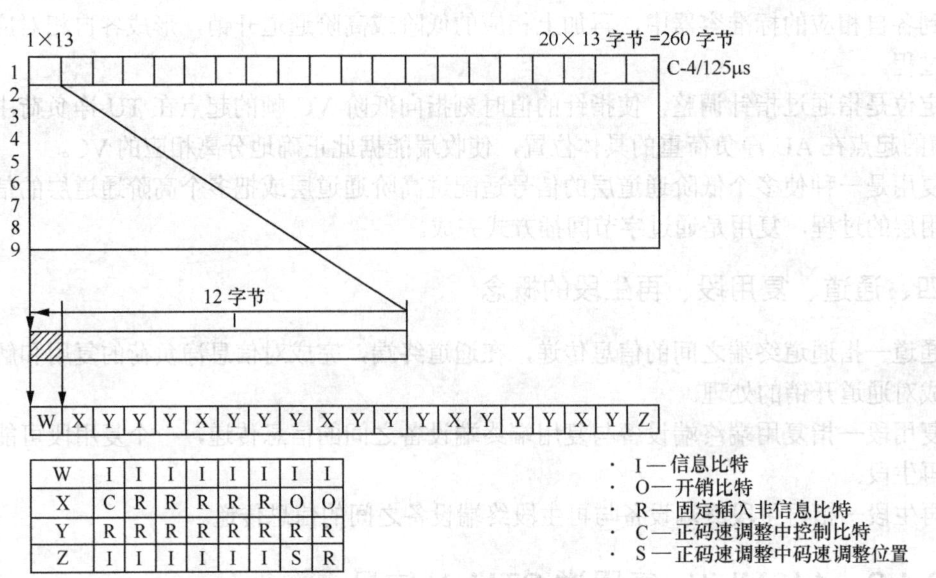

图 2-3　C-4 子帧结构

当 S=R 时 C-4 能容纳的信息速率最小 C-4min=（1934+0）×9×8000=139.248Mbit/s。

① 为了能够对 140Mbit/s 的通道信号进行监控，在复用过程中要在 C4 的块状帧前加上一列通道开销字节高阶通道开销 VC4-POH，此时信号成为 VC4 信息结构，如图 2-4 所示。

VC4 是与 140Mbit/sPDH 信号相对应的标准虚容器，此过程相当于对 C4 信号再打一个包封将对通道进行监控管理的开销 POH 打入包封中去，以实现对通道信号的实时监控。

② 货物都打成了标准的包封现在就可以往 STM-*N* 这辆车上装载了。

AU-4 这种信息结构已初具 STM-1 信号的雏形，9 行 270 列，只不过缺少 SOH 部分。而已这种信息结构其实也算是将 VC4 信息包再加了一个包封 AU-4。一个或多个在 STM 帧由占用固定位置的 AU 组成 AUG--管理单元组，如图 2-5 所示。

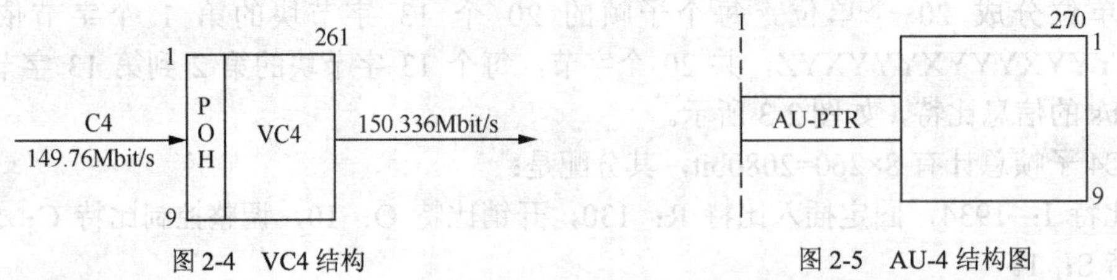

图 2-4　VC4 结构　　　　图 2-5　AU-4 结构图

③ 最后一步将 AU-4 加上相应的 SOH 合成 STM-1 信号。*N* 个 STM-1 信号通过字节间插复用成 STM-*N* 信号。

2.1.3　指针

一、指针的作用和分类

指针的作用就是定位，通过定位使收端能正确地从 STM-*N* 中拆离出相应的 VC，进而通过拆 VC 的包封分离出 PDH 低速信号。

何谓定位，定位是一种将帧偏移信息收进支路单元或管理单元的过程，即以附加于 VC 上的指针或管理单元指针，指示和确定低阶 VC 帧的起点在 TU 净负荷中或高阶 VC 帧的起点在 AU 净负荷中的位置。在发生相对帧相位偏差使 VC 帧起点浮动时，指针值亦随之调整，从而始终保证指针值准确指示 VC 帧起点位置的过程。对 VC4，AU-PTR 指的是 J1 字节的位置；对于 VC12，TU-PTR 指的是 V5 字节的位置。

指针有两种 AU-PTR 和 TU-PTR 分别进行高阶 VC 和低阶 VC 在管理单元和支路单元中的定位。

二、管理单元指针 AU-PTR

AU-PTR 的位置在 STM-1 帧的第 4 行 1～9 列，共 9 个字节，用以指示 VC4 的首字节，以便收端能据此正确分离 VC4，如图 2-6 所示。

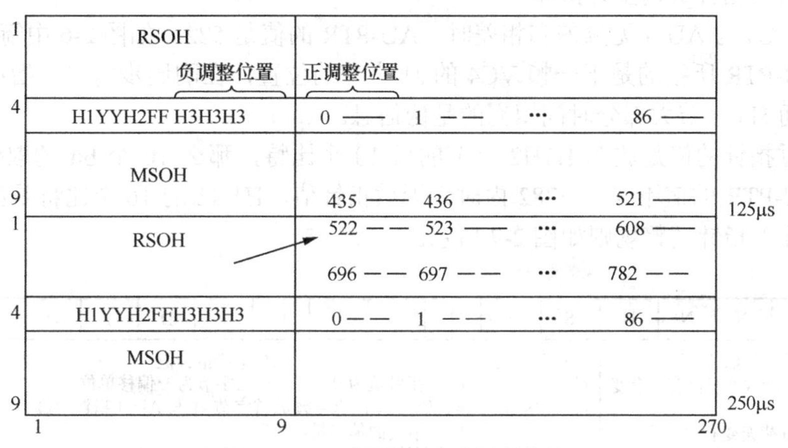

图 2-6　AU-4 指针在 STM 帧中的位置

从图 2-6 中可看到 AU-PTR 由 H1YYH2FFH3H3H3 九个字节组成 Y=1001SS11，S 比特未规定具体的值，F=11111111，指针的值放在 H1、H2 两字节的后 10 个 bit 中。3 个字节为一个调整单位。

（1）当 VC4 的速率高于 AU-4 的速率时，相当于装载一个 VC4 的货物所用的时间少于 125μs，由于货车还未开走 VC4 的装载还要不停地进行，这时 AU-4 这辆货车的车箱信息净负荷区已经装满了，无法再装下不断装入的货物，此时将 3 个 H3 字节一个调整单位的位置用来存放货物，这 3 个 H3 字节就象货车临时加挂的一个备份存放空间，那么这时货物以 3 个字节为一个单位将位置都向前串一位，以便在 AU-4 中加入更多的货物。这时每个货物单位的位置（3 个字节为一个单位）都发生了变化，这种调整方式叫做负调整，紧跟着 FF 两字节的 3 个 H3 字节所占的位置叫做负调整位置，此时 3 个 H3 字节的位置上放的是 VC4 的

有效信息，这种调整方式也就是将应装于下一辆货车的 VC4 的头三个字节装于本车上了。

（2）当 VC4 的速率低于 AU-4 速率时，相当于在 AU-4 货车停站时间内一个 VC4 无法装完，这时就要把这个 VC4 中最后的那个 3 字节货物单位留待下辆车运输，这时出于 AU-4 未装满 VC4（少一个 3 字节单位）于是车箱中空出一个 3 字节单位，这时要在 AU-PTR3 个 H3 字节后面再插入 3 个伪随机信息，相当于在车厢空间塞入的填充物，这时 VC4 中的 3 字节货物单位都要向后串一个单位（3 字节）于是这些货物单位的位置也会发生相应的变化，这种调整方式叫做正调整。相应的插入 3 个字节的位置叫做正调整位置。当 VC4 的速率比 AU-4 慢很多时，要在 AU-4 净负荷区加入不止一个正调整单位。注意负调整位置只有一个（3 个 H3 字节），负调整位置 AU-PTR 上，正调整位置在 AU-4 净负荷区。

（3）不管是正调整和负调整都会使 VC4 在 AU-4 的净负荷中的位置发生了改变，即 VC4 第一个字节在 AU-4 净负荷中的位置发生了改变。这时 AU-PTR 也会作出相应的正负调整，为了便于定位 VC4 中的各字节都赋予一个位置值。

如图 2-6 所示位置值是将紧跟 H3 字节的那个 3 字节单位设为 0 位置，然后依次后推，这样一个 AU-4 净负荷区就有 261×9/3=783 个位置，而 AU-PTR 指的就是 J1 字节所在 AU-4 净负荷的某一个位置的值。显然 AU-PTR 的范围是 0～782，否则为无效指针值。当收端连续 8 帧收到无效指针值时设备产生 AU-LOP 告警（AU 指针丢失）并往下插 AIS 告警信号。正/负调整是按一次一个单位进行调整的，那指针值也就随着正调整或负调整进行+1（指针正调整）或−1（指针负调整）操作。

（4）在 VC4 与 AU-4 无频差和相差时，AU-PTR 的值是 522。如图 2-6 中箭头所指处。

注意 AU-PTR 所指的是下一帧 VC4 的 J1 字节的位置，在网同步情况下指针调整并不经常出现，因而 H3 字节大部分时间填充的是伪信息。

我们讲过指针的值是放在 H1H2 字节的后 10 个比特，那么 10 个 bit 的取值范围是 0～1023，当 AU-PTR 的值不在 0～782 内时为无效指针值，H1H2 的 16 个比特是如何实现指针调整控制的呢？指针调整规则如图 2-7 所示。

<table>
<tr><td>N</td><td>N</td><td>N</td><td>N</td><td>S</td><td>S</td><td>I</td><td>D</td><td>I</td><td>D</td><td>I</td><td>D</td><td>I</td><td>D</td><td>I</td><td>D</td></tr>
<tr><td colspan="4">新数据标识(NDF)
表示所载交负荷容量有变化。
净负荷无变化时，NNNN 为正常值“0110”。
在净负荷有变化的那一帧，NNNN 反转为“1001”，此即 NDF。NDF 出现的那一帧指针值随这改变为指示 VC 新位置的新值称为新数据。若净负荷不再变化，下一帧NDF又返回到正常值“0110”并至少在 3 帧内不作指针值增减操作</td><td colspan="2">AU/TU类别
对 AU-4 和 TU-3 SS=10</td><td colspan="10">10 比特指针值
AU-4 指针值为 0 ～ 782；三字节为一偏移单位。
指针值指示了 VC4 帧的首字节 J1 与 AU-4 指针中最后一个 H3 字节间的偏移量。
指针调整规则
（1）在正常工作时，指针值确定了 VC-4 在 AU-4 帧内的起始位置。NDF 设置为 “0110”；
（2）若 VC4 帧速率比 AU-4 帧速率低，5 个 I 比特反转表示要作正帧频调整，该 VC 帧的起始点后移一个单位，下帧中的指针值是先前指针值加 1；
（3）若 VC4 帧速率比 AU-4 帧速率高，5 个 D 比特反转表示要作负帧频调整，负调整位置 H3 用 VC4 的实际信息数据重写，该 VC 帧的起始点前移一个单位，下帧中的指针值是先前指针值减 1；
（4）当 NDF 出现更新值 1001，表示净负荷容量有变，指针值也要作相应地增减，然后 NDF 回归正常值 0110；
（5）指针值完成一次调整后，至少停 3 帧方可有新的调整；
（6）收端对指针解码时，除仅对连续 3 次以上收到的前后一致的指针进行解读外，将忽略任何指针的变化</td></tr>
</table>

图 2-7　AU-4 中 H1 和 H2 构成的 16bit 指针码字

📖任务实施

一、检查现有保护、槽位和线路资源

通过 T2000 网管的保护视图查看网络的保护方式如图 2-8 所示，环上使用两纤单向通道保护环，链路采用无保护链。

通过 T2000 网管的查看器查看单盘的配置情况如图 2-9 所示，IU3 槽位的 SP1D 支路单板和 IU1 和 IU2 槽位的 OI2D 光线路单盘时隙配置情况，有没有空余的 2M。

图 2-8　保护视图

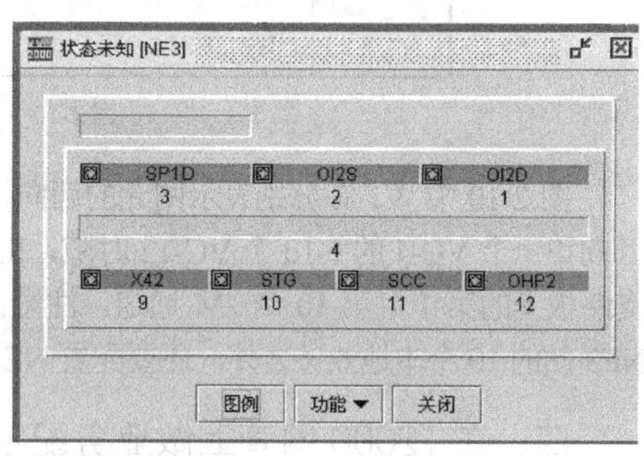

图 2-9　网元单板配置

二、设计业务矩阵

组网结构确定下来后，根据实际需要进行业务分配，确定各站之间的业务量，并用业务矩阵表示出来。如果 NE1 站到 NE4 站有 16 个 2Mbit/s，NE1 站到 NE3 站有 10 个 2Mbit/s，NE1 站到 NE2 站有 10 个 2Mbit/s，NE2 站到 NE3 站有 10 个 2Mbit/s，用业务矩阵可以清楚地看到各站之间的业务的量以及每个站上下业务的总量。现在需要增加一个从 NE1 站到 NE4 站的 2M 链路，业务矩阵见表 2-1。

表 2-1　SDH 链型网工程业务矩阵表 1

站　名	NE1	NE2	NE3	NE4	总计
NE1		10	10	16+1	36+1
NE2	10		10		20
NE3	10	10			20
NE4	16+1				17
总计	37	20	20	17	94

三、完成时隙分配

业务矩阵确定以后即可以对 SDH 环带链状网络的链路进行时隙分配，时隙分配图是对 SDH 网元进行业务设置的依据，图 2-10 就是上表所示的业务矩阵的一种时隙分配图（假设支路板插在第 1-4 槽位，且每块支路板上有 63 各 2M 通道）。

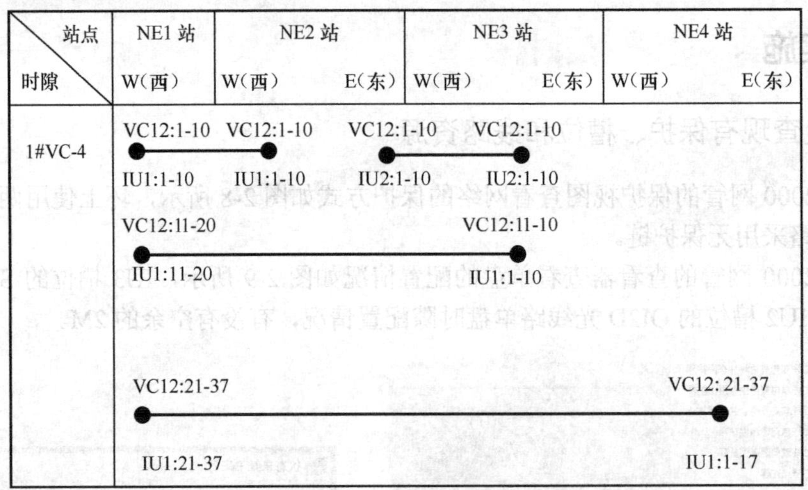

图 2-10　业务矩阵的时隙分布图

图 2-10 中 W、E 分别表示网元的西向、东向。如 NE1 站 W（西）1#VC-4 VC-12；1-10 表示西向第一个 VC-4 的 1-10 个 VC-12 时隙，IU1 表示网元上第 1 个支路板位，IU1：1-10 表示第 1 个支路板上的第 1 到第 10 个 2M 通道。注意：中间 NE2 站在配置业务时，除了要配置到 NE1 站和 NE3 站的 10 个本地业务之外，还要配置 NE1 站到 NE3 站以及 NE1 和 NE4 之间的穿通业务。

四、在 T2000 网管上做业务配置

一般在 T2000 网管上做的交叉连接分为本地连接和非本地连接。

本地连接：又称为上下业务，是指支路单板与群路单板之间的映射。一般来自接入网层的业务信号，需要经过传输设备来进行长距离传输，把业务信号收容进来就要做相应的本地连接映射到群路单板，传到光纤中送出去。

非本地连接：又称为穿通时隙，是指群路单板与群路单板之间的映射。一般在业务配置当中，沿路经过的站点都做穿通时隙。

根据两种连接方式分别做的两种连接如图 2-11、图 2-12 所示。

新建 SDH 业务

属性	值
等级	VC12
方向	单向
源板位	3-SP1D
源VC4	
源时隙范围(如:1，3-6)	3
源保护子网	
源出子网保护	
宿板位	1-OI2D-2(SDH-2)
宿VC4	VC4-1
宿时隙范围(如:1，3-6)	3
宿保护子网	二纤单向通道保护环_1
宿出子网保护	无
立即激活	是

确定　取消　应用

图 2-11　环状业务配置

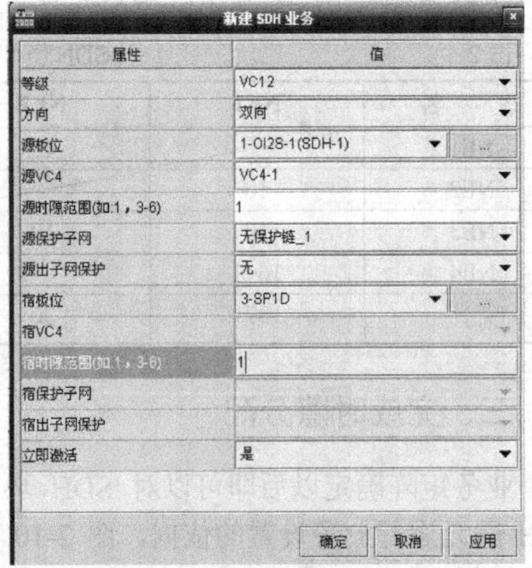

图 2-12　链状业务配置

我们假设一个问题：如果 C 市的 NE1 站点没有足够的支路资源，要保证业务的正常开通，应该如何来实现？

分析：如果支路资源不足，解决的办法就是扩容。扩容的方法有三种：第一在设备硬件资源允许的条件下，可以在空余的槽位上添加备用支路板；第二槽位资源比较紧张，可以采用升级支路单板，（采用这种方式，会造成原支路板上的业务中断，原业务需要重新配置）。第三槽位上使用的单板已达到最大的容量，可以考虑增加扩展子架（工程中，核心机房常用）

操作：

（1）通过网管查看所用设备槽位上支路板的型号。

（2）掌握设备的支路备板使用情况。

（3）掌握设备的扩展子架支持情况。

（4）采用适合本地经济适用的扩容方案。

想一想：如果 C 市的 NE3 与 NE4 间光路资源不足，应该怎样来实现业务的开通？

📖任务考核

通过对下面表所列评分的各项内容的考核，综合学生学习讨论过程中的表现，评定出学生的成绩。

评价总分 100 分，分三部分内容。

（1）过程考核共 30 分，从工作计划提交、仪器仪表使用规范、操作熟练程度方面考核。

（2）结果考核共 20 分，从任务完成情况、技术报告方面考核。

（3）综合能力考核占 50 分，从知识掌握能力、成果讲解能力、小组协作能力、创新能力、态度方面进行考核，见表 2-2。

表 2-2　考核项目指标体系

评价内容			自我评价	教师评价	其他评价
过程考核（30%）	工作计划提交（10%）				
	仪器仪表使用规范（10%）				
	网管配置熟练程度（10%）				
结果考核（20%）	任务完成情况（15%）				
	技术报告（5%）				
综合能力考核（50%）	知识掌握能力（30%）	各种组网的优缺点（10%）			
		业务配置方法（10%）			
		业务正确性验证（10%）			
	成果讲解能力（5%）				
	小组协作能力（5%）				
	创新能力（5%）				
	态度方面（是否耐心、细致）（5%）				

📖教学策略

完成该任务，教师从传统的讲授变为辅助教学，因此整个实施过程从以下几个部分完成：

1. 资询阶段

将全班同学分成若干各项目小组，老师根据任务需求引出相关知识点，小组同学结合相关知识点进行自主学习（教师主要是引导作用），同时拟定配置方案，完成计划的时间安排、前期工作准备。在该阶段中的教师职责是负责准备相关资料，同时，列出本项任务需要同学们掌握的重要专业知识点，并对必要的知识点进行必要的讲解。

2. 计划阶段

学生根据老师布置的任务，准备相关知识的查找、学习，拟定配置方案、数据配置过程、画出配置方案图、确定网络配置正确与否的检验方案。教师的职责是检查学生配置方案，针对学生的配置方案中的问题进行解答，并配合小组同学验证方案的正确性，引导同学参与拔高训练，做好必要的知识补充讲解。

3. 实施阶段

各小组根据布置的任务和光传输设备进行学习讨论。小组同学利用实训室 SDH 设备组成基本业务配置，通过告警判断数据配置的正确性。各小组经过自主学习讨论后形成时隙配置图。教师职责是组织学生参观和讨论，并在小组讨论过程中，随时准备解答学生一切可能的问题。同时，教师注意观察各小组的讨论情况，注意收集问题，引导同学参与拔高训练。

4. 总结、成果展示、考核

每个小组应将自己小组做方案和如何完成数据配置的过程进行展示和讲解，老师完成对该小组的同学的考核。

📖任务总结

① 将各种业务信号复用进 STM-*N* 帧的过程都要经历映射（相当于信号打包），定位（相当于指针调整），复用（相当于字节间插复用）三个步骤。

② 映射是一种在 SDH 网络边界处（例如 SDH/PDH 边界处），将支路信号适配进虚容器的过程。定位是指通过指针调整，使指针的值时刻指向低阶 VC 帧的起点在 TU 净负荷中或高阶 VC 帧的起点在 AU 净负荷重的具体位置，使收端能据此正确地分离相应的 VC。复用是一种使多个低阶通道层的信号适配进高阶通道层或把多个高阶通道层的信号适配进复用层的过程，复用是通过字节间插方式完成。

③ 指针的作用就是定位，即以附加于 VC 上的指针或管理单元指针，指示和确定低阶 VC 帧的起点在 TU 净负荷中或高阶 VC 帧的起点在 AU 净负荷中的位置。

④ 指针类型分为管理单元指针和支路单元指针。

思考题

1. 各种业务信号复用进 STM-*N* 帧的过程经历哪几个步骤？
2. 我国的 SDH 复用映射结构中的标准容器中 C-12 装载（　　）Mbit/s，C-3 装载

（ ）Mbit/s，C-4 装载（ ）Mbit/s。

3．SDH 的速率等级不包括（ ）。

A．STM-1 B．STM-4 C．STM-8 D．STM-16

4．下列信号中，不能为 SDH 所容纳的是（ ）。

A．2M B．6M C．8M D．45M

5．判断

（1）在 SDH 系统中 4 个 TUG-3 复用进 VC-4。（ ）

（2）虚容器是用来完成各种速率接口适配功能的信息结构单元。（ ）

（3）在 SDH 的复用映射过程中 ITU-T 规定的标准容器有 C-11、C-13、C-2、C-3、C-4。（ ）

6．什么是指针？其种类有哪些？

7．复用是通过什么方式完成的？

任务5 SDH/MSTP 设备以太网专线业务数据配置

任务描述

某县电信分公司组建网络如图 2-13 所示。位于 NE1 的 A、B 两个公司的总公司需要通过 MSTP 设备传输数据业务到 NE5 站点的 A、B 公司的分公司，要求 A、B 公司的业务完全隔离，A 公司和 B 公司均可提供 100Mbit/s 以太网电接口，A 公司和 B 公司均需要 10Mbit/s 的带宽。

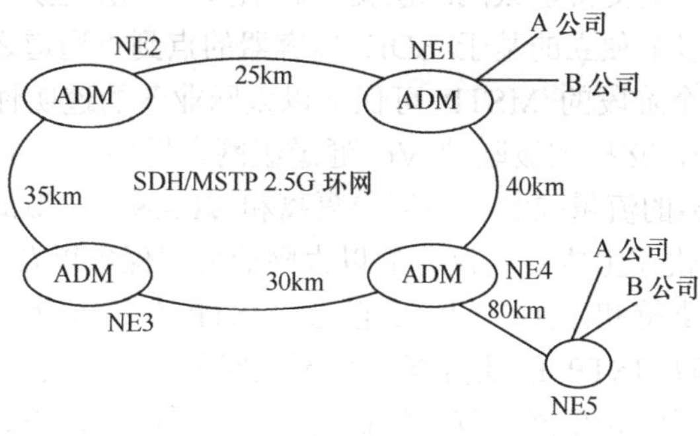

图 2-13 某县电信分公司 SDH 网络拓扑示意图

任务分析

以太网业务在 MSTP 网络中的应用形式有以太网专线 EPL、以太网虚拟专线 EVPL、以太网专用局域网业务 EPLAN、以太网虚拟专用局域网业务 EVPLAN 四种。本次任务采用 OptiX 2500+（METRO 3000）设备，完成以太网业务的数据配置。在这四种以太网业务类型中根据 A、B 公司要求业务完全隔离，各自需要 10M 带宽，所以将选择以太网专线。那

么将位于 NE1 的 A、B 公司的总公司的以太网交换机分别通过 100 Mbit/s 以太网电接口分别连接到 Optix 2500+（Metro 3000）设备上以太网接口板的 100 Mbit/s 电接口—MAC1 端口和 MAC2 端口上，位为 NE5 的 A、B 公司分部同样这样连接到 MSTP 设备上。在 NE1 与 NE5 之间的线路上，A 公司的业务通过一条 VC TRUNK1 通道传送，B 公司的业务通过另一条 VC TRUNK2 通道传送，VC TRUNK1 和 VC TRUNK2 均绑定 5 个 VC-12。

🕮任务资讯

2.2.1 MSTP 的概念和发展进程

MSTP 是指基于 SDH 平台同时实现 TDM、ATM、以太网等业务的接入、处理和传送，提供统一网管的多业务节点。MSTP 完整概念首次出现于 1999 年 10 月的北京国际通信展，2002 年底，华为公司主笔起草了 MSTP 的国家标准，该标准于 2002 年 11 月经审批之后正式发布，成为我国 MSTP 的行业标准。它的出发点是充分利用大家所熟悉和信任的 SDH 技术，特别是保护恢复能力和确保的延时性能，加以改造以适应多业务应用，支持数据传输，并减少了机架数、机房占地、功耗及机架间互连，简化了电路指配，加快了业务提供速度，改进了网络的扩展性，节省了运营维护和培训成本，还可提供如视频点播等新的增值业务。

MSTP 技术发展到现在经历了三个阶段，新技术的不断出现是 MSTP 技术不断发展的根本基础。各个阶段的特点如下所述。

第一阶段：在 SDH 设备上增加支持以太网业务处理板卡，仅解决了数据业务在 MSTP 中“传起来”的问题。引入 PPP 和 ML—PPP 映射方式，实现点对点的数据传输，没有数据带宽共享和统计复用，所以分组数据业务的传送效率还是低，导致资源浪费，不支持以太环网，数据的保护倒换时间长。

第二阶段：主要特征是支持以太网二层交换。以太网二层交换功能是指在一个或多个用户以太网接口与一个或多个独立的基于 SDH 虚容器的点到点通道之间，实现基于以太网链路层的数据包交换。这个阶段的 MSTP 可保证以太网业务的透明性，以太网数据帧的封装采用 GFP/LAPS 或 PPP，支持虚级联的 VC 通道组网，提供基于 LCAS 机制的带宽调整能力。可提供基于 802. 3x 的流量控制、多用户隔离和 VLAN（虚拟局域网）划分、基于 STP（生成树协议）/RSTP（快速生成树协议）的以太网业务层保护以及基于 802.3p 的优先级转发等多项以太网方面的支持和改进。但第二阶段 MSTP 仍存在明显的缺陷：不能提供良好的 QoS 支持；基于 STP/RSTP 的业务层保护倒换时间太慢，无法满足电信运营级要求；VLAN 的 4096 地址空间使其在核心节点的扩展能力很受限制，不适合大型城域公网应用；带宽共享是对本地接口而言，不具备全局意义。

第三阶段：特色是支持以太网业务 QoS，在以太网和 SDH 中引入智能的中间适配层如 RPR（弹性分组环）、MPLS（多协议标记交换）技术，并结合多种先进技术提高设备的数据处理与 QoS 支持能力，克服了第二阶段 MSTP 所存在的缺陷。VC 虚级联更好地解决了与传统 SDH 网互联的问题，同时提高了带宽的利用率。GFP 提高了数据封装的效率，更加可靠，多物理端口复用到同一通道减少了对带宽的需求，支持点对点和环网结构，并实现不同厂家间的数据业务互联。LCAS 大大提高了以太网透传业务的可靠性和带宽的利用率；RPR/MPLS 解决了基于以太网二层环的公平接入和保护的问题，并通过双向利用带宽大大

提高了带宽利用率。多协议标记交换（MPLS）是一种可在第二层媒质上进行标记交换的网络技术，它吸取了 ATM 高速交换的优点，把面向连接引入控制，是介于 2-3 层的 2.5 层协议，它结合了第二层交换和第三层路由的特点，将第二层的基础设施和第三层的路由有机地结合起来。第三阶段 MSTP 技术可有效地支持 QoS，多点到多点的连接、用户隔离和带宽共享等功能，能够实现业务等级协定（SLA）增强、阻塞控制以及公平接入等。此外，第三阶段 MSTP 还具有相当强的可扩展性。可以说，第三代 MSTP 为以太网业务发展提供了全面的支持。

2.2.2　MSTP 的基本原理

多业务传送平台（MSTP）是指基于 SDH 平台，同时实现 TDM、ATM、以太网等业务接入、处理和传送功能，并能提供统一网管的多业务传送平台，其功能模型如图 2-14 所示。

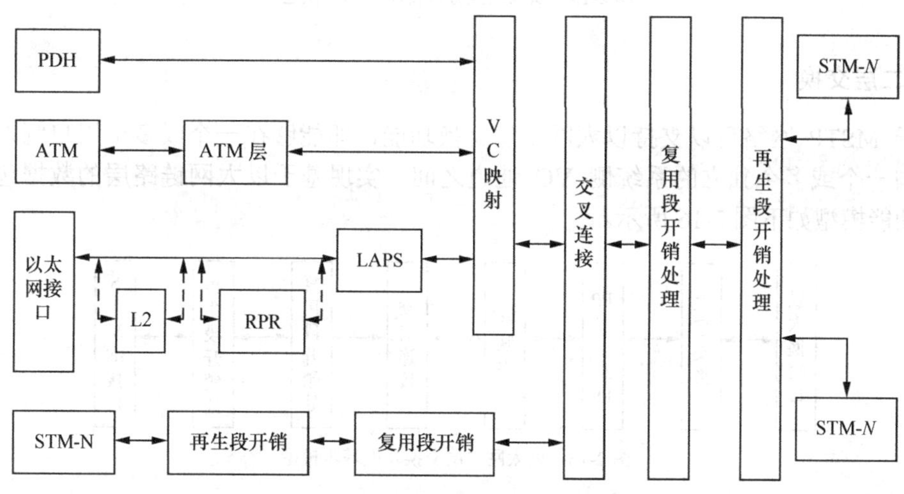

图 2-14　MSTP 的功能模型

由图中可以看出，MSTP 的关键就是在传统的 SDH 上增加了 ATM 和以太网的承载能力，其余部分的功能模型没有改变。一方面，MSTP 保留了固有的 TDM 交叉能力和传统的 SDH/PDH 业务接口，继续满足语音业务的需求；另一方面，MSTP 提供 ATM 处理、Ethernet 透传以及 Ethernet L2 交换功能来满足数据业务的汇聚、梳理和整合的需要。对于非 SDH 业务，MSTP 技术先将其映射到 SDH 的虚容器 VC，使其变成适合于 SDH 传输的业务颗粒，然后与其他的 SDH 业务在 VC 级别上进行交叉连接整合后一起在 SDH 网络上进行传输，MSTP 支持语音、GE、ATM 等多种业务接口。

对于 ATM 的业务承载，在映射入 VC 之前，普遍的方案是进行 ATM 信元的处理，提供 ATM 统计复用，提供 VP/VC（虚通道/虚电路）的业务颗粒交换，并不涉及复杂的 ATM 信令交换，这样有利于降低成本。

对于以太网承载，应满足对上层业务的透明性，映射封装过程应支持带宽可配置。在这个前提之下，可以选择在进入 VC 映射之前是否进行二层交换。对于二层交换功能，良好的实现方式应该支持如 STP、VLAN、流控、地址学习、组播等辅助功能。

下面分析该任务中以太网业务在 MSTP 网络中的实现方式。

以太网信号经以太网处理模块完成流控、VLAN 处理、二层交换、性能统计等功能，在利用 GFP（通用成帧规则）、LAPS（链路接入规程-SDH）、PPP 等协议封装映射到 SDH 系统不同的虚容器中。以太网接入功能可以分为透传、二层交换、环网等。

1. 以太网业务在 MSTP 上的透传

这是最简单的一种功能，成本也最低。对于客户端的以太网信号不做任何二层处理，直接将数据包封装到 SDH 的 VC 容器，如图 2-15 所示。

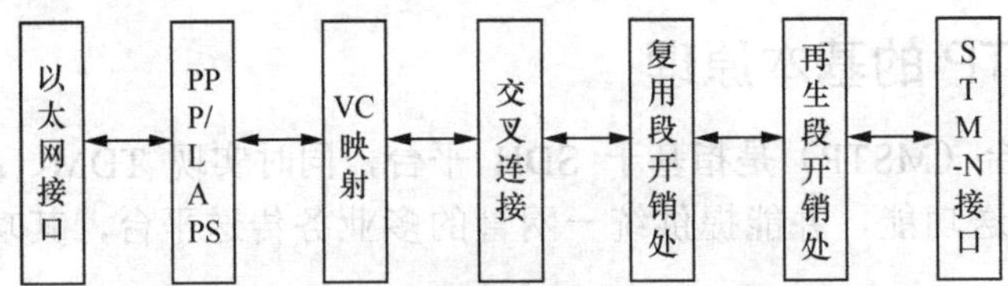

图 2-15 以太网业务透传功能基本模型

2. 二层交换

基于 MSTP 网络可以支持以太网二层交换功能，即能够在一个或多个用户侧以太网物理接口与一个或多个独立的系统侧 VC 通道之间，实现基于以太网链路层的数据包交换功能，其功能模型如下图 2-16 所示。

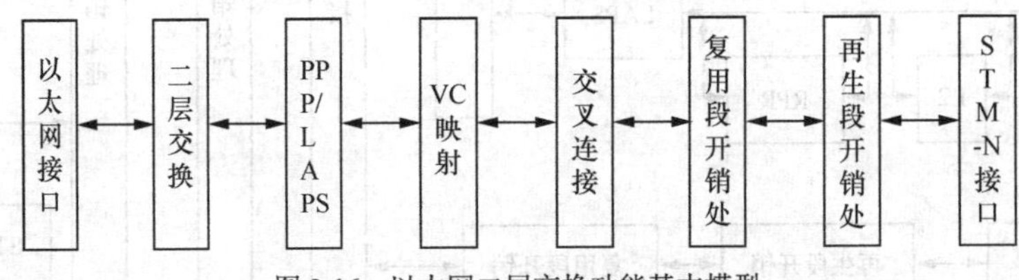

图 2-16 以太网二层交换功能基本模型

3. 以太环网功能

利用 SDH 的 VC 容器作为虚拟环路，实现所有环路节点带宽动态分配、共享。部分 MSTP 设备可利用二层交换实现简单的以太环网，但存在无法保证各个节点带宽的公平接入的缺点，以及对于环路业务的 QoS 也无法实现端到端的保证。因此目前国际上比较认可的解决方案是弹性分组环（RPR）技术。RPR 可以实现业务优先级处理和带宽的公平使用。在 MSTP 设备中可采用内嵌 RPR 来实现以太环网功能，支持拓扑自动发现和环网智能保护，支队数据业务提供小于 50ms 的快速分组环保护，可以保护由于节点失效或链路失效产生的故障。

2.2.3 MSTP 的关键技术

1. 以太网业务的封装协议

以太网业务的封装，是指以太网信号在映射进 SDH 的虚容器 VC 之前所进行的处理。

因为以太网业务数据帧长度是不定长的，这与要求严格同步的 SDH 帧有很大区别，所

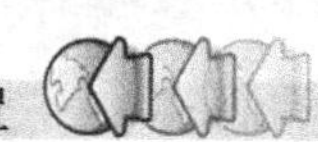

以需要使用适当的数据链路层适配协议来完成对以太数据的封装，然后才能映射进 SDH 的虚容器 VC 之中，最后形成 STM-*N* 信号进行传送。

目前主要有三种链路层适配协议可以完成以太网数据业务的封装，即点到点协议 PPP、链路接入 SDH 规程 LAPS 与通用成帧规范 GFP。

GFP（General Framing Procedure）是目前流行的一种比较标准的封装协议，它提供了一种把信号适配到传送网的通用方法。业务信号可以是协议数据单元 PDU 如以太网 MAC 帧，也可以是数据编码如 GE 用户信号。

GFP 既可以应用于传送网元如 SDH，也可以应用于数据网元如以太网交换机。当用于传送网元时，网元可以支持多种数据接口，若数据为 PDU 信号，则采用帧映射 GFP-P 方式，若数据为 8B/10B 编码信号，则采用透明映射 GFP-T 方式；当用于数据网元时，采用帧映射 GFP-F 方式。

相对于 PPP 和 LAPS，GFP 协议更复杂一些，但其标准化程度更高，用途更广。GFP 帧的结构比较复杂，如图 2-17 所示。

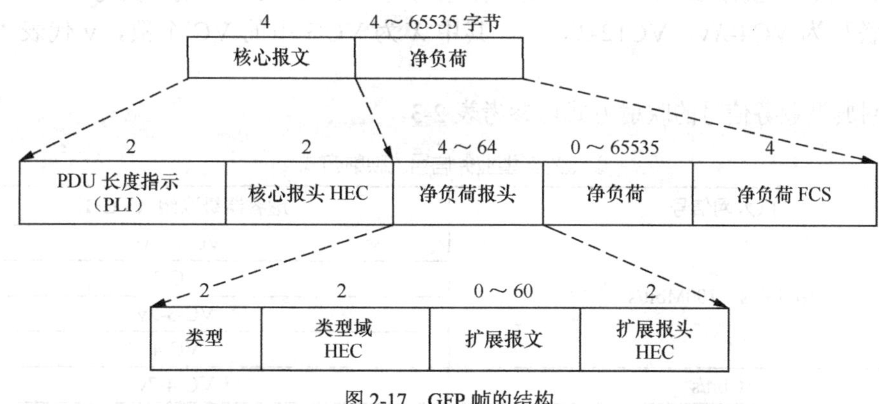

图 2-17　GFP 帧的结构

GFP 封装的特点：

（1）支持多种业务信号

GFP 既可以应用于传送网元，也可以应用于数据网元，既支持多种 PDU 信号如以太网、IP 业务信号等，又支持对延时性能要求较高的超级码块信号，如 GE、DVB ASI、FICON、ESCON 用户业务信号。

（2）强大的扩展能力

GFP 帧可以进行三种形式的扩展，即无扩展、线性帧扩展、环形帧扩展，从而可支持点到点、点到多点的链型网或环形网。

（3）PLI 减少了边界搜索时间

GFP 在帧头提供了 PLI，用于指示帧中 PDU 的长度，所以在接收端可方便地从数据流中提取 GFP 帧中的 PDU，而且根据 PLI 可以很快地找到 GFP 的帧尾，大大减少了边界搜索的时间。

（4）先进的定帧方式

PPP 与 LAPS 利用一些特殊字符（如帧标志 F）进行定帧和提供控制信息。

GFP 采用类似于 ATM 中基于差错控制的定帧方式，即利用 cHEC 字段和它之前的

2 字节的相关性来识别帧头的位置；避免了 PPP 与 LAPS 透明处理带来的带宽不定的问题。

（5）可提供端到端的带内管理

GFP 的用户管理帧可以提供用户信号的一些相关管理信息，而控制帧中的管理帧可以提供更多的 OAM 信息，从而可实现端到端的各种管理功能。

GFP 也存在一些缺点，如协议比较复杂，GFP 帧占用的开销比较大，所以封装效率较低。

2. 虚级联技术

所谓虚级联，就是将分布在不同 STM-*N* 中的 *X* 个 VC（可以同一路由，也可不同路由）用字节间插复用方式级联成一个虚拟结构的 VCG 进行传送。也就是把连续的带宽分散在几个独立的 VC 中，到达接收端再将这些 VC 合并在一起。

与相邻级联不同的是，在虚级联时，每个 VC 都保留自己的 POH。虚级联利用 POH 中的 H4（VC3/VC4 级联）或 K4（VC12 级联）指示该 VC 在 VCG 中的序列号。

虚级联写为 VC4-*X*v、VC12-*X*v 等，其中 *X* 为 VCG 中的 VC 个数，v 代表“虚”级联。

以太网典型业务信号的映射方式可参考表 2-3。

表 2-3　以太网典型业务信号的映射方式

以太网信号	虚容器级联组（VCG）
10Mbit/s、100Mbit/s	VC-12-*X*v
	VC-3
	VC-3-2v
	VC-4
1Gbit/s	VC-4-7v

作为 MSTP 核心技术之一的虚级联技术，使传送数据业务的带宽得到进一步细化和优化，克服传统 SDH 设备的业务颗粒限制。虚级联的使用，更降低了对中间传送系统的要求，使承载数据业务的 VC（虚容器）可以顺利通过现有网络，满足全程全网和后向兼容的要求。同时，虚级联还能更充分地利用网络剩余带宽，有效降低组网成本，为 SDH 传送网提供了一种更加灵活的通道容量组织方式，更好地满足数据业务的传输。

虚级联的实现技术比较复杂，需要特殊的硬件支持。因为业务提供速度相对较慢，可能产生传输时延，处于不同 STM-*N* 中的 VC 的传送路径可能不一样，所以到达接收端可能会产生时延。根据虚级联工作方式，相应网络设备接受端为了重组虚级联组中的虚容器，必须具有补偿时延和确定虚容器在虚级联组中唯一序列标号两个功能、并且单一物理通道的损坏可能会对整个虚级联产生致命影响。

为了增强虚级联的健壮性和安全性，出现了链路容量调整方案 LCAS。

3. 链路容量调整机制（LCAS）

（1）简介

链路容量调整机制（Link Capacity Adjustment Scheme，LCAS），就是利用虚级联 VC 中

某些开销字节传递控制信息，在源端与宿端之间提供一种无损伤、动态调整线路容量的控制机制。

高阶 VC 虚级联利用 H4 字节，低阶 VC 虚级联时利用 K4 字节来承载链路控制信息，源端和宿端之间通过握手操作，完成带宽的增加与减少，成员的屏蔽、恢复等操作。

LCAS 包含两个意义，一是可以自动删除 VCG 中失效的 VC 或把正常的 VC 添加到 VCG 之中，即当 VCG 中的某个成员出现连接失效时，LCAS 可以自动将失效 VC 从 VCG 中删除，并对其他正常 VC 进行相应调整，保证 VCG 的正常传送，失效 VC 修复后也可以再添加到 VCG 中。二是自动调整 VCG 的容量，即根据实际应用中被映射业务流量大小和所需带宽来调整 VCG 的容量，LCAS 具有一定的流量控制功能，无论是自动删除、添加 VC 还是自动调整 VCG 容量，对承载的业务均不造成损伤。

LCAS 技术是提高 VC 虚级联性能的重要技术，它不但能动态调整带宽容量，而且还提供了一种容错机制，大大增强了 VC 虚级联的健壮性。

（2）链路容量自动调整

LCAS 可以根据 VCG 中的成员状态自动调整 VCG 容量。

① VCG 容量添加（添加成员）

当业务流量需求变大时，需要在 VCG 中添加成员 VC，或当因失效而被删除的 VC 修复后，将自动把该 VC 添加到 VCG 中。

添加一个成员 VC 时，该成员将被分配一个新的序列号，该序列号比当前在 CTRL 代码中为“EOS”或“DNU”状态的最高序列号大“1”。

利用 ADD 命令实施成员的添加。在 ADD 命令之后，相应 MST＝OK 的第一个成员将被分配一个新的最高序列号，并改变它的 CTRL 代码为“EOS”，与此同时，原来占用最高序列号的成员 VC 将更改其 CTRL 代码为“NORM”。

② VCG 容量减少（删除成员）

当业务流量需求变小时，需要在 VCG 中删除成员，或 VCG 中某成员出现失效，需要将其删除。

当宿端检测出 VCG 的某成员 VC 失效时，便把后向控制包中该成员的 MST 置为“失效”，源端收到后就将该 VC 的 CTRL 代码改为“DNU”，并把它从 VCG 中删除；VCG 中最后一个成员的 VC 的 CTRL 代码将被置为“EOS”。

总之，伴随虚级联技术的大量应用，LCAS 的作用越来越重要。它可以通过网管实时地对系统所需带宽进行配置，在系统出现故障时，可以在对业务无任何损伤地情况下动态地调整系统带宽，不需要人工介入，大大提高了配置速度。

4．内嵌弹性分组环（RPR）的 MSTP

RPR 技术是一种在环形结构上优化数据业务传送的新型 MAC 层协议，能够适应多种物理层（如 SDH、以太网、DWDM 等），可有效地传送数据、语音、图像等多种业务类型。它融合了以太网技术的经济性、灵活性、可扩展性等特点，同时吸收了 SDH 环网的 50ms 快速保护的特点，并同时具有拓扑自动发现、环路带宽共享、公平分配、严格的业务分类（COS）等技术优势，目标是在不降低网络性能和可靠性的前提下提供更加经济有效的城域网解决方案。

2.2.4 以太网业务类型

根据 ITU-T G.etnsrv，MSTP 承载以太网业务的类型有 4 种：EPL、EVPL、EPLAN、EVPLAN 业务，通过对华为以太网板卡性能分析可知 EFSO（快速以太网交换处理板）板均能支持这些业务。在华为设备中这 4 种业务描述如下。

1. EPL 业务

即以太网专线，可采用点到点的透传、共享 MAC 端口的业务汇聚、共享 VC TRUNK3 种方式。其中点到点的透传方式中 EPL 业务有两个业务接入点，实现对用户 MAC 帧点到点的透传，在线路上独享带宽，业务延迟小，且和其他业务完全隔离，安全性高，这种业务适合于对价格不太敏感、对 QoS 十分关注的重要客户（如政府机关、金融、证券、公安等大客户）的专线应用。共享 MAC 端口的 EPL 业务可汇聚实现点到多点的组网，通过 VLAN 标签的识别，可以使多条 EPL 业务共享 MAC 端口或共享 VC TRUNK，节省端口资源和带宽资源，共享带宽的用户以自由竞争的方式来抢占带宽，适用于业务高峰错开的不同用户共享（如小区用户和网吧用户，业务高峰分别在晚上和白天）。

2. EVPL 业务

即以太网虚拟专线，不同用户可共享 VC TRUNK 通道带宽，通过使用 VLAN 嵌套、MPLS（Multiprotocol Label Switching 多协议标记交换）标签等实现通道共享技术，提供带宽共享，对共享通道中的相同 VLAN 数据进行标识、区分，实现点到点或点到多点的业务。EPVL 与 EPL 的区别：EPL 提供了多个用户的数据虽然可以共享同一个 VC TRUNK 通道带宽，但共享通道中不能有所带 VLAN 相同的不同用户的数据，否则单板将不能从相同的 VLAN 数据中区分出属于不同用户的数据。不同的 PORT 端口接入的数据中不能含有相同的 VLAN ID，否则单板将不能区分出属于不同 PORT 端口的数据。因此 EVPL 业务通常用于多个用户 VLAN ID 相同的情况下，业务通过 MPLS 标签隔离，采用 Martini MPLS L2 VPN 封装格式，支持外层标签（Tunnel）和内层标签（VC）的识别。

3. EPLAN 业务

即以太网专用局域网业务，该业务由多条 EPL 专线组成，实现多点之间的业务连接。通过虚拟网桥（VB）可以实现以太网数据的二层交换，并可以实现以太网业务的多点动态共享，符合数据业务的动态特性，节省了带宽资源。为了避免广播风暴，以太网 EPLAN 业务不设置成环，如果以太网 EPLAN 业务配置成环，则在网络中必须启动生成树 RSTP 协议。

4. EVPLAN 业务

即以太网虚拟专用局域网业务，可以实现多点业务的动态共享，并且通过 MPLS 标签隔离可支持相同 VLAN 数据接入。EVPLAN 与 EPLAN 相比，增加了 MPLS 的封装，利用 MPLS 的标签对相同 VLAN 的数据进行再次区分，实现在同一个 VC TRUNK 上传送来自不同 VB 的相同 VLAN 的数据，实现不同用户多点带宽动态共享和彼此数据隔离的需求。

EVPLAN 业务通过 VLAN ID 和 MPLS 标签的双重隔离，达到不同用户的业务隔离和同一用户间不同部门的业务隔离。与 EPLAN 的不同之处在于以太网业务在网络中任意两点之间必须有相连接的 LSP（Label Switch Path），形成 MESH 网络结构，此外 EVPLAN 的业务特性还可以有效的避免广播风暴。

任务实施

一、工程准备

开始配置设备前，需检查以下准备项目是否完成。

网元侧，检查各网元的 ID 设置正确。设备已安装完毕，并完成单站调测。设备的纤缆、电缆连接正确，无 R-LOS 等紧急告警。各网元的以太网单板及其接口板已经正确安装完毕。

华为 T2000 网管侧服务器端程序可以正常启动，客户端程序可以正常启动，网管与网关网元之间的通信正常（检查在网管计算机能 Ping 通网关网元的 IP 地址）。

文件检查：工程规划信息已经具备。T2000 客户端可使用 F1 键调用联机帮助，设备随机手册与 T2000 随机手册已经具备。

二、工程规划

1．各网元的单板信息

根据增加的业务类型和业务量，需要在网元上增加以太网单板。NE1 和 NE5 各增加 1 块 EFS0 板，其他网元不变。NE1 的单板信息如图 2-18（a）所示，NE5 的单板信息如图 2-18（b）所示。

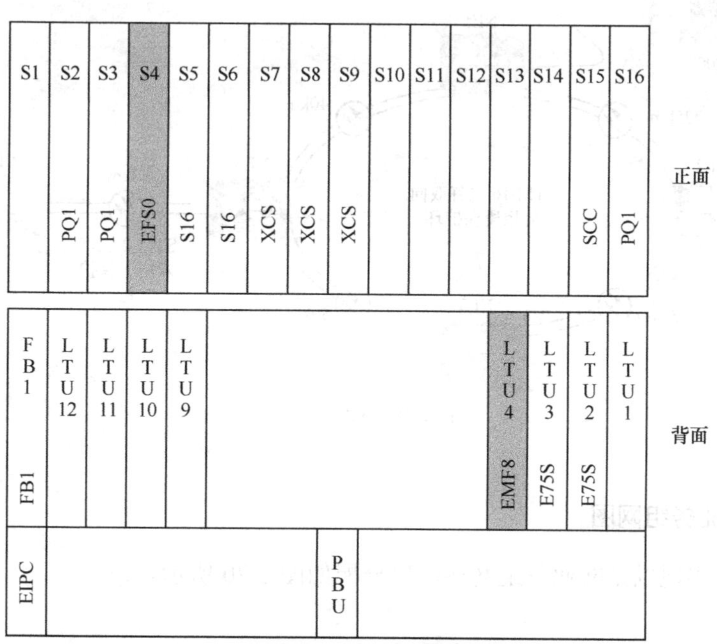

图 2-18 （a）NE1 的配置信息

正面

S1	S2	S3	S4	S5	S6	S7	S8	S9	S10	S11	S12	S13	S14	S15	S16
	PQ1		EFS0			XCS	XCS	SL4			PL3			SCC	

背面

FB1	LTU12	LTU11	LTU10	LTU9		LTU4	LTU3	LTU2	LTU1
			C34S			EMF8		E755	
			PBU						

图 2-18 （b）NE5 的配置信息

2．SDH 组网图

采用 Optix 2500+（Metro 3000）设备，其组成的 SDH 组网图如图 2-19 所示。

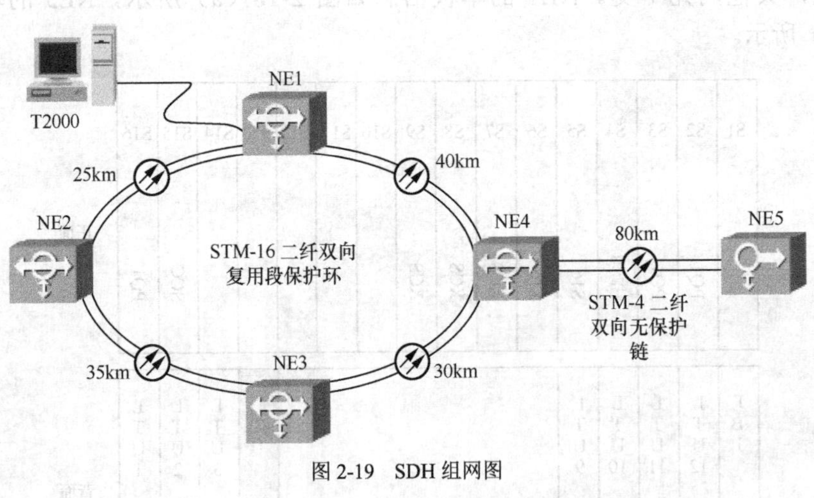

图 2-19 SDH 组网图

3．以太网业务组网图

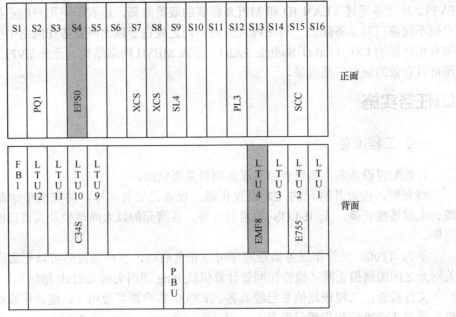

本次任务中实现以太网业务组网和端口分配如图 2-20 所示。

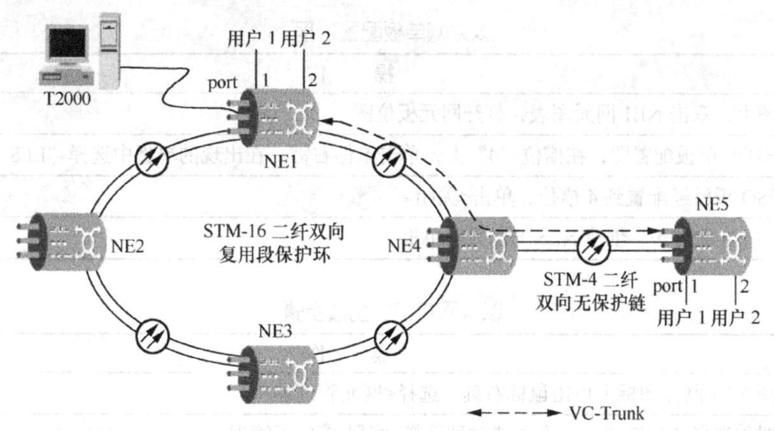

图 2-20　以太网业务组网和端口分配

4. SDH 时隙分配图

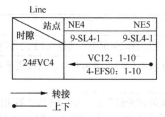

Ring

时隙 \ 站点	NE1	NE2	NE2	NE3	NE3	NE4	NE4	NE1
	6-S16-1	5-S16-1	6-S16-1	5-S16-1	6-S16-1	5-S16-1	6-S16-1	5-S16-1
24#VC4							←— VC12：1-10 4-EFS0：1-10 —●	

Line

时隙 \ 站点	NE4	NE5
	9-SL4-1	9-SL4-1
24#VC4	←— VC12：1-10 4-EFS0：1-10 —●	

——→ 转接
●—— 上下

图 2-21　以太网业务的 SDH 时隙分配图

注：4-EFSO：1-10 表示网元中第 4 板位的 EFSO 板，占用 1—10＃VC-12 时隙。9-SL4：表示网元中第 9 板位的 SL4 板（单路 STM-4 光接口板），图中箭头表示业务穿通，黑点表示业务上下。

5. 以太网业务配置图

NE1、NE5 网元的以太网业务配置如图 2-22 所示。

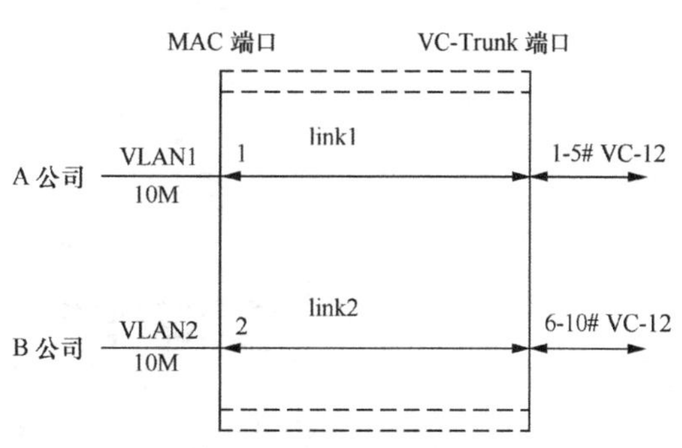

图 2-22　NE1、NE5 以太网业务配置图

6. 数据配置过程

（1）配置以太网单板：选用单板类型 EFSO（快速以太网交换处理板），槽位第 4 板位，配置过程见表 2-4。

（2）配置以太网接口板：网管侧逻辑接口板类型选择 EMT8。配置步骤见表 2-5。

表 2-4 以太网单板配置过程

步骤	操 作
1	在主视图上，双击 NE1 网元图表，打开网元板位图
2	依照 NE1DE 单板配置图，在槽位“4”上，单击鼠标右键，在出现的单板中选择“EFS”
3	确认 EFSO 板已经配置到 4 槽位，单击<关闭>
4	按照步骤 1-3 的方法，创建 NE5 的以太网单板

表 2-5 以太网接口板配置步骤

步骤	操 作
1	在主视图 NE1 网元图标上单击鼠标右键，选择<网元管理器>
2	在单板树种选择 4-EFS 单板，在功能树种选择<配置/接口板管理>
3	单击<新建>或者在右边的接口板列表中单击鼠标右键，选择<新建>，在右边的接口板列表中的<网管侧逻辑接口板类型>项下选择“EMF8”板。单击<应用>。返回“操作成功”提示框，单击<关闭>
4	按照步骤 1-3 的方法，创建 NE5 的以太网接口板

（3）创建出子网光口，其配置步骤见表 2-6。

表 2-6 创建出子网光口配置步骤

步骤	操 作
1	在主视图中，在菜单条中选择<配置/保护视图>，进入保护视图
2	在拓扑图中单击 NE1 的图标，选中 NE1：单击鼠标右键，在出现的右键菜单中，选择<出子网光口管理>
3	一般情况下出子网光口已经由 T2000 创建完毕，如果 T2000 没有创建出子网光口，请按照下列步骤创建出子网光口
4	在<网元出子网光口管理>窗口中，选择 NE1：在左边的“未创建光口”窗口中，选择要创建的以太网板光口，即“4-EFS-1（SDH-1）”：单击创建按钮，NE1 的出子网光口创建完毕，如图 2-23 所示，完成后单击<关闭>
5	检查 NE5 的出子网光口是否已经创建，如果没有则按照步骤 4 进行创建，完成后单击<关闭>

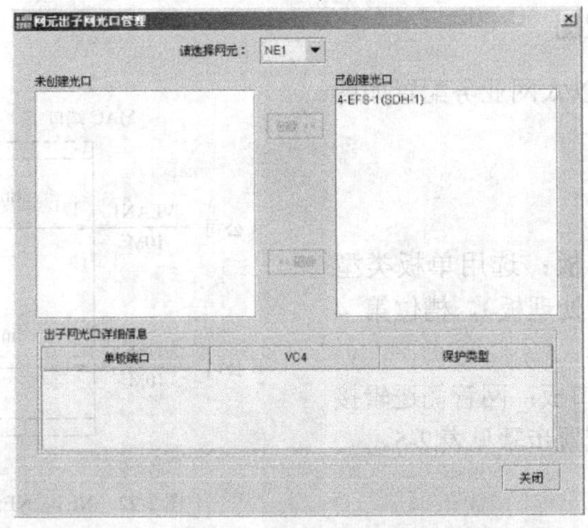

图 2-23 创建出子网光口

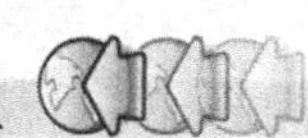

（4）配置以太网接口：选择“外部端口”，对 PORT1 和 PORT2 进行设置，端口使能设置为“使能”，工作模式为“100M 全双工”，TAG 属性为“TAG aware”。

配置 NE1 的以太网接口，配置步骤见表 2-7。

表 2-7　　NE1 的以太网接口配置步骤

步骤	操　作
1	在主视图中 NE1 的网元图标上单击鼠标右键，选择<网元管理器>
2	在对象树中选择 4-EFS 单板，在功能树种选择<配置/以太网接口管理/以太网接口>，单击确定
3	如图 2-24 所示，选择“外部端口”，对 PORT1 和 PORT2 端口进行如下设置： 选择“基本属性”选项卡，设置 PORT1 和 PORT2 端口使能为“使能”，工作模式为 100M 全双工，单击<应用>。选择“TAG 属性”选项卡，设置 MAC1 和 MAC2 的 TAG 为“Tag aware”，单击<应用>

○ 内部端口　　◉ 外部端口

基本属性 | 流量控制 | TAG属性 | 接入VLAN | MPLS | 高级属性

端口	名称	端口使能	工作模式	最大包长度	端口物理参数	MAC环回	PHY环回
PORT1	37-EMF8.E...	使能	100M全双工	1522		不环回	不环回
PORT2	37-EMF8.E...	使能	100M全双工	1522		不环回	不环回

图 2-24　配置 NE1 以太网接口

配置 NE5 的以太网接口，配置步骤见表 2-8。

表 2-8　　NE5 的以太网接口配置步骤

步骤	操　作
1	在主视图中 NE5 的网元图标上单击鼠标右键，选择<网元管理器>
2	在对象树中选择 4-EFS 单板，在功能树种选择<配置/以太网接口管理/以太网接口>，单击确定
3	选择“外部端口”，对 PORT1 和 PORT2 端口进行如下设置： 选择“基本属性”选项卡，设置 PORT1 和 PORT2 端口使能为“使能”，工作模式为 100M 全双工，单击<应用>。选择“TAG 属性”选项卡，设置 MAC1 和 MAC2 的 TAG 为“Tag aware”，单击<应用>

（5）创建以太网专线业务

首先在网元 1 上进行配置，配置步骤见表 2-9。

表 2-9　　创建以太网专线业务配置步骤

步骤	操　作
1	在主视图中 NE1 的网元图标上单击鼠标右键，选择［网元管理器］
2	在对象树中选择 4-EFS 单板，在功能树种选择［配置/以太网业务/以太网专线］，单击确定
3	单击<新建>，出现［新建以太网专线业务］对话框
4	依照 NE1 的业务配置图，在对话框中，做如下设置，以创建用户 1 的专线业务： 业务类型选择“EPL”； 业务方向选择“双向”； 源端口选择“PORT1”； 源端口 VLAN ID 设置为“1”； 宿端口选择“VCTRUNK1”； 宿端口 VLAN ID 设置为“1”； 单击<应用>

续表

步骤	操　作
5	重复步骤 4，创建用户 2 的专线业务。在对话框中做如下设置： 业务类型选择“EPL”； 业务方向选择“双向”； 源端口选择“PORT2”； 源端口 VLAN ID 设置为“2”； 宿端口选择“VCTRUNK2”； 宿端口 VLAN ID 设置为“2”； 单击<确定>
6	按照步骤 1-5 的方法，依照 NE5 的业务配置图，如图 2-25 所示，配置 NE5

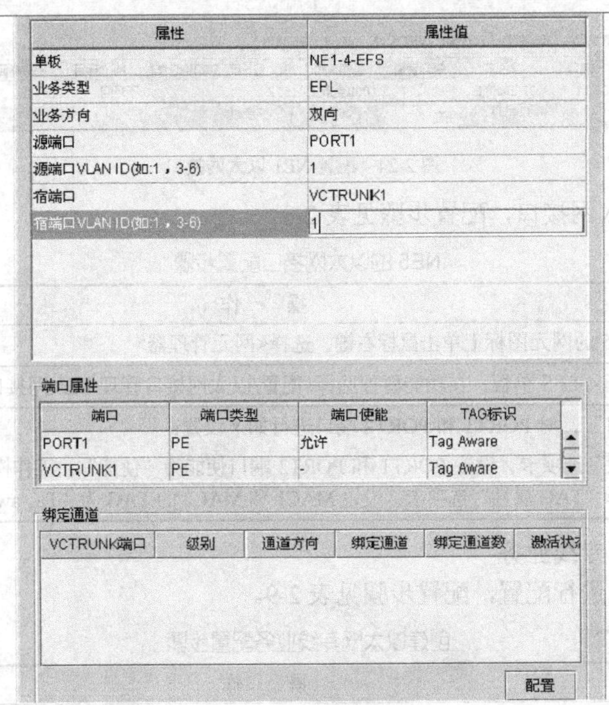

图 2-25　创建以太网专线业务

（6）配置绑定通道：VC TRUNK1 绑定 2#VC-4 的 1-5#VC-12，VC TRUNK2 绑定 2#VC-4 的 6-10#VC-12。配置步骤见表 2-10。

表 2-10　　绑定通道配置步骤

步骤	操　作
1	在主视图中 NE1 的网元图标上单击鼠标右键，选择［网元管理器］
2	在对象树中选择 4-EFS 单板，在功能树种选择［配置/以太网业务/以太网专线业务］，单击确定
3	选择“绑定通道“选项卡
4	在上方的列表中选定用户 1 的专线业务，单击<配置>，出现［绑定通道配置］对话框

续表

步骤	操 作
5	配置 VCTRUNK1 的绑定通道，在对话框中进行如下设置： 可配置端口选择“VC TRUNK1”； 级别设置为“VC-12-xv”； 方向设置为“双向”； 可选 VC4 选择“VC4-2”； 逐一在可选时隙中选择 VC-12-1～VC-12-5； 单击<确定>
6	在上述的列表中选定用户 2 的专线业务，单击<配置>，出现［绑定通道配置］对话框
7	配置 VCTRUNK2 的绑定通道，在对话框中进行如下设置： 可配置端口选择“VC TRUNK2”； 级别设置为“VC-12-xv”； 方向设置为“双向”； 可选 VC4 选择“VC4-2”； 逐一在可选时隙中选择 VC-12-6～VC-12-10； 单击<确定>

按照上面步骤（1）～（6）的方法，配置 NE5 的 VC TRUNK1 和 VC TRUNK2 的绑定通道。

（7）配置 SDH 交叉连接：在 NE1 建立 4#EFSO 板与 5#S16 板 2#VC-4 中 1-10 时隙的交叉连接；NE5 建立 6# S16 板与 9#SL4 板穿通业务；NE1 建立 4#EFSO 板与 9#SL4 板的交叉连接。

🕮任务考核

通过对下面所列评分表的各项内容的考核，综合学生学习讨论过程中的表现，评定出学生的成绩。

评价总分 100 分，分三部分内容。

（1）过程考核共 30 分，从工作计划提交、仪器仪表使用规范、操作熟练程度方面考核。

（2）结果考核共 20 分，从任务完成情况、技术报告方面考核。

（3）综合能力考核占 50 分，从知识掌握能力、成果讲解能力、小组协作能力、创新能力、态度方面进行考核，见表 2-11。

表 2-11 考核项目指标体系

评 价 内 容		自我评价	教师评价	其他评价
过程考核（30%）	工作计划提交（10%）			
	仪器仪表使用规范（10%）			
	操作熟练程度（10%）			
结果考核（20%）	任务完成情况（15%）			
	技术报告（5%）			

续表

评 价 内 容			自我评价	教师评价	其他评价
综合能力考核（50%）	知识掌握（30%）能力	各种以太网业务的原理及特点（10%）			
		网管数据配置（10%）			
	成果讲解能力（5%）				
	小组协作能力（5%）				
	创新能力（5%）				
	态度方面（是否耐心、细致）（5%）				

教学策略

任务安排总课时是 8 课时，老师在教学中主要是引导作用、小组工作计划、小组进行学习讨论、完成数据配置，并进行成果展示。因此老师从以下几个部分完成：

1．资询阶段

首先将全班同学分成若干各项目小组，小组同学结合相关知识点进行自主学习（教师主要是引导作用），拟定配置方案及步骤，完成数据配置。要求同学们熟练地掌握以太网业务在 MSTP 网络中的配置、步骤、注意事项等。教师的职责是负责准备相关资料，同时，列出本项任务需要同学们掌握的重要专业知识点，并对必要的知识点进行必要的讲解。

（1）小组同学通过查找资料掌握如下知识点。

① MSTP 的基本概念及发展进程。

② MSTP 的关键技术。

③ MSTP 网络中各种业务（主要是以太网业务）的实现原理。

④ 华为设备中以太网业务的类型。

⑤ 利用 OptiX 155/622M（MERR0 1000）传输设备如何配置以太网专线业务。

⑥ 利用 OptiX 2500+（MERR0 3000）传输设备如何以太网专线业务，应如何配置。

（2）通过阅读 OptiX 155/622H 或 OptiX 2500+（MERR0 3000）设备说明书了解。

① OptiX 155/622H 设备以太网业务专线数据配置步骤。

② OptiX 2500+（METRO 3000）以太网业务专线数据配置步骤。

③ OptiX 155/622H 设备以太网 LAN 业务数据配置步骤。

④ OptiX 2500+（METRO 3000）设备以太网 LAN 业务数据配置步骤。

2．计划阶段

学生根据老师布置的任务，准备相关知识的查找、学习，拟定配置方案、数据配置过程、画出配置方案图、确定网络配置正确与否的检验方案。教师职责是检查学生配置方案，针对学生的配置方案中的问题进行解答，并配合小组同学验证方案的正确性。

3．实施阶段

小组根据布置的任务和光传输设备进行学习讨论。小组同学利用传输实训室组成任务要求的光传输网，完成在该网络中以太网专线业务的数据配置。教师职责是组织学生参观和讨

论，并在小组讨论过程中，随时准备解答学生一切可能的问题。同时，教师注意观察各小组的讨论情况，注意收集问题。

4．总结、成果展示、考核

每个小组应将自己小组做方案和和如何完成数据配置的过程进行展示和讲解，老师完成对该小组的同学的考核。

🕮任务总结

① 多业务传送平台（MSTP）是指基于 SDH 平台，同时实现 TDM、ATM、以太网等业务接入、处理和传送功能，并能提供统一网管的多业务传送平台。

② MSTP 技术发展到现在经历了三个阶段，新技术的不断出现是 MSTP 技术不断发展的根本基础。第一阶段：在 SDH 设备上增加支持以太网业务处理板卡，仅解决了数据业务在 MSTP 中“传起来”问题。实现点对点的数据传输，没有数据带宽共享和统计复用，所以分组数据业务的传送效率还是低，导致资源浪费。第二阶段：支持以太网二层交换为主要特征；第三阶段：支持以太网业务 QoS 为特色，在以太网和 SDH 中引入智能的中间适配层如 RPR（弹性分组环）、MPLS（多协议标记交换）技术，并结合多种先进技术提高设备的数据处理与 QoS 支持能力，克服了第二阶段 MSTP 所存在的缺陷。

③ MSTP 的虚级联和链路容量自动调整基数可以很好地解决 SDH 速率级别与以太网速率不匹配的问题。

④ 级联就是将多个虚容器彼此关联复用在一起构成一个较大的容器。级联分为连续级联和虚级联方式。

⑤ MSTP 承载以太网业务的类型有 4 种：EPL（以太网专线）、EVPL（以太网虚拟专线）、EPLAN（以太网专用局域网）、EVPLAN（以太网虚拟专用局域网业务）。

⑥ 在 T2000 网管上完成以太网点到点的 EPL 业务的配置，需经过创建单板、配置以太网单板的端口属性、配置绑定通道、创建点到点的 EPL 业务及配置以太网版到 SDH 线路板的交叉连接等步骤。

思考题

1．什么是 MSTP？有什么特点？

2．MSTP 发展经历了几个阶段，每个阶段有什么特点？

3．MSTP 有哪些接口？其框图与 SDH 相比有何区别？

4．什么是级联？连续级联和虚级联有什么区别？

5．VCTRCUNK 是什么意思？

6．什么是链路容量自动调整（LCAS）协议？它在 MSTP 中的作用是什么？

学习情景三

SDH/MSTP 设备日常维护及故障处理

✦情境描述

本情境主要描述的是 SDH/MSTP 设备在日常维护过程中的主要工作流程，其中包括 SDH/MSTP 设备日常维护、SDH/MSTP 光传输系统测试以及 SDH/MSTP 光传输系统故障处理等典型工作任务，以指导学生作为传输设备维护工程师在日常维护及发生故障时的具体操作。

✦能力目标

❖ 专业能力

- SDH/MSTP 日常维护
- SDH/MSTP 光传输系统参数测试
- SDH/MSTP 光传输系统故障

❖ 方法能力

- 能根据工作任务的需要使用各种信息媒体，独立收集和查阅资料信息。
- 能分析工作中出现的问题，并提出解决问题的方案。
- 能自主学习新知识和新技术应用在工作中。

❖ 社会能力

- 具有良好的工作责任心，积极主动参与到工作中。
- 具有团队协作精神，主动与人合作、沟通和协调。
- 具备良好的职业道德，按维护规范和安全操作的要求开展工作。

任务6 SDH/MSTP 设备日常维护

🕮任务描述

小邓从通信职业技术学院毕业后，应聘到某电信局传输机房从事维护工作，面对陌生的仪表、工具和林立的设备，小邓不知道维护工作怎么做，心里不免很紧张，不知所措。

如果你是小邓，你会如何应对当前的局面？

🕮任务分析

为确保传输网络的正常运行，作为传输设备的维护人员需要按照相应的操作规范对传输设备进行及时的维护。为了延长传输设备寿命，也需要对传输设备从多角度进行维护。设备维护

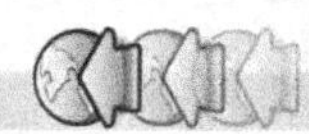

过程中要根据实际情况，必要时需要使用一定的工具、仪表，所以仪表的规范操作也很重要。

任务资讯

光传输设备的日常维护又称光传输设备的例行维护。通过这种日常例行维护与针对性的预防维护，及时发现并解决问题，可以确保 SDH/MSTP 系统正确稳定可靠地运行。

3.1.1　日常维护的分类

按照维护周期的长短，一般将 SDH/MSTP 设备维护内容分为以下几类。

1. 日常例行维护

日常例行维护是指每天必须进行的维护项目。日常例行维护可以帮助随时了解设备运行的状况，及时维护和排除隐患。在日常例行维护工作中发现的问题应详细记录故障现象，并填好日志。

2. 周期性例行维护

周期性例行维护是指定期进行的维护。通过周期性维护，可以了解设备的长期工作情况。周期性例行维护分为月度维护、季度维护和年度维护。

3. 突发性维护

突发性维护是指因为传输设备故障、网络调整等带来的维护任务，如设备损坏、线路故障时需进行的维护。

SDH/MSTP 设备的日常维护项目及间隔周期见表 3-1。

表 3-1　SDH/MSTP 设备日常维护项目

维护项目		间隔周期
环境维护	温度检查（正常 15～30℃）	1 天
	湿度检查（正常 40%～65%）	1 天
	机房清洁度检查	1 天
设备维护	设备声音告警检查	1 天
	机柜指示灯检查	1 天
	单板指示灯检查	1 天
	风扇检查和清理防尘网	2 周
	公务电话检查	2 周
	业务检查-误码测试	2 周
网管维护	用户管理	1 月
	网管连接	1 天
	拓扑图监视	1 天
	告警监视	1 天
	性能监视	1 天
	查询系统配置	不定期
	查询用户操作日志	不定期
	报表打印	不定期
	备份数据	不定期

日常维护的基本原则是例行化，要有详细的维护计划和作业内容并在日常维护工作中有效地执行。

作为一名维护人员，不仅在日常维护中要按时执行维护计划，使设备功能及性能符合维护指标要求，保持设备完好，清洁和良好的工作环境，同时要能在发生故障时迅速准确地定位故障。更重要的是在故障发生前，能够通过例行的维护工作及时发现故障隐患，消除故障隐患，使设备长期稳定地运行。

3.1.2 机房维护注意事项

1. 环境现场检查

（1）保持机房清洁干净，防尘防潮，有无异味，防止鼠虫进入。

（2）保证稳定的温度范围：15～30℃，机房温度最好保持在20℃左右。

（3）保证稳定的湿度范围：40%～65%。

（4）照明设施无损坏。

2. 电源现场检查

（1）保证传输设备正常工作的直流电压：−48V（设备电源线区分一般为：蓝色线为−48V、黄色线为保护地、黑色线为工作地）。

（2）允许的电压波动范围是：−48v±5%。

（3）确保设备良好接地：设备采用联合接地，接地电阻应良好（要求小于1Ω），否则会被雷击打坏设备。

（4）电源线、在用熔丝连接正确、牢固，无发热现象，备用熔丝容量正确、可用。

3. 设备现场检查

（1）设备运行正常，无异常情况，无告警。

（2）设备清洁干净完好，无缺损。附件、配件齐全，相关标签、资料，相关文档，电路资料规范，光路资料规范齐全。

（3）仪表、工具、调度尾纤、塞绳、钥匙等各用具功能正常，安放到位，满足维护需要

（4）传输设备子架上散热孔不应有杂物（如2M线缆，尾纤等）。

（5）机柜指示灯和告警铃声检查：一般绿色灯亮表示设备供电正常，红色灯亮表示本设备当前正发生危急告警，黄色灯亮表示本设备当前正发生主要告警。

（6）检查单板指示灯检查，单板是否发烫，子架通风口风量是否大。

3.1.3 设备维护注意事项

为了保证人身和设备的安全，设备的日常维护人员必须遵守以下操作注意事项。

1. 单板维护

（1）在设备维护中做好防静电措施，避免对设备造成损坏。由于人体会产生静电电磁场并较长时间地在人体上保存，所以为防止人体静电损坏敏感元器件，在接触设备时必须佩戴

防静电手环，并将防静电手环的另一端良好接地。单板在不使用时要保存在防静电袋内。

（2）注意单板的防潮处理。备用单板的存放必须注意环境温度、湿度的影响。保存单板的防静电保护袋中一般应放干燥剂，以保持袋内的干燥。当单板从一个温度较低、较干燥的地方拿到温度较高、较潮湿的地方时，30 分钟以后才能拆封。否则，会导致水汽凝聚在单板表面，损坏器件。

（3）插拔单板时要小心操作。设备背板上对应每个单板板位有很多插针，如果操作中不慎将插针弄歪、弄倒，可能会影响整个系统的正常运行，严重时会引起短路，造成设备瘫痪。

2. 光接口板/光线路板维护

（1）光接口板/光线路板上未用的光口一定要用防尘帽盖住。这样既可以预防维护人员无意中直视光口损伤眼睛，又能起到对光口防尘的作用。灰尘进入光口后，影响发光口的输出光功率和收光口的接收灵敏度。

（2）日常维护工作中，如果拔出尾纤，必须立即为该尾纤接头佩戴防尘帽。

（3）严禁直视光接口板/光线路板上的光口，以防激光灼伤眼睛。

（4）清洗尾纤插头时，应使用无尘纸蘸无水酒精小心清洗，不能使用普通的工业酒精、医用酒精或水。

（5）更换光接口板/光线路板时，注意应先拔掉光接口板/光线路板上的尾纤，再拔光接口板/光线路板，禁止带纤插拔单板。

（6）用尾纤对光口进行硬件环回测试时一定要加衰耗器，以防接收光功率太强导致接收光模块饱和，甚至光功率太强损坏接收光模块。

3. 电源维护

（1）严禁带电安装及拆除设备。

（2）严禁带电安装及拆除设备电源线。

（3）在连接电缆之前，必须确认电缆、电缆标签与实际的安装是否相符。

4. 网管维护操作

光传输系统对计算机软件的依赖性很大，在网络层中的人为操作错误、软件故障，对系统的影响是致命的。

（1）网管系统在正常工作时不应退出。退出网管不会中断网上的业务，但会使网管在关闭时间内，对设备失去监控能力，破坏对设备监控的连续性。

（2）不要在业务高峰期使用网管进行业务调配，因为一旦出错，影响会很大，应该选择业务量最小的时候进行业务的调配。

（3）不得在网管计算机上玩游戏，以及向计算机拷入无关的文件或软件。定期用杀毒软件杀毒，防止病毒感染网管系统。

（4）网管系统在使用过程中，要严格保证网元侧和网管侧的数据一致。当网元上的数据配置完成且运行正常时，利用手工或自动同步功能保持网元和网管数据的一致性。当网元数据出现错误时首先确认网管上保存的网元数据是否正确，然后将网管侧的数据下载到网元，恢复网元数据。

（5）定期备份网管数据库，以便最大限度地减小系统出现异常时造成的损失。

5．设备温度检查

随时检查设备温度是否过高，有时候设备出现不名原因的告警，比如误码，往往就是通风不良，散热不好，造成设备温度过高而导致告警。

6．风扇检查和定期清理

随时检查风扇电源是否打开，通风是否良好，定期清洗风扇防尘网，一般2周至少1次。

7．公务电话检查

公务电话对于系统的维护有着特殊的作用，特别是当网络出现严重故障时，公务电话就成为网络维护人员定位、处理故障的重要通信工具，因此在平时的日常维护中，维护人员需要经常对公务电话作一些例行检查，以保证公务电话的畅通。

3.1.4 SDH/MSTP 设备的环回操作

环回操作在日常维护和定位故障的过程中经常用到，下面分别讲述SDH接口和PDH接口的内外环回的操作。

一、SDH 接口环回

通过将被测设备或线路的收发端进行短接，让被测的设备接收自己发出的信号来判断线路或端口是否存在断点。也可以在被环回的线路上挂测试仪器来测试被环回一段线路的传输质量。分为以下几种环回方式。

1．SDH 光接口硬件环回

从信号流向的角度来讲，硬件环回一般都是内环回，因此我们也称之为硬件自环。光口的硬件自环是指用尾纤将光板的发光口和收光口连接起来，以达到信号环回的目的。

硬件自环有两种方式：本板自环和交叉自环（一定注意环回时要加光衰耗器）

本板自环：将同一块光板上的光口“IN”和“OUT”用尾纤连接即可。

交叉自环：用尾纤连接西向光板的“OUT”口和东向光板的“IN”口，或者连接东向光板的“OUT”口和西向光板的“IN”口。

2．SDH 接口的软件环回

SDH 接口的软件环回是指网管中的“VC-4 环回”设置，也分为内环回和外环回。注意进行 VC-4 的环回一定慎重。原因如下：

（1）VC-4 信号中包括整个 63 个 VC-12，VC-4 环回会影响到其他 2M 业务；

（2）不要环回第 1 个 V-4，因为环回第 1 个 VC-4 往往会影响 ECC 通信，导致网管无法登陆而管理不了网元。

二、PDH 接口的环回

1．PDH 接口的硬件环回

从信号流向的角度来讲，硬件环回一般都是内环回。OptiX 设备 PDH 口的硬件环回有

两个位置：一个是在子架接线区，一个是在 DDF。如果是 2M 信号，在子架接线区的硬件环回就是指将接口板上同一个 2M 端口的 TX、RX 用电缆连接。在 DDF 的硬件环回是指在 DDF 上将同一个 2M 端口的收发用电缆连接。

2．PDH 接口的软件环回

PDH 接口的软件环回是指通过网管对 PDH 接口进行的“内环回”或“外环回”设置。通过对 PDH 接口的环回操作，再结合误码仪和外环回测试，可以测试某个 2M 的传输全通道是否正常。

🕮任务实施

一、操作器材

SDH/MSTP 设备（Optix 155/622H、OSN1500 设备、OSN3500 设备）T2000 网管、尾纤起拔器。

二、实践操作

（一）日常例行维护的基本操作

1．观察机柜指示灯

机柜指示灯作为监视设备运行状态的途径之一，在日常维护中具有非常重要的作用。机柜指示灯位于机柜前门顶部的中间，有红、橙、黄、绿四种不同颜色的指示灯，其含义表 3-2。设备在正常工作时，机柜指示灯应该只有绿灯亮。

表 3-2　　机柜指示灯含义

指　示　灯	名　　称	状　　态	
		亮	灭
红灯	紧急告警指示灯	设备有紧急告警	无
橙灯	主要告警指示灯	设备有主要告警	无
黄灯	一般告警指示灯	设备有一般告警	无
绿灯	电源指示灯	设备供电电源正常	设备供电电源中断

当机柜指示灯有红灯、黄灯亮时，说明设备有告警，此时应进一步查看单板指示灯，并及时通信中心站的网管操作人员，查看设备告警、性能信息。

2．观察单板指示灯

机柜顶部指示灯的告警状态仅仅可预示本端设备的故障隐患或者对端设备存在的故障。因此，为了解设备的运行状态，在观察机柜指示灯后，还需要进一步观察设备各单板的告警指示灯。

通过观察单板指示灯的转台，可判断单板是否有告警。单板正常工作时，单板指示灯应该只有绿灯闪烁。

（1）绿色灯：设备运行灯。

快闪：每秒闪烁 5 次——未开工状态。

正常闪烁：1 秒亮，1 秒灭——正常开工状态。

慢闪：2 秒亮，2 秒灭——与主控通信中断，脱机状态。

（2）红色灯：告警指示灯。

每隔 1 秒闪烁 3 次——有危急告警发生。

每隔 1 秒闪烁 2 次——有主要告警发生。

每隔 1 秒闪烁 2 次——有次要告警发生。

3．检查设备的温度和湿度

检查机房的温度、湿度是否符合设备运行的环境要求。检查机房的温度、湿度的操作步骤如下所示：

第一步：在 T2000 网管上查询告警，无温度异常告警。

第二步：用温度计和湿度计测量机房的温度和湿度，测量值在设备运行允许的范围内。建议保持机房温度为 20℃左右，湿度为 60%左右。

4．检查设备的声音告警

在日常维护中，设备的告警声通常比其他告警更容易引起维护人员的注意，因此在日常维护中必须保持该告警来源的通畅。

检查设备声音告警功能是否正确设置，并检查声音告警功能是否正常。对于 Optix 155/622H 设备，定期检查 SCC 板上的 ALMC 指示灯，正常状态是灭。如果 SCC 板的 ALMC 指示灯是绿灯亮，请按 SCC 板上的“ALMCUT”按钮。检查的周期是每天一次。

5．检查和定期清理风扇防尘网

良好的散热是保证设备长期正常运行的重要保证。在机房的环境不能满足清洁度要求时，散热风扇的防尘网很容易积尘堵塞，造成通风不良设备温度上升，严重时可能损坏设备，因此需要定期检查风扇的运行情况和通风情况。

通过观察风扇告警灯“FANALM”，保证风扇时刻处于工作状态，并每两周定期清理风扇防尘网。

6．检查公务电话

（1）依次拨打各网元公务电话，检查各公务电话是否可以打通，并检查语音质量是否良好。

（2）若话机不振铃，SCC 板红灯闪烁。检查话机铃声开关是否打在“OFF”挡（正常应设置为“ON”）。PMU 板铃流电路故障也会造成话机不振铃（但该情况较少）。

（3）用网管检查开销板设置，特别是允许/禁止通话逻辑系统。若对某系统未设置通话允许，则该逻辑子系统对应的光路公务电话不通。

（二）单板的插拔

1．单板拔出的正确方法

先完全拧松单板拉手条上下两端的锁定螺钉，然后同时向外扳动拉手条上的扳手至单板完全拔出，如图 3-1 所示。

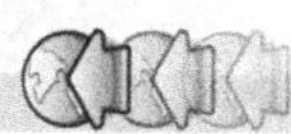

2．单板插入的正确方法

（1）首先确认单板插入的板位是正确的。

（2）插入单板时，先将单板沿上、下导槽轻轻推入至本板位地步，并且使单板拉手条上、下扳手的凹槽对准子架相应板位的上、下边沿。此时单板处于浮插。

（3）然后检查母板上插座，确保单板插头正好对准母板插座，母板上防误插导销对准单板的防误插导孔，然后再稍用力推单板的拉手条，直至单板基本进入。若感觉到单板插入有阻碍时不要强行插单板，应调整单板位置后再试。

（4）观察到插头与插座的位置完全配合时，再将拉手条的上下扳手向里扣，至单板完全插入，并旋紧锁紧螺钉。

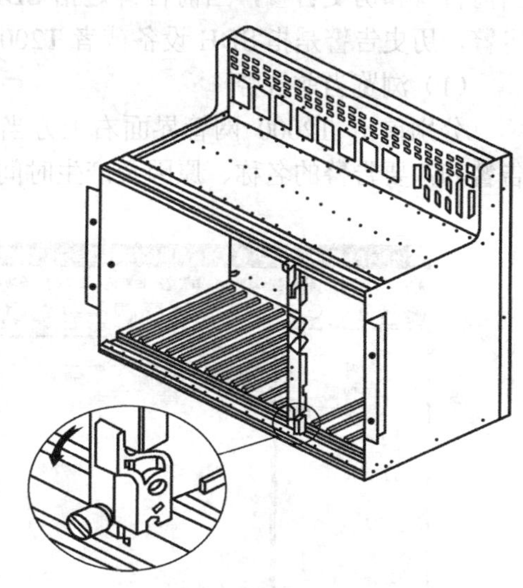

图 3-1　单板拔出方法

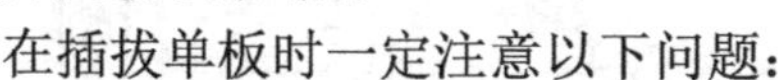

在插拔单板时一定注意以下问题：

① 任何时候接触单板时都要带防静电手环。不能用手触摸印刷电路板。

② 一旦发生断针，应查看是否是地线针，若是地线针，可用尖嘴钳或镊子拔掉，若为信号针，则应尽量修复或换板位。

（三）网管日常维护的基本操作

网管是日常维护的一个重要工具。为保证设备安全可靠地运行，网管所在局站的维护人员应每天通过网管对设备的运行状况进行检查。

1．检查网元是否运行正常

进入 T2000 网管的主视图，查看各网元图标的颜色。正常情况下，网元图标的颜色应为绿色。若网元图标的颜色见表 3-3，则说明发生了不同级别的告警。

表 3-3　网元告警指示灯

告 警 级 别	网元图标颜色
紧急告警	红色
主要告警	橙色
次要告警	黄色

2．检查单板是否运行正常

在 T2000 主视图中双击网元图标，进入网元面板图，可以看到网元的各种单板，并且各单板图标通过不同的颜色显示当前的状态。正常情况下，单板图标应为绿色。

3．浏览告警

通过浏览全网当前所有告警，可以了解网络当前运行状态，在网络维护时需要及时更新告警信息并做相应处理。

告警按严重程度分为紧急告警、主要告警、次要告警和提示告警四种。按告警状态分为当前告警和历史告警，当前告警是指 SDH 设备或者 T2000 上没有结束或没有被确认的故障告警，历史告警是指 SDH 设备或者 T2000 曾经产生的告警。

（1）浏览当前告警

分别单击 T2000 网管界面右上方当前严重告警指示灯，浏览当前全网紧急告警、主要告警和次要告警的名称、原因及产生时间等详细信息，如图 3-2 所示。

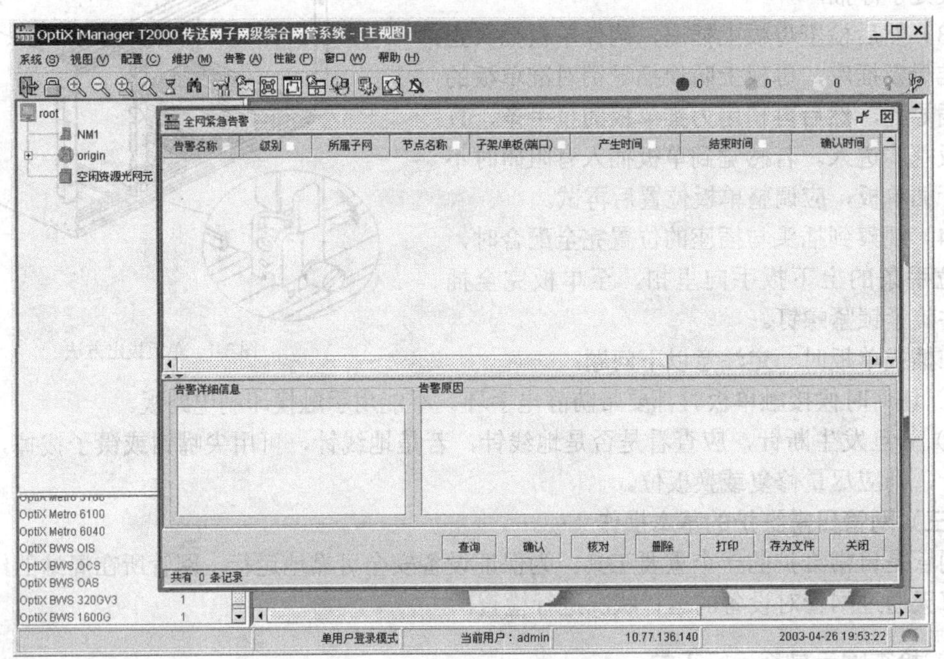

图 3-2　浏览当前全网紧急告警

（2）同步当前告警

网管上告警显示如果不同步，有可能是以前的历史告警，因此需要同步当前告警，如图 3-3 所示。

4．监视性能事件

通过性能管理功能可以提前发现网络运行隐患，规避网络故障风险。在性能监视操作前需要掌握性能事件的基本概念。

光传输网在正常运行的过程中，由于内部和外部的原因，可能会影响传输质量，如产生误码、抖动、漂移等，即传输损伤。这些损伤在网管上的体现就是各种类型的性能事件。

性能和告警不同，上报性能事件时，业务并没有发生中断，但此时传输的质量相比正常情况下已经劣化，只是由于设备自身的纠错机制，暂时弥补了这些劣化。如果这些劣化逐步积累，可能最终将导致性能越过门限，造成告警。

为了评估传输系统的近期性能必须要有性能历史数据。利用这些性能历史数据可以进行故障的区间定位和发现断续误码源的位置。通常，性能历史数据应存放于网元的寄存器中，

所有寄存器都应有时间标记。每一传输方向和每一性能时间都配有两种寄存器，一种是 24 小时寄存器，另一种是 15 分钟寄存器。前者积累 24 小时内的性能事件数据，后者积累 15 分钟内的性能事件数据。15 分钟寄存器可以每隔 15 分钟就采集一次性能事件数据，迅速检测出潜在的故障，主要用于判断不可用性能。24 小时寄存器积累了较多的数据，可用于投入服务或劣化性能的评估。SDH 性能数据检查如图 3-4 所示。

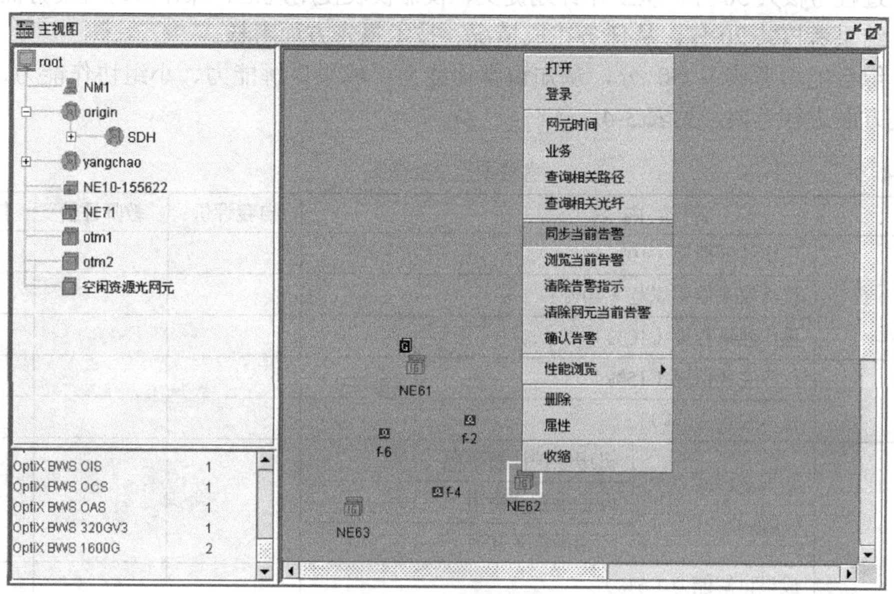

图 3-3　同步当前告警

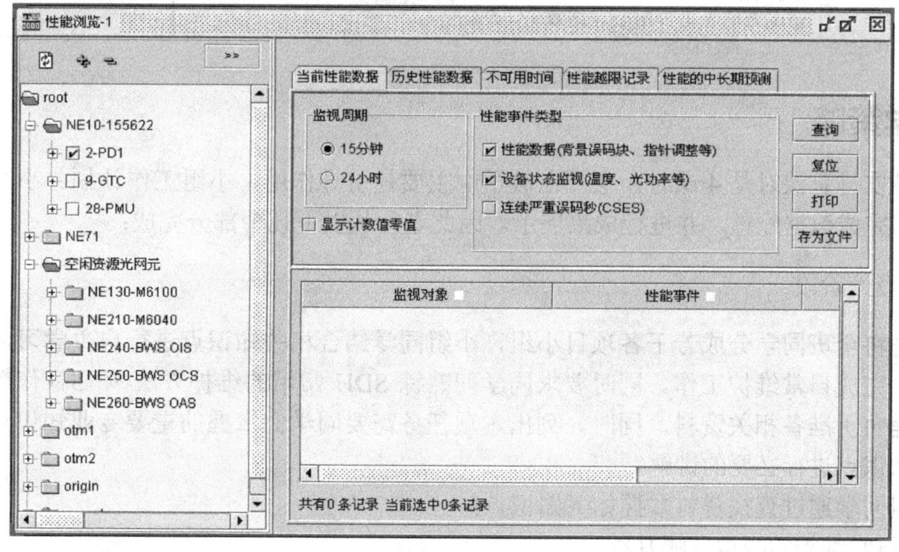

图 3-4　SDH 性能数据检查

📖任务考核

通过对下面所列评分表的各项内容的考核，综合学生学习讨论过程中的表现，评定出学生的成绩。

评价总分 100 分，分三部分内容：

（1）过程考核共 30 分，从工作计划提交、仪器仪表使用规范、操作熟练程度方面考核。

（2）结果考核共 20 分，从任务完成情况、技术报告方面考核。

（3）综合能力考核占 50 分，从知识掌握能力、成果讲解能力、小组协作能力、创新能力、态度方面进行考核，见表 3-4。

表 3-4　　　　考核项目指标体系

评 价 内 容			自我评价	教师评价	其他评价
过程考核（30%）	工作计划提交（10%）				
	仪器仪表使用规范（10%）				
	操作熟练程度（10%）				
结果考核（20%）	任务完成情况（15%）				
	技术报告（5%）				
综合能力考核（50%）	知识掌握能力（30%）	机房维护注意事项（10%）			
		设备维护注意事项（10%）			
		环回操作（10%）			
	成果讲解能力（5%）				
	小组协作能力（5%）				
	创新能力（5%）				
	态度方面（是否耐心、细致）（5%）				

📖教学策略

任务安排总课时是 4 课时，老师在教学中主要是引导作用、小组工作计划、小组进行学习讨论、完成数据配置，并进行成果展示。因此老师从以下几个部分完成：

1．资询阶段

首先将全班同学分成若干各项目小组，小组同学结合相关知识点进行自主学习，拟定维护表格，完成日常维护工作。同时要求同学们熟练 SDH 常用的维护方法-环回操作等。教师的职责是负责准备相关资料，同时，列出本项任务需要同学们掌握的重要专业知识点，并对必要的知识点进行必要的讲解。

小组同学通过查找资料掌握如下知识点：

① 日常维护的类型有哪几种。

② 机房维护有哪些注意事项，比如温度、湿度的要求是什么。

③ 设备维护的注意事项有哪些。

④ 环回操作的类型有哪些。

2．计划阶段

学生根据老师布置的任务，准备相关知识的查找、学习，拟定准备学习计划以及日常维护表格。教师职责是检查学生方案，针对学生的学习方案中的问题进行解答。

3．实施阶段

小组根据布置的任务和光传输设备进行学习讨论，小组同学利用传输机房来设计完成日常维护表格，并完成表格填写。教师职责是组织学生参观和讨论，并在小组讨论过程中，随时准备解答学生一切可能的问题。同时，教师注意观察各小组的讨论情况，注意收集问题。

4．总结、成果展示、考核

每个小组应将自己小组做方案和和如何完成数据配置的过程进行展示和讲解，老师完成对该小组的同学的考核。

🕮任务总结

① SDH/MSTP 设备的日常维护主要分为日常例行维护、周期性例行维护、突发性维护三类；

② 传输设备日常维护注意事项有机房维护和设备维护注意事项。

③ 环回是传输设备维护经常用的一项操作，按操作手段有硬件环回和软件环回；按信号流向有外环回和内环回；按接口有 PDH 接口的环回和 SDH 接口的环回。

思考题

1．光接口在硬件环回时要避免____________。

2．更换单板前检查并记录单板的________，确认更换前后的单板规格一致。记录单板相关配置。准备单板及操作工具。确认光接口板的________。检查单板引出纤缆的________是否完整，对缺少的进行补充。正确设置____________。

3．更换单板中戴________，正确拔插单板。如果单板的拉手条有纤缆引出，应先移去，待单板更换后重新插上。记录单板上跳线、拨码开关的设置。防止单板________，防止激光伤害眼睛。

4．每________擦洗一次风扇防尘网，如果发现设备表面温度过高，应检查________是否堵塞。设备风扇必须打开。

5．传输网管口令应该严格管理，定期更改，并只向维护责任人发放，________应该只有维护负责人掌握。严禁向传输网管计算机装入其他软件，严禁用传输网管计算机________。网管计算机应该____________。

6．OptiX 155/622H 主控板上的 R 灯是________，Y 灯是________，ETN 灯是________，FAN 灯是____________。

7．OptiX 系统单板绿色运行指示灯每秒快闪 5 次，表示________，一秒亮一秒灭表示________，2 秒亮 2 秒灭表示____________。

8．OptiX 系统单板红色告警指示灯每隔 1 秒闪烁 3 次，表示________，每隔 1 秒闪烁 2 次，表示________，每隔 1 秒闪烁 1 次，表示________，常亮表示________，常灭表示________。

9．检查和定期清理风扇的目的是什么？

10．简述机柜指示灯的含义？

11．SDH/MSTP 设备日常维护的项目有哪些？

任务7 SDH设备参数测试

任务描述

X 市电信分公司收到省公司割接扩容的设计文档，传输线路组技术支持到工程现场对已安装 SDH 设备、光缆进行参数指标测试。

本次升级扩容割接的光缆链路经过 xx 路段在原有的线路上增加一套保护设备，使用的是华为公司的 Optix155/622H 的设备，为了更有效地起到保护作用，保证设备在故障发生时业务顺利倒换，现需要对割接后连接到 SDH 设备的收光缆做接收灵敏度和动态范围测试，对 SDH 设备的发送光口做平均发送光功率测试，以及对具体的 2M 电路做误码测试。

任务分析

要完成上述的参数测试，最重要的是相应仪器仪表的使用。本次割接所使用到的仪表有：光功率计，2M 误码仪，可变衰减器等。

一、光功率计的使用

1．光功率计用于测量 630～1650nm 波长范围内以 nW、μW、mW、dB 或 dBm 为单位的光功率。本次割接使用的是 1310 nm 波长的光缆，

2．在测试前应对光功率计做检测，步骤如下：

第一步，在光功率计上安装合适的光适配头。

第二步，按下 ON/OFF 按键并保持 1 秒钟，直到光功率值出现。

第三步，使用光跳线将光功率计与光源连接。

第四步，用 SETλ 按键设置光波长（1310nm）。

第五步，光功率测量的结果及设置的波长会在 LCD 上显示出来，如图 3-5 所示。

第六步，确认此仪表的确正常工作。

3．选择合适的适配头，常用的有 SC、ST、LC、MU、UNIV2.5（2.5mm 通用）、UNIV1.25（1.25mm 通用）

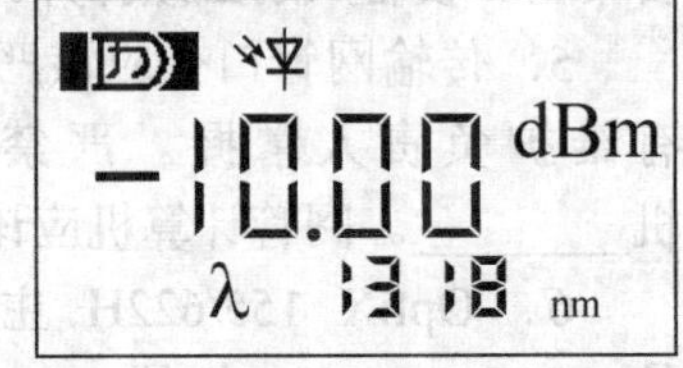

图 3-5 光功率计测量结果显示

二、2M 误码仪的使用

1．正确的连接，如图 3-6 所示。

2．测试的链路应该构成闭合的回路，要求在被测链路

的另一端做环回，环回分为：硬件环回和软环回。在本工程中，我们采用硬件环回，在源端的 DDF 架上做 PDH 支路环回。

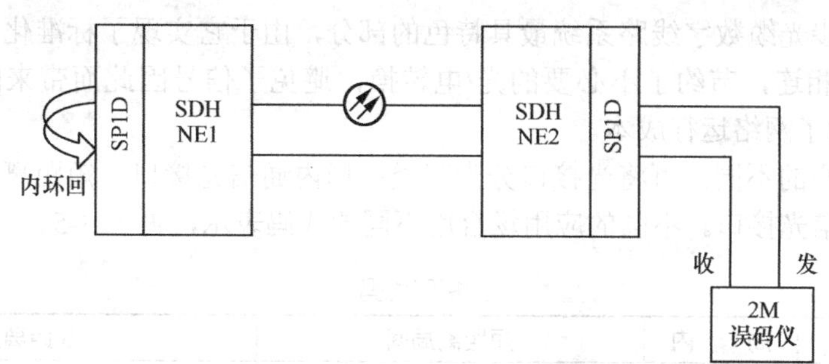

图 3-6　2M 误码性能测试图

任务资讯

3.2.1　光纤的种类

SDH 光传输网的传输媒质是光纤。由于单模光纤具有带宽大。易于升级扩容和成本低的优点，国际上已一致认为同步光缆数字线路系统只使用单模光纤作为传输媒质。光纤传输中有 3 个传输窗口，适合用于传输的波长范围分别是 850nm、1310nm、1550nm。其中 850nm 窗口只用于多模传输，用于单模传输的窗口只有 1310nm 和 1550nm 两个波长窗口。

光信号在光纤中传输的距离要受到色散和损耗的双重影响。色散会使在光纤中传输的数字脉冲展宽，引起码间干扰降低信号质量，当码间干扰使传输性能劣化到一定程度时，则传输系统就不能工作了。损耗使在光纤中传输的光信号随着传输距离的增加而功率下降，当光功率下降到一定程度时，传输系统就无法工作了。

为了延长系统的传输距离，人们主要在减小色散和损耗方面入手。1310nm 光传输窗口称之为 0 色散窗口，光信号在此窗口传输色散最小，1550nm 窗口称之为最小损耗窗口，光信号在此窗口传输的衰减最小。

ITU-T 规范了三种常用光纤：符合 G.652 规范的光纤、符合 G.653 规范的光纤、符合规范 G.655 的光纤。

G.652 光纤指在 1310nm 波长窗口色散性能最佳，又称之为色散未位移的光纤（也就是 0 色散窗口在 1310nm 波长处），它可应用于 1310nm 和 1550nm 两个波长区。

G.653 光纤指 1550nm 波长窗口色散性能最佳的单模光纤，又称之为色散位移的单模光纤，它通过改变光纤内部的折射率分布，将零色散点从 1310nm 迁移到 1550nm 波长处，使 1550nm 波长窗口色散和损耗都较低，它主要应用于 1550nm 工作波长区；

G.654 光纤称之为 1550nm 波长窗口损耗最小光纤，它的 0 色散点仍在 1310nm 波长处，它主要工作于 1550nm 窗口，主要应用于需要很长再生段传输距离的海底光纤通信。

G.655 光纤（非零色散光纤）为传输 10Gbit/s 与以 10Gbit/s 为基群的 WDM 系统而设计的新型光纤，只工作在 1550nm 窗口，目的是在 1550nm 窗口工作波长区具有合理的较低色散。

3.2.2 光接口类型

光接口是同步光缆数字线路系统最具特色的部分，由于它实现了标准化，使得不同网元可以经光路直接相连，节约了不必要的光/电转换，避免了信号因此而带来的损伤（例如脉冲变形等），节约了网络运行成本。

按照应用场合的不同，可将光接口分为三类：局内通信光接口、短距离局间通信光接口和长距离局间通信光接口。不同的应用场合用不同的代码表示，见表 3-5。

表 3-5 光接口代码

应用场合	局内	短距离局间		长距离局间		
工作波长（nm）	1310	1310	1550	1310	1550	
光纤类型	G.652	G.652	G.652	G.652	G.652	G.653
传输距离（km）	≤2	～15		～40	～60	
STM-1	I—1	S—1.1	S—1.2	L—1.1	L—1.2	L—1.3
STM-4	I—4	S—4.1	S—4.2	L—4.1	L—4.2	L—4.3
STM-16	I—16	S—16.1	S—16.2	L—16.1	L—16.2	L—16.3

代码的第一位字母表示应用场合：I 表示局内通信；S 表示短距离局间通信；L 表示长距离局间通信。字母横杠后的第一位表示 STM 的速率等级：例如 1 表示 STM-1；16 表示 STM-16。第二个数字（小数点后的第一个数字）表示工作的波长窗口和所有光纤类型：1 和空白表示工作窗口为 1310nm，所用光纤为 G.652 光纤；2 表示工作窗口为 1550 nm，所用光纤为 G.652 或 G.654 光纤；3 表示工作窗口为 1550nm，所用光纤为 G.653 光纤。

3.2.3 光接口参数和线路码型

SDH 网络系统的光接口位置如图 3-7 所示。

图 3-7 中 S 点是紧挨着发送机（TX）的活动连接器（CTX）后的参考点，R 是紧挨着接收机（RX）的活动连接器（CRX）前的参考点，光接口的参数可以分为三大类：参考点 S 处的发送机光参数、参考点 R 处的接收机光参数和 S—R 点之间的光参数。在规范参数的指标时，均规范为最坏值，即在极端的（最坏的）光通道衰减和色散条件下，仍然要满足每个再生段（光缆段）的误码率不大于 1×10^{-10} 的要求。

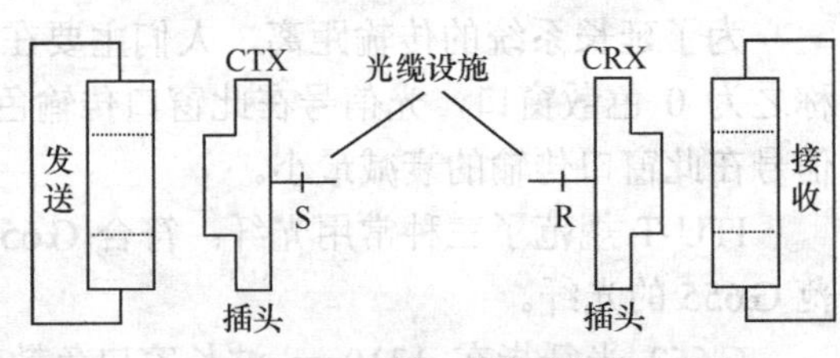

图 3-7 光接口位置示意图

SDH 系统中，由于帧结构中安排了丰富的开销字节来用于系统的 OAM 功能，所以线路码型不必象 PDH 那样通过线路编码加上冗余字节，以完成端到端的性能监控。SDH 系统的线路码型采用加扰的 NRZ 码，线路信号速率等于标准 STM-*N* 信号速率。

ITU-T 规范了对 NRZ 码的加扰方式，采用标准的 7 级扰码器，扰码生成多项式为 −1+X6+X7，扰码序列长为 $2^7-1=127$（位）。这种方式的优点是：码型最简单，不增加线路信号速率，没有光功率代价，无需编码，发端需一个扰码器即可，收端采用同样标准的解扰

器即可接收发端业务，实现多厂家设备环境的光路互连。

采用扰码器是为了防止信号在传输中出现长连“0”或长连“1”，易于收端从信号中提取定时信息（SPI 功能块）。另外当扰码器产生的伪随机序列足够长时，也就是经扰码后的信号的相关性很小时，可以在相当程度上减弱各个再生器产生的抖动相关性（也就是使扰动分散，抵消）使整个系统的抖动积累量减弱。

1. S 点参数—光发送机参数

（1）最大-20dB 带宽

单纵模激光器主要能量集中在主模，所以它的光谱宽度是按主模的最大峰值功率跌落到-20dB 时的最大带宽来定义的。单纵模激光器光谱特性，如图 3-8 所示。

（2）最小边模抑制比（SMSR）

主纵模的平均光功率 P1 与最显著的边模的平均光功率 P2 之比的最小值。

SMSR=10lgP1/P2。

SMSR 的值应不小于 30dB。

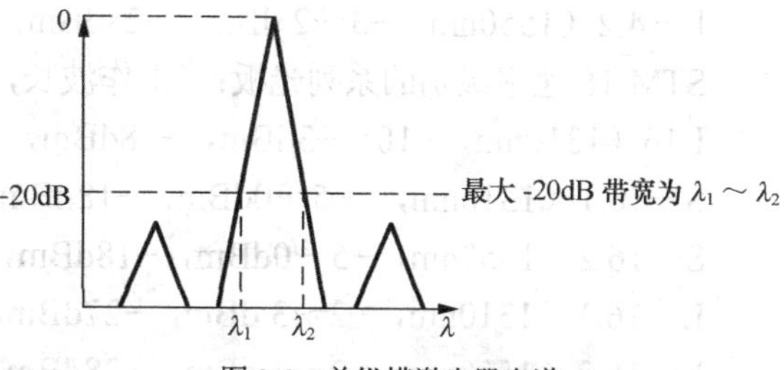

图 3-8　单纵模激光器光谱

（3）平均发送功率

在 S 参考点处所测得的发送机发送的伪随机信号序列的平均光功率。

（4）消光比（EX1）

定义为信号“1”的平均发光功率与信号“0”的平均光功率比值的最小值。EX=10lg（EX1）

ITU-T 规定长距离传输时，消光比为 10dB（除了 L-16.2），其他情况下为 8.2dB。

2. R 点参数——光接收机参数

（1）接收灵敏度

定义为 R 点处为达到 1×10^{-10} 的 BER 值所需要的平均接收功率的最小值。一般开始使用时、正常温度条件下的接收机与寿命终了时、处于最恶劣温度条件下的接收机相比，灵敏度余度大约为 2～4dB。一般情况下，对设备灵敏度的实测值要比指标最小要求值（最坏值）大 3dB 左右（灵敏度余度）。

（2）接收过载功率

定义为在 R 点处为达到 1×10^{-10} 的 BER 值所需要的平均接收光功率的最大值。因为，当接收光功率高于接收灵敏度时，由于信噪比的改善使 BER 变小，但随着光接收功率的继续增加，接收机进入非线性工作区，反而会使 BER 下降，如图 3-9 所示。

图 3-9 中 A 点处的光功率是接收灵敏度，B 点处的光功率是接收过载功率，A—B 之间的范围是接收机可正常工作的动态范围。

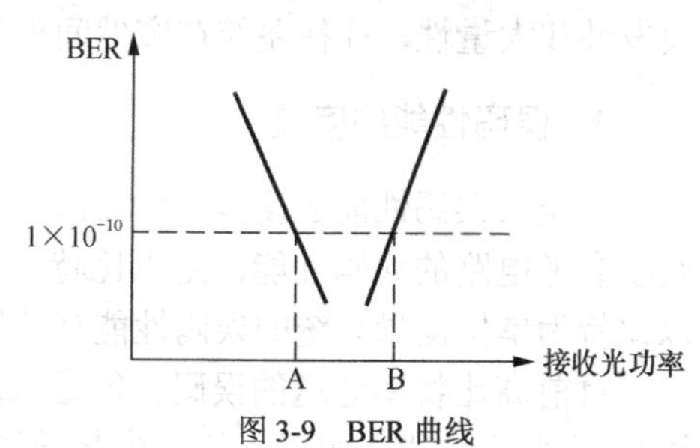

图 3-9　BER 曲线

华为光传输设备系列光板的光接口功率指标参考值包括下面的设备型号（Optix metro 3000，Optix metro 1000，Optix metro 1000V3）。下面就不

同速率级别的光板光口功率指标做一个整理。

STM-1 速率级别的系列光板：（工作波长，平均发送光功率，最差灵敏度，最小过载点）

I-1（1310nm，−15～−8dBm，−23dBm，−14dBm）

S—1.1（1310nm，−15～−8dBm，−28dBm，−8dBm）

L—1.1（1310nm，−5～0 dBm，−34dBm，−10dBm）

L—1.2（1550nm，−5～0 dBm，−34dBm，−10dBm）

STM-4 速率级别的系列光板：（工作波长，平均发送光功率，最差灵敏度，最小过载点）

I-4（1310nm，−15～−8dBm，−26dBm，−8dBm）

S—4.1（1310nm，−15～−8dBm，−28dBm，−8dBm）

L—4.1（1310nm，−3～2 dBm，−28dBm，−8dBm）

L—4.2（1550nm，−3～2 dBm，−28dBm，−8dBm）

STM-16 速率级别的系列光板：（工作波长，平均发送光功率，最差灵敏度，最小过载点）

I-16（1310nm，−10～−3dBm，−18dBm，−3dBm）

S—16.1（1310nm， −5～0dBm，−18dBm，0dBm）

S—16.2（1550nm，−5～0dBm，−18dBm，0dBm）

L—16.1（1310nm，−2～3 dBm，−27dBm，−9dBm）

L—16.2（1550nm，−2～3 dBm，−28dBm，−9dBm）

Le—16.2（1550nm，4～7dBm，−28dBm，−9dBm）

3.2.4 误码性能

误码是指经接收、判决、再生后，数字码流中的某些比特发生了差错，使传输的信息质量产生损伤。

1．误码的产生和分布

误码可说是传输系统的一大害，轻则使系统稳定性下降，重则导致传输中断（10^{-3} 以上）。从网络性能角度出发可将误码分成两大类。

（1）内部机理产生的误码

系统的此种误码包括由各种噪声源产生的误码、定位抖动产生的误码，复用器、交叉连接设备和交换机产生的误码，以及由光纤色散产生的码间干扰引起的误码。此类误码会由系统长时间的误码性能反映出来。

（2）脉冲干扰产生的误码

由突发脉冲诸如电磁干扰、设备故障、电源瞬态干扰等原因产生的误码。此类误码具有突发性和大量性，往往系统在突然间出现大量误码，可通过系统的短期误码性能反映出来。

2．误码性能的度量

传统的误码性能的度量（G.821）是度量 64kbit/s 的通道在 27500km 全程端到端连接的数字参考电路的误码性能，是以比特的错误情况为基础的。当传输网的传输速率越来越高，以比特为单位衡量系统的误码性能有其局限性。

目前高比特率通道的误码性能是以块为单位进行度量的（B1、B2、B3 监测的均是误码块），由此产生出一组以“块”为基础的一组参数。这些参数的含义如下：

（1）误块

当块中的比特发生传输差错时称此块为误块。

（2）误块秒（ES）和误块秒比（ESR）

当某一秒中发现 1 个或多个误码块时称该秒为误块秒。在规定测量时间段内出现的误块秒总数与总的可用时间的比值称为误块秒比。

（3）严重误块秒（SES）和严重误块秒比（SESR）

某一秒内包含有不少于 30%的误块或者至少出现一个严重扰动期（SDP）时认为该秒为严重误块秒。其中严重扰动期指在测量时，在最小等效于 4 个连续块时间或者 1ms（取二者中较长时间段）时间段内所有连续块的误码率≥10-2 或者出现信号丢失。

在测量时间段内出现的 SES 总数与总的可用时间之比称为严重误块秒比（SESR）。严重误块秒一般是由于脉冲干扰产生的突发误块，所以 SESR 往往反映出设备抗干扰的能力。

（4）背景误块（BBE）和背景误块比（BBER）

扣除不可用时间和 SES 期间出现的误块称为背景误块（BBE）。BBE 数与在一段测量时间内扣除不可用时间和 SES 期间内所有块数后的总块数之比称为背景误块比（BBER）。

若这段测量时间较长，那么 BBER 往往反映的是设备内部产生的误码情况，与设备采用器件的性能稳定性有关。

3．数字段相关的误码指标

ITU-T 将数字链路等效为全长 27500km 的假设数字参考链路，并为链路的每一段分配最高误码性能指标，以便使主链路各段的误码情况在不高于该标准的条件下连成串之后能满足数字信号端到端（27500km）正常传输的要求。

下面表 3-6、表 3-7、表 3-8 分别列出了 420km、280km、50km 数字段应满足的误码性能指标。

表 3-6　　420km HRDS 误码性能指标

速率（kbit/s）	155520	622080	2488320
ESR	3.696×10^{-3}	待定	待定
SESR	4.62×10^{-5}	4.62×10^{-5}	4.62×10^{-5}
BBER	2.31×10^{-6}	2.31×10^{-6}	2.31×10^{-6}

表 3-7　　280km HRDS 误码性能指标

速率（kbit/s）	155520	622080	2488320
ESR	2.464×10^{-3}	待定	待定
SESR	3.08×10^{-5}	3.08×10^{-5}	3.08×10^{-5}
BBER	3.08×10^{-6}	1.54×10^{-6}	1.54×10^{-6}

表 3-8　　50km HRDS 误码性能指标

速率（kbit/s）	155520	622080	2488320
ESR	4.4×10^{-4}	待定	待定
SESR	5.5×10^{-6}	5.5×10^{-6}	5.5×10^{-6}
BBER	5.5×10^{-7}	2.7×10^{-7}	2.7×10^{-7}

4．误码减少策略

（1）内部误码的减小

改善收信机的信噪比是降低系统内部误码的主要途径。另外，适当选择发送机的消光比，改善接收机的均衡特性，减少定位抖动都有助于改善内部误码性能。再生段的平均误码率低于 10^{-14} 数量级以下，可认为处于“无误码”运行状态。

（2）外部干扰误码的减少

基本对策是加强所有设备的抗电磁干扰和静电放电能力，例如，加强接地。此外在系统设计规划时留有充足的冗度也是一种简单可行的对策。

5．可用性参数

（1）不可用时间

传输系统的任一个传输方向的数字信号连续 10 秒期间内每秒的误码率均劣于 10^{-3}，从这 10 秒的第一秒钟起就认为进入了不可用时间。

（2）可用时间

当数字信号连续 10 秒期间内每秒的误码率均优于 10^{-3}，那么从这 10 秒种的第一秒起就认为进入了可用时间。

可用时间占全部总时间的百分比称为可用性。

为保证系统的正常使用，系统要满足一定的可用性指标，见表 3-9。

表 3-9　假设参考数字段可用性目标

长度（km）	可 用 性	不 可 用 性	不可用时间/年
420	99.977%	2.3×10^{-4}	120 分/年
280	99.985%	1.5×10^{-4}	78 分/年
50	99.99%	1×10^{-4}	52 分/年

任务实施

实践操作：SDH 设备参数测试。

一、光接口参数测试

1．发送光功率测试

测试仪器：光功率计一台

测试方法：如图 3-10 所示，连接光功率计。测试前应该仔细地用酒精棉球或镜头纸清洗尾纤头和法兰盘。如果尾纤已经上 ODF 架，测试应该在 ODF 一侧进行。测量各线路板发光功率，注意选择对应波长，记录测试结果。对比测试结果和相应指标，如测试结果不符合指标，应查找原因，直至测试合格。测试完后需要签字确认记录的结果。

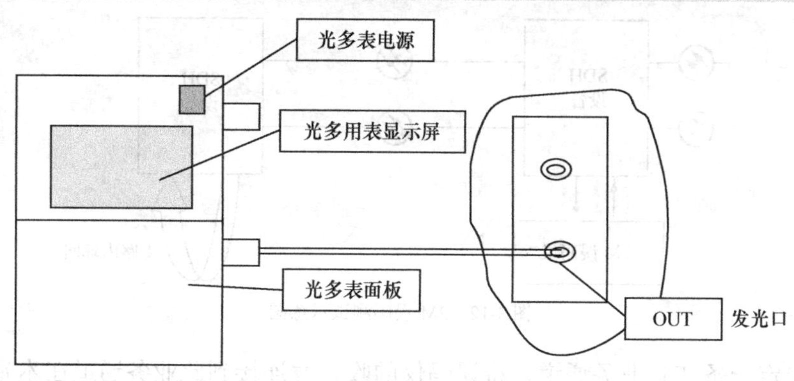

图 3-10　测试示意图

2. 光接收灵敏度测试

测试仪器：误码仪一台、可调光衰减器一只、光功率计一台。光接收机灵敏度的测试如图 3-11 所示。

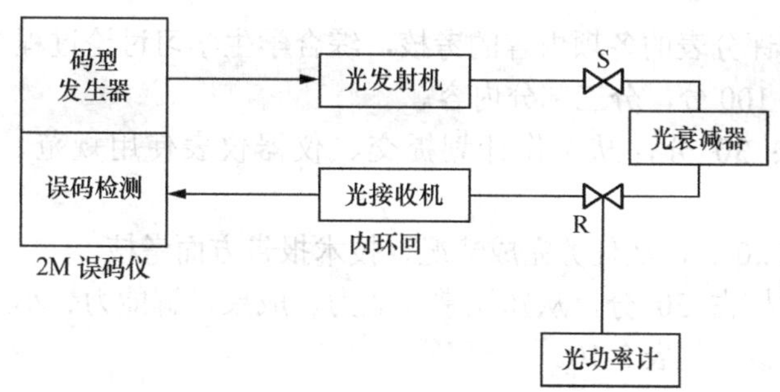

图 3-11　接收机灵敏度测试示意图

光接收机灵敏度具体测试步骤如下：

（1）按图 3-11 所示将误码仪、光可变衰减器与被测光纤传输系统连接好。

（2）用误码测试仪向光发射机送入伪随机码测试信号，不同码速的光传输系统送入不同的测试信号，因采用的 2M 误码仪，选择伪随机码信号长度为 $2^{-15}-1$。

（3）调整光衰减器，逐渐加大光可变衰减器的衰减量，这时光接收机接收到的光功率逐渐减少，使 2M 误码仪检测误码量接近但不能大于规定的误码率 10^{-10}，并维持一段时间，此时即表示光接收机的误码率已到了不满足指标的临界状态。

（4）断开 R 点，接上光功率计，此时光功率计上的数值即是光接收机的灵敏度。

二、2M 误码的测试

误码性能是衡量光纤数字通信系统传输质量的重要指标之一，也是 SDH 系统传输特性中必测的参数。

误码测试的思路就是将适当的测试信号（伪随机码，2M 信号的伪随机码信号长度为 $2^{-15}-1$）送入到通道的输入口，在另外的站点进行支路内环回，同时在通道的输出口接收并分析该测试信号的误码和告警，如图 3-12 所示。

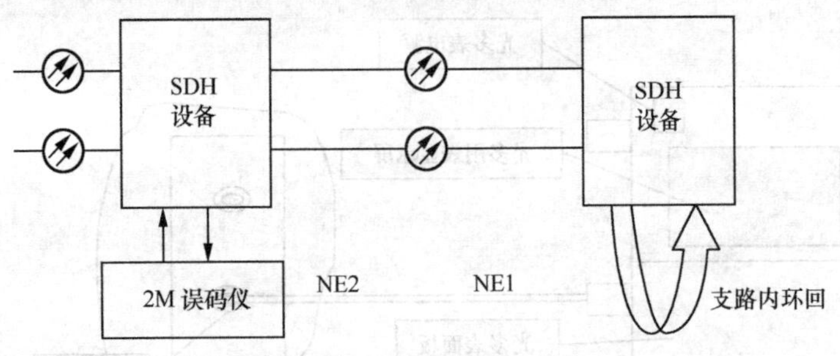

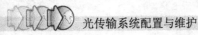

图 3-12　2M 误码测试示意图

（1）先选定一条 E1 业务通道，将误码仪的收、发连接到此业务通道在本站的 PDH 接口的收发端口。（注意：误码仪的发应接 PDH 的收端口，误码仪的收应接 PDH 的发端口）。

（2）然后再对端站 PDH 接口作内环回（也可在 DDF 上做硬件环回），设置好误码仪即可进行测试。

（3）观察误码仪上的显示，正常情况下误码仪上显示为 0。

📖任务考核

通过对下面所列评分表的各项内容的考核，综合学生学习讨论过程中的表现，评定出学生的成绩。评价总分 100 分，分三部分内容。

（1）过程考核共 30 分，从工作计划提交、仪器仪表使用规范、操作熟练程度方面考核。

（2）结果考核共 20 分，从任务完成情况、技术报告方面考核。

（3）综合能力考核占 50 分，从知识掌握能力、成果讲解能力、小组协作能力、创新能力、态度方面进行考核，见表 3-10。

表 3-10　考核项目指标体系

评价内容			自我评价	教师评价	其他评价
过程考核（30%）	工作计划提交（10%）				
	仪器仪表使用规范（10%）				
	操作熟练程度（10%）				
结果考核（20%）	任务完成情况（15%）				
	技术报告（5%）				
综合能力考核（50%）	知识掌握能力（30%）	技术指标分类（10%）			
		仪器仪表使用规范（10%）			
		仪表操作注意事项（10%）			
	成果讲解能力（5%）				
	小组协作能力（5%）				
	创新能力（5%）				
	态度方面（是否耐心、细致）（5%）				

📖教学策略

任务总课时安排 4 课时。教师通过引导、小组工作计划、小组讨论、成果展示多种教学方式提高学生的自主学习能力，教师从传统的讲授变为辅助。因此老师可以从以下几个部分完成：

1．咨询阶段

将全班同学分成若干各项目小组，老师布置好任务，分析实现任务的相关知识点。小组同学结合相关知识点进行自主学习，完成学习计划的时间安排。在该阶段中的教师职责是负责准备相关资料，同时，列出本项任务需要同学们掌握的重要专业知识点，并对必要的知识点进行必要的讲解。

2．计划阶段

学生根据老师布置的任务，准备相关知识的查找、学习，拟定测试方案、画出测试方案图。教师的职责是检查学生测试方案，针对学生的测试方案中的问题进行解答，并配合小组同学验证方案的正确性。

3．实施阶段

各小组根据布置的任务和光传输设备进行学习讨论，小组同学利用实训室 SDH 设备组，利用光功率计和误码仪进行 SDH 设备测试。教师职责是组织学生规范操作测试仪表，讲解测试过程中的注意事项，随时准备解答学生一切可能出现的问题。同时，教师注意观察各小组的讨论情况，注意收集问题。

4．总结、成果展示、考核

每个小组应将自己小组做测试方案和如何完过仪表测试的过程进行展示和讲解，老师完成对该小组的同学的考核。

📖教学总结

① 按照应用场合的不同，可将光接口分为三类：局内通信光接口、短距离局间通信光接口和长距离局间通信光接口。

② SDH 光线路码型采用的是加扰码的 NRZ 码。

③ 光接口参数分为光发送机参数和光接收机参数。

思考题

1．同一站两台 STM-1SDH 设备采用光接口互联，应当选用的光接口类型为（　　）。

A．I-1.1　　B．S-1.1　　C．L-1.1　　D．L-1.2

2．SDH 系统的线路码型采用加扰的（　　）码。

A．RZ　　B．NRZ　　C．CMI　　D．HDB3

3．相距 10km 左右两台 STM-4SDH 设备采用光接口互联，应当选用的光接口类型为（　　）。

A. I-4.1　　B. S-4.1　　C. L-4.1　　D. L-4.2

4．下列（　　）不属于发送机参数。

A．消光比　　B．最小边模抑制比　　C．动态范围　　D．最大−20dB 带宽

5．相距 70km 左右两台 STM-1SDH 设备采用光接口互联，应当选用的光接口类型为（　　）。

A. I-1　　B. S-1.1　　C. L-1.1　　D. L-4.2

6．ITU—T 建议 G.655 光纤是（　　）。

A．非零色散位移光纤　　B．零色散位移光纤

C．常规单模光纤　　D．低损耗光纤

7．光接口的分类有哪些？

8．U-16.2 光接口代码的含义？

9．SDH 的光线路码型为什么要扰码？

10．光发送机参数有哪些？

11．光接收机参数有哪些？

任务 8　SDH/MSTP 设备故障定位及处理

任务描述

某本地传输网采用 OptiX 2500+设备组建，组网方式为两纤单向通道保护环带链，如图 3-13 所示。

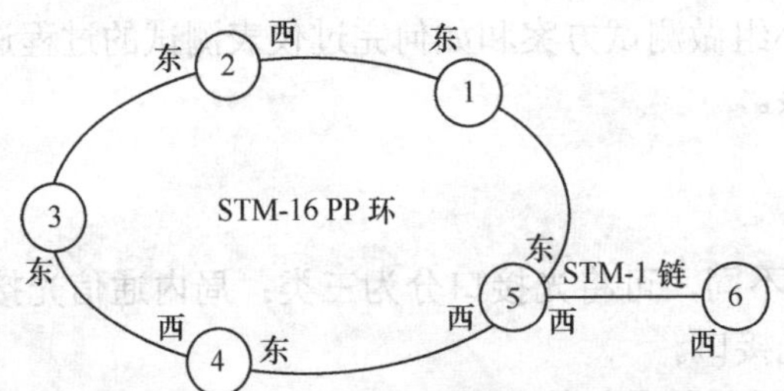

图 3-13　两纤单向通道保护环带链组网示意图

故障现象：在设备运行中，2 号站到 4 号站和 6 号站的部分业务突然出现异常，2 号站和 4 号站、6 号站的部分 PD1 板报 LP_REI 告警，并有 LPBBE、LPES 性能事件，用误码仪测试告警通道有误码。2 号站到 1、3、5 号站的业务均正常。

分析故障原因。

任务分析

这个故障是一个误码类的故障，遇到这类故障时，首先要观察会不会全阻或部分阻断，如果造成了要考虑用备用通道来代替。然后逐级挂表环回测试来定位故障网元，通过传输类

告警和性能分析来定位故障单板，最后使用备件更换故障单板。

误码处理流程如下图 3-14 所示

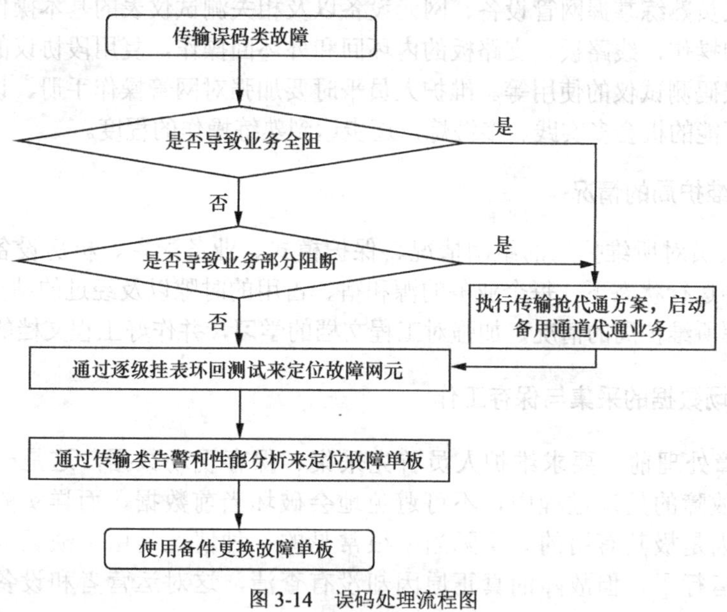

图 3-14　误码处理流程图

任务资讯

OptiX 光传输系统经过工程安装期间技术人员的精心安装和调测，都能正常稳定地运行。但有时由于多方面的原因，比如受系统外部环境的影响、部分元器件的老化损坏、维护过程中的误操作等，都可能导致 OptiX 光传输系统进入不正常运行的状态。此时，就需要维护技术人员能够对设备故障进行正确分析、定位和排除，使系统迅速恢复正常。本节主要介绍故障定位的基本思路及其常用的处理方法。

3.3.1　对维护人员的要求

故障的快速定位和及时排除，对维护人员的业务技能、操作规范、心理素质等均提出较高要求。

1．加强 SDH 基本原理，尤其是告警信号流的学习

要求维护人员做到对 SDH 传输系统告警信号流非常熟悉。对于影响业务和性能的各单板危急告警、主要告警，要掌握其产生的机理、相应的回传以及对下游信号的影响。只有对每个告警的机理、影响都非常熟悉，才能更好地利用这些告警信息，对故障原因做出一个清晰的判断。

比如，对于 MS-AIS 告警，我们需知道，该告警是复用段告警指示信号，其产生的机理是系统检测到了复用段开销中 K2 字节的低 3 位为全“1”，其回传是 MS-RDI。系统检测到 MS-AIS 告警后，将下插全“1”信号，导致下游的高阶、低阶通道信号均为全“1”。因此，相应的支路板将检测到 TU-AIS 信号。要做到对告警信号流的熟悉，要求维护人员平时重视 SDH 基础知识、基本原理的学习。

2．熟练掌握所维护传输设备的基本操作

要求维护人员熟练掌握网管设备、网元设备以及相关测试仪表的基本操作。如告警、性能的设置和查询操作，线路板、支路板的内环回和外环回操作，复用段协议的启停操作，插拔单板操作，误码测试仪的使用等。维护人员平时要加强对网管操作手册、设备维护手册的学习，并利用可能的机会多实践、多锻炼，逐步达到熟练操作的程度。

3．熟悉所维护局的情况

要求维护人员对所维护局的组网情况、保护模式、业务配置、机房设备的摆放非常清楚。对设备各种运行状态下，每个业务的源和宿、占用的时隙以及经过的站点要非常清楚，平时要注意了解所维护局的情况，加强对工程文档的学习，并作好工程文档的维护工作。

4．作好现场数据的采集与保存工作

在进行故障处理前，要求维护人员首先采集、保存现场数据，这是一步非常重要的工作。因为在故障的处理过程中，不可避免地会破坏当前数据，而详实的现场数据，对于查清故障原因是极其有用的。实际当中很常见的一种情况是由于缺乏数据，虽然设备已经恢复正常运行了，但故障的真正原因却没有查清，这对运营者和设备供应商都是一个隐患。

需要现场采集保存的主要数据有系统告警及性能数据、各网元及单板的配置和运行状态数据、网管的操作日志等。另外，还要求维护人员作好操作记录，将排除故障过程中的每一步操作都认真记录下来。以上数据对于后续事故原因的分析是非常有用的，同时，可作为一个经验保留下来，为以后处理类似故障提供指导。

5．加强心理素质锻炼

要求维护人员在排除故障的过程中，沉着、冷静，避免误操作导致故障的扩大，如在做远端站点线路板软件环回的时候，慌乱中将 ECC 切断，导致无法对远端站点进行操作等。维护人员在进行故障处理的过程中，一般均需承受来自各方面的巨大压力，因此，要求维护人员平时要加强自身心理素质的锻炼，提高自身心理的承受能力。

3.3.2 故障定位的基本思路

1．故障定位的关键

故障定位最关键的一步就是将故障点准确地定位到单站，这是每个维护人员在现场维护工作中必须牢固树立的信念。

由于传输设备自身的应用特点——站与站之间的距离较远，因此在进行故障定位时，首先将故障点准确地定位到单站，是极其重要和关键的。在将故障点准确地定位到单站之前，怀疑这个站或那个站，这块板或那块板的问题，常常是徒劳的，往往只会延误问题的解决。一旦将故障定位到单站后，我们就可以集中精力，通过数据分析、硬件检查、更换单板等手段来排除该站的故障。

2．故障定位的原则

故障定位的一般原则可总结为四句话："先外部，后传输；先单站，后单板；先线路，后支路；先高级，后低级"。

"先外部，后传输"就是说在定位故障时，应先排除外部的可能因素，如光纤断，交换故障或电源问题等。

"先单站，后单板"就是说在定位故障时，首先要尽可能准确地定位出是哪个站的问题。从告警信号流中可以看出，线路板的故障常常会引起支路板的异常告警，因此在故障定位时，应按"先线路，后支路"的顺序，排除故障。

"先高级，后低级"的意思就是说，我们在分析告警时，应首先分析高级别的告警，如危急告警、主要告警，然后再分析低级别的告警，如次要告警和一般告警。

3．故障定位的常用方法

故障定位的常用方法和一般步骤，可简单地总结为三点：一分析，二环回，三换板。当故障发生时，首先通过对告警事件、性能事件、业务流向的分析，初步判断故障点范围；接着，通过逐段环回，排除外部故障，并最终将故障定位到单站，乃至单板。最后，通过换板，排除故障问题。故障定位的方法还有更改配置法、配置数据分析法、仪表测试法、经验处理法等。而且随故障范围、故障类型的不同，所使用的故障定位方法也会有所不同。下面将对这些处理方法分别给予介绍。

（1）告警、性能分析法

我们知道，SDH 光同步传输系统相对于 PDH，很大的一个优点就是其帧结构里定义了丰富的、包含系统告警和性能信息的开销字节。因此，当 SDH 系统发生故障时，一般会伴随有大量的告警事件和性能数据的产生，通过对这些信息的分析，可大概判断出所发生故障的类型和位置。

使用告警、性能分析法，最关键的问题就是如何及时、方便、全面、真实地获取故障信息。故障信息的来源一般有两个渠道：一个渠道是通过网管软件查询传输系统当前或历史发生的告警事件和性能数据，另一个渠道是通过观察设备机柜和单板的运行、告警灯的闪烁情况了解设备当前的运行状况。这两个获取故障信息的途径各有优缺点，下面给予分别介绍。

① 通过网管获取告警信息，进行故障定位。

由于网管软件可对全网传输设备的运行情况进行监控和管理，因此通过网管软件获取的故障信息是非常全面的，不仅是一个站、一块板的故障信息，而是全网设备的故障信息。另外，通过该渠道获取的故障信息也是非常确切的，可以知道当前设备存在什么告警，什么时间发生的，以前曾经发生过什么历史告警。性能不好时，指针调整有多少等。因此，当故障发生时，维护人员使用网管获取故障信息，可以将故障定位到较细、较准确的程度。但是，通过网管软件获取故障信息，维护人员有时也面临告警、性能事件太多，无从着手分析的情况。另外，该途径完全依赖于计算机、软件、通信三者的正常工作，一旦以上三者之一出问题，该途径获取故障信息的能力将大大降低，甚至于完全失去。

另外，借助于网管软件，除了可以查询设备自己产生的告警或性能事件外，还可以通过修改配置、人工插入告警等方法对故障进行定位。

② 通过设备上的指示灯获取告警信息，进行故障定位。

OptiX 光传输系统的设备上，设计有不同颜色的运行和告警指示灯，这些指示灯的亮、灭及闪烁情况，反映出设备当前的运行状况或存在告警的级别。机柜顶上有红、黄、绿三个不同颜色的指示灯，指示灯状态含义见表 3-11。

表 3-11　机柜顶指示灯及含义

指示灯	名　称	状　态	
		亮	灭
红灯	紧急告警指示灯	当前设备有紧急告警，一般同时伴有声音告警	当前设备无紧急告警
黄灯	主要告警指示灯	当前设备有主要告警	当前设备无主要告警
绿灯	电源指示灯	供电正常	电源中断

柜顶指示灯可帮助维护人员及时了解整个设备的工作状况，当红灯亮时，表示设备检测到有危急告警事件发生，如光纤断或同步源丢失等。当黄灯亮时，表示设备检测到有主要告警事件发生，如 2M 中继线中断等。要注意，仅仅通过机柜顶的告警指示灯判断设备的工作状况，会漏掉设备的次要告警（次要告警发生时，机柜顶指示灯不亮），而次要告警往往预示着本端设备的故障隐患，或对端设备存在故障，不可轻视。

次要告警在设备单板的指示灯上表示，因此，除观察机柜顶的指示灯外，还需要观察单板指示灯。OptiX 光传输设备单板一般都有红、绿两个指示灯，其含义见表 3-12 和表 3-13。

表 3-12　OptiX 系统单板绿色运行指示灯

运行灯状态	状 态 描 述
快闪：每秒闪烁 5 次	未开工状态
正常闪烁：1 秒亮 1 秒灭	正常开工状态
慢闪：2 秒亮 2 秒灭	与主控板通信中断，处于脱机工作状态

表 3-13　OptiX 系统单板红色告警指示灯

告警灯状态	状 态 描 述
常灭	无告警发生
每隔 1 秒闪烁 3 次	有危急告警发生
每隔 1 秒闪烁 2 次	有主要告警发生
每隔 1 秒闪烁 1 次	有次要告警发生
常亮	单板存在硬件故障，自检失败

通过观察这些单板指示灯的闪烁情况，我们可以大致定位故障的类型和位置。比如，在发生故障时，发现单板的绿色运行灯进入快闪状态，则可判断故障的原因可能是单板配置数据丢失，此时可通过重新下载配置数据排除故障；如果发现单板的绿色运行灯进入慢闪状态，则可判断故障的原因可能是单板与主控板之间的邮箱通信发生了故障，导致单板脱机运行。此时，应仔细检查是主控板还是单板或是母板发生了故障。

从表 3-12 至表 3-13 可以看出，设备和单板指示灯所能表示的故障信息是有限的。因此，仅仅通过观察设备、单板指示灯的状态进行故障定位，其难度相对来说比较大，且定位难以细化、精确。该方法也有优势，维护人员就在设备现场，不依赖任何工具，就可实时观

察到哪块单板有什么级别的告警，且在现场进行各种操作都比较方便。因此，通过观察设备上指示灯的闪烁情况并结合相关仪表的使用，维护人员应能对设备的基本故障进行分析、定位和处理。同时，要求维护人员熟练掌握各单板告警指示灯的不同闪烁情况所代表的常见告警信息，各种单板的告警指示灯指示的告警信息可参见设备厂商提供的资料中单板指示灯和告警的说明。一般情况下设备指示灯仅反映设备当前的运行状态，对于设备曾经出现过但当前已结束的故障，无法表示。设备每种告警对应的指示灯闪烁情况，可以通过网管软件进行重新定义，甚至于可以将某种告警屏蔽掉。当设备单板告警灯闪烁时，闪烁的方式与该板上检测到的所有告警中的最高级别的告警相一致。

③ 两种获取故障信息途径的比较

从上面的介绍可以看出，通过网管与通过观察设备指示灯这两个途径获取设备故障信息，各有其优、缺点。通过网管软件可以对全网设备的运行状况进行全面的把握，而且对设备本身所存在的具体告警有确切的了解。而在现场通过观察设备指示灯的变化情况，除了可实时了解到设备的运行情况外，最大的优点是可以方便地在现场进行各种维护操作。因此，在实际的故障定位过程中，这两种手段要结合起来使用。这两种途径的比较见表 3-14。

表 3-14　两种获取故障信息途径的比较

区　别	网　管	设备指示灯
主要使用者	网管维护人员	设备维护人员
定位作用	指挥	配合
告警信息	全网、大量、确切	单站、少量、模糊
历史告警	有	无
告警时间	可以看到	无法知道
性能事件	可以看到	无法知道
计算机、软件、通信	完全依赖	无关

排除故障时，需要网管中心的维护人员与各站的设备维护人员共同参与，一般由网管中心的维护人员协调指挥，各站的设备维护人员密切配合，统一行动。

（2）环回法

我们可能遇到使用告警、性能分析法也不能解决问题的情况。一种是在组网、业务以及故障信息比较复杂的情况下，此时伴随故障的发生，可能会产生大量的告警和性能事件。由于告警和性能事件太多，使得维护人员无从着手分析。第二种情况恰恰与第一种情况相反，某些特殊的故障，可能没有明显的告警或性能事件上报，有时甚至查不到任何告警或性能事件。这两种情况下告警、性能分析法是无能为力的。

如果发生上面两种情况，我们不妨试一试另一种比较经典的方法－环回法。环回法是 SDH 传输设备定位故障最常用、最行之有效的一种方法。该方法最大的一个特色就是故障的定位，可以不依赖于对大量告警及性能数据的深入分析。作为一名 SDH 传输设备维护人员，应熟练掌握。当然这种方法也有它自身不能克服的缺陷，可能会影响正常的业务，建议在业务量小的时候使用。

① OptiX 系统对软件环回操作的支持

对于环回操作已作过详细的介绍，这里就不再复述。我们清楚，硬件环回相对于软件环回而言环回更为彻底，但它操作不是很方便，需要到设备现场才能进行操作。而软件环回虽然操作方便，但它定位故障的范围和位置不如硬件环回准确。比如，在单站测试时，若通过光口的软件内环回，业务测试正常，并不能确定该光板没有问题，但若通过尾纤将光口自环后，业务测试正常，则可确定该光板是好的。

总之，软件、硬件两种环回方式各有所长，我们应根据实际情况灵活应用。见表 3-15。

表 3-15　　OptiX 光传输系统软件环回操作及应用

支持软件环回的单板	操作工具	软件环回操作类型	环回级别	应用
线路板	网管	内环回、外环回	按 VC4 通道级别或整个 STM-N 信号环回	将故障定位到单站，且可初步判断线路板是否存在故障，不需要更改业务配置
支路板	网管	内环回、外环回	按通道环回	可分离交换机故障还是传输故障，且可初步判断支路板是否存在故障。不需要更改业务配置

由于线路板环回可将故障定位到单站，同时可初步定位线路板是否存在故障，因此在实际中使用最多，要求维护人员熟练掌握。使用线路环回需要特别注意在对远端站点进行环回操作时千万要小心，避免环回后发生远端站点 ECC 通信中断的问题。一旦远端站点的 ECC 通信中断，则只能到远端站点现场才能解开环回，恢复 ECC 通信，从而延误了故障的及时排除。若按 VC4 通道环回，其实是按帧结构中第一个直插列进行环回，则只有对线路板第一个 VC4 环回，才有可能影响 ECC 通信。一般情况下，OptiX 设备线路板的业务处理以 VC4 为单位，如果你对 SDH 原理不甚了解，可以简单地把 VC4 看作是 STM-N 中的一个 STM-1，或一个 155M。实际上，VC4 是 SDH 复用结构中与 140Mbit/sPDH 信号相对应的标准虚容器。同样如果不了解 VC12 的真正含义，可以简单地把一个 VC12 看作是一路 2M 业务。实际上，VC12 是 SDH 复用结构中与 2Mbit/sPDH 信号相对应的标准虚容器。

由于链状网中，两站间的 ECC 通信只有单路径，无备份路径，而在环状网中，两站间的 ECC 通信有两条路径，在一侧 ECC 路径中断后，还可以通过另一侧的 ECC 路径与网元通信，因此对链状网的线路板进行软件环回时，需要慎重，对于环状网的线路板进行软件环回时，一般没有此问题。不过注意，环状网的一侧光纤断开后，将退化为链状网。

OptiX 传输系统中部分线路板支持 VC4 级别的软件环回，但也有部分线路板只支持整个 STM-N 的软件环回。在对远端站点整个 STM-N 环回时，有可能会切断 ECC 通信，在对远端站点进行 VC4 级别的软件环回时，若是对第一个 VC4 环回，也可能会切断 ECC 通信，请慎用。对其他 VC4 环回，不会切断 ECC 通信。

光板对软件环回方式的支持情况，从网管软件中的环回选项菜单中可区别出来。

支路板环回可用于分离交换机故障还是传输故障，同时可用来初步判断支路板是否存在故障，在实际中使用较多，也要求维护人员熟练掌握。

② 环回法小结

从上面故障定位的过程可以看出，环回法不需要花费过多的时间去分析告警或性能事件，而可以将故障较快地定位到单站乃至单板。该方法操作简单，维护人员较容易掌握，这是该方法的优势。但假若所环回的 VC4 通道内有其他正常的业务，环回法必然会导致正常业务的暂时中断，这是该方法最大的缺点。因此，一般只有出现业务中断等重大事故时，才

使用环回法进行故障排除。另外，上面说过，当环回线路的第一个 VC4 通道时，可能会影响网元间的 ECC 通信，这也是该方法的一个不足。

（3）替换法

替换法就是使用一个工作正常的物件去替换一个被怀疑工作不正常的物件，从而达到定位故障、排除故障的目的。这里的物件，可以是一段线缆、一个设备或一块单板。替换法适用于排除传输外部设备的问题，如光纤、中继电缆、交换机、供电设备等，或故障定位到单站后，用于排除单站内单板的问题。

利用替换法，我们还可以解决其他如电源、接地等问题，在此就不细讲了。替换法的优势就是简单，对维护人员的要求不高，是一种比较实用的方法。但该方法对备件有要求，且操作起来没有其他方法方便。插拔单板时，若不小心，还可能导致板件损坏等其他问题的发生。

（4）配置数据分析法

在某些特殊的情况下，如外界环境条件的突然改变，或由于误操作，可能会使设备的配置数据—网元数据和单板数据遭到破坏或改变，导致业务中断等故障的发生。此时，故障定位到单站后，可通过查询、分析设备当前的配置数据，如逻辑系统及其属性、复用段的节点参数、线路板和支路板通道的环回设置、支路通道保护属性、通道追踪字节等是否正常来定位故障。对于网管误操作，还可以通过查看网管的操作日志来进行确认。如某支路板通道保护不工作，我们就需要查看该支路板的通道属性是否已配置为保护。

配置数据分析法也是适用于故障定位到单站后故障的进一步分析。该方法可以查清真正的故障原因。但该方法定位故障的时间相对较长，且对维护人员的要求非常高。一般只有对设备非常熟悉且经验非常丰富的维护人员才使用。

（5）更改配置法

更改配置法所更改的配置内容可以包括时隙配置、板位配置、单板参数配置等。因此更改配置法适用于故障定位到单站后，排除由于配置错误导致的故障。另外更改配置法最典型的应用就是用来排除指针调整问题。如怀疑支路板的某些通道或某一块支路板有问题，可以更改时隙配置将业务下到另外的通道或另一块支路板。若怀疑某个槽位有问题，可通过更改板位配置进行排除，若怀疑某一个 VC4 有问题，可以将时隙调整到另一个 VC4。在升级扩容改造中，若怀疑新的配置有错，可以重新下发原来的配置来定位是否配置问题。

需要注意的是我们通过更改时隙配置，并不能将故障确切地定位是线路板、交叉板、支路板、还是母板问题。此时，需进一步通过替换法进行故障定位。因此，该方法适用于没有备板的情况下，初步定位故障类型，并使用其他业务通道或板位暂时恢复业务。

应用更改配置法在定位指针调整问题时，可以通过更改时钟的跟踪方向以及时钟的基准源进行定位。更改配置法操作起来比较复杂，对维护人员的要求较高，因此除在没有备板的情况下，用于临时恢复业务，或用于定位指针调整问题外，一般使用不多。

（6）仪表测试法

仪表测试法一般用于排除传输设备外部问题以及与其他设备的对接问题。如我们怀疑电源供电电压过高或过低，则可以用万用表进行测试。若怀疑传输设备与其他设备对接不上是由于接地的问题，则可用万用表测量对接通道发端和收端同轴端口屏蔽层之间的电压值，若电压值超过 0.5V，则可认为接地有问题，若怀疑对接不上是由于信号不对，则可通过相应的分析仪表观察帧信号是否正常，开销字节是否正常，是否有异常告警等。

通过“仪表测试法”分析定位故障，说服力比较强。缺点是对仪表有需求，同时对维护人员的要求也比较高。

（7）经验处理法

在一些特殊的情况下，如瞬间供电异常、低压或外部强烈的电磁干扰，致使传输设备某些单板进入异常工作状态，此时的故障现象可能是业务中断、ECC 通信中断等，可能伴随有相应的告警，也可能没有任何告警，检查各单板的配置数据可能也是完全正常的。经验证明，在这种情况下，通过复位单板、单站掉电重启、重新下发配置或将业务倒到备用通道等手段，可有效地及时排除故障、恢复业务。

建议尽量少使用该方法来处理，因为该方法不利于故障原因的彻底查清。遇到这种情况，除非情况紧急，一般还是应尽量使用前面介绍的几种方法，或通过正确渠道请求技术支援，尽可能地将故障定位出来，以消除设备内外隐患。

4．各种故障定位法的比较

故障定位过程中常用的方法各有特点。表 3-16 所示为各种故障定位方法的对照表。在实际的应用中，维护人员常常需综合应用各种方法，完成对故障的定位和排除。

表 3-16　各种故障定位方法对照表

方　法	适 用 范 围	特　点	维护人员要求
配置数据分析法	故障定位到单板	可查清故障原因；定位时间长	最高
告警、性能分析法	通用	全网把握，可预见设备隐患；不影响正常业务	高
更改配置法	故障定位到单板，排除指针调整问题	复杂	较高
仪表测试法	分离外部故障，解决对接问题	具有说服力；对仪表有需求	较高
环回法	将故障定位到单站，或分离外部故障	不依赖于告警、性能事件的分析、快捷；可能影响 ECC 及正常业务	较低
替换法	故障定位到单板，或分离外部故障	简单；对备件有需求	低
经验处理法	特殊情况	操作简单	最低

3.3.3　故障处理的步骤

传输设备的故障处理来说，不管面对哪种类型的故障，其处理过程都是大致相同的，即首先排除传输设备外部的问题，然后将故障定位到单站，接着定位单板问题，并最终将故障排除。

1．排除传输设备外部故障

在进行传输设备的故障定位前，首先排除外部设备的问题。这些外部设备问题包括接地、光纤、中继线、交换机、掉电等问题。

方法 1：可以通过自环交换机中继接口来判断。如果中继接口自环后，交换机中继板状态异常，则为交换机问题。如果中继接口自环后，交换机中继板状态正常，则一般为传输设

备问题。

方法 2：通过测试传输设备 2M/34M/140M 业务通道的好坏，来判断是否是交换机故障。测试时，使用电口环回的方法，如图 3-15 所示。

在站点 A 选择一故障业务通道，进行挂表测试，在站点 B 的支路板上把对应业务通道设置为内环回（远端环回），这样就甩开了交换机。如果环回后仪表显示业务正常，则说明传输基本没有问题，故障可能在交换机或中继电缆；如果业务仍不正常，则说明传输有问题。

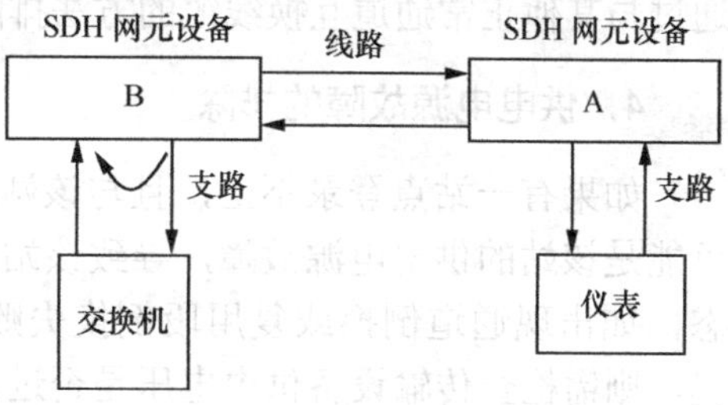

图 3-15　电口环回的方法

2. 光纤故障的排除

对于怀疑断纤的情况，此时，光板必然有 R-LOS 和红灯三闪告警。为进一步定位是光板问题还是光纤问题，可采取如下方法。

方法 1：使用 OTDR 仪表直接测量光纤。可以通过分析仪表显示的线路衰减曲线判断是否断纤及断纤的位置。需要注意 OTDR 仪表在很近的距离内有一段盲区。

方法 2：测量光纤两端光板的发送和接收光功率，若对端光板发送光功率正常，而本端接收光功率异常，则说明是光纤问题；若光板发光功率已经很低，则判断为光板问题。

方法 3：测试光板的发光功率正常后，使用尾纤将光板收发接口自环（注意不要出现光功率过载），若自环后光板红灯仍有三闪告警，则说明是光板的问题。若自环后红灯熄灭，则需使用相同的方法，测试对端光板，若对端光板自环后，红灯也熄灭，则可判断是光纤问题。

方法 4：使用替换法。用一根好的光纤替代被怀疑有故障的光纤，确定是否是光纤的问题。

对于环状网中的 ADM 站点，要求本站的东侧光板接下一站的西侧光板，其他站点依此类推；对于链状网中的 ADM 站点，光纤连接也要按照一个确定的方向，本站的东侧光板接下一站的西侧光板。在光纤接错时，一般都会有大量的指针调整事件发生，进一步的定位可使用以下三种方法。

方法 1：可以通过拔纤、关断激光器等方法来判断光纤是否接错。此方法会影响业务。

方法 2：通过网管插入 MS-RDI 告警的方法来进行判断。该方法不影响业务，推荐使用。

方法 3：通过网管修改高阶通道追踪字节 J1 的方法。注意修改追踪字节一般会影响业务，谨慎使用。

以上三种方法都是通过观察相邻站的对应光板是否上报正确的告警来分析的。对于方法 1，相邻站对应光板应收无光，上报 R-LOS 告警。对于方法 2，相邻站对应光板应报 MS-RDI 告警。对方法 3，相邻站对应光板应报 HP-TIM 告警。如果发现相邻站的对应光板无正确告警上报，但是相邻站另一块光板却有正确告警上报，一般可以确定是光纤连接错误。

3. 中继线缆故障的排除

如果在交换设备侧自环，交换中继状态正常，在传输设备的子架接线区上自环，传输测

试也正常，则一般为中继电缆问题。当电缆不通或接触不良时，一般可以在对应的支路板通道上看到 T-ALOS 告警，采用基本操作中的对线方法来判断电缆的通断和连接正确性，也可通过与其他正常通道互换线缆的方法排除。

4．供电电源故障的排除

如果有一站点登录不上，且与该站相连的光板红灯均有每秒闪三次的 R-LOS 告警，则可能是该站的供电电源故障，导致该站掉电引起。若该站从正常运行中突然进入异常工作状态，如出现通道倒换或复用段倒换失败、某些单板工作异常、业务中断、登录不正常等情况，则需检查传输设备供电电压是否过低，或者曾经出现过瞬间低压的情况。

5．接地问题的排除

如设备出现被雷击或对接不上的问题，则需检查接地是否存在问题。首先检查设备接地是否符合规范，是否有设备不共地的情况。同一个机房中各种设备的接地是否一致，其次可通过仪表测量接地电阻值和工作地、保护地之间的电压差是否在允许的范围内。

6．故障定位到单站

上面已经反复强调，故障定位中最关键的一步，就是将故障尽可能准确地定位到单站。而将故障定位到单站，最常用的方法就是环回法，即通过逐站对光板的外环回和内环回，定位出可能存在故障的站点或光板。另外，告警性能分析法也是将故障定位到站点比较常用的方法。一般来说，综合使用这两种方法，基本都可以将故障定位到单站。

7．故障定位到单板并最终排除

故障定位到单站后，进一步定位故障位置最常用的方法就是替换法。通过单板替换法可定位出存在问题的单板。另外更改配置法、配置数据分析法以及经验处理法，也是解决单站问题比较常用和有效的方法。表 3-17 给出了故障处理的各个过程及其常用的方法。

表 3-17　故障处理的过程及其方法

故障定位过程	常 用 方 法	其 他 方 法
排除外部设备故障	替换法、仪表测试法、环回法	告警性能分析法
故障定位到单站	环回法	告警性能分析法
故障定位到单板并最终排除	替换法	告警性能分析法、环回法、更改配置法、配置数据检查法、经验处理法

📖任务实施

实践操作：故障分析及排除步骤。

首先分析出现误码的业务，发现出现故障的业务都分布在通道环上的第二个 VC-4 中，选中其中一条业务进行跟踪监测。

（1）拔掉 2 号站西向接收光纤，强制 2 号站从东向接收 4、6 号站业务，无效，基本排除 1 号站和 5 号站东侧光板的故障；

（2）将 4 号站东向第二个 VC-4 内环回，2 号站故障依旧，基本排除 5 号站和 6 号站故障。

（3）再将 4 号站西向第二个 VC-4 外环回，2 站所有告警和性能事件均消失，由此基本可以定位故障出在 4 号站，更换 4 号站西向光板后故障排除。

本次事故的原因是 4 号站西向光板第二个 VC-4 故障，导致该 VC-4 上所有 2M 业务出现误码，现场定位后通过换板排除，表 3-18 列出了在 SDH/MSTP 系统中误码过量产生的原因。

表 3-18　　误码过量产生的原因

设备外部原因	设备内部原因
光纤性能劣化，损耗大	线路板接收侧衰减过大
光纤接头太脏，或连接不正确	对端发送电路故障，或本端接收电路故障
设备接地不良	时钟同步性能不好
设备附近有强烈干扰源	支路板故障
设备散热不良，工作温度高	风扇故障
传输距离过短或过长	

任务考核

通过对下面所列评分表的各项内容的考核，综合学生学习讨论过程中的表现，评定出学生的成绩。评价总分 100 分，分三部分内容，见表 3-19。

（1）过程考核共 30 分，从工作计划提交、仪器仪表使用规范、操作熟练程度方面考核。

（2）结果考核共 20 分，从任务完成情况、技术报告方面考核。

（3）综合能力考核占 50 分，从知识掌握能力、成果讲解能力、小组协作能力、创新能力、态度方面进行考核。

表 3-19　　考核项目指标体系

评价内容			自我评价	教师评价	其他评价
过程考核（30%）	工作计划提交（10%）				
	仪器仪表使用规范（10%）				
	操作熟练程度（10%）				
结果考核（20%）	任务完成情况（15%）				
	技术报告（5%）				
综合能力考核（50%）	知识掌握能力（30%）	故障分析方法（10%）			
		故障处理流程（10%）			
		故障处理步骤（10%）			
	成果讲解能力（5%）				
	小组协作能力（5%）				
	创新能力（5%）				
	态度方面（是否耐心、细致）（5%）				

教学策略

任务总课时安排 8 课时。教师通过引导、小组工作计划、小组讨论、成果展示多种教学方式提高学生的自主学习能力，教师从传统的讲授变为辅助。因此老师可以从以下几个部分完成：

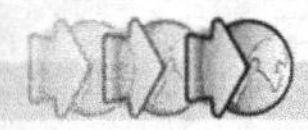

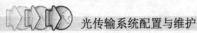

1．咨询阶段

将全班同学分成若干各项目小组，小组同学结合相关知识点进行自主学习（教师主要是引导作用），准备相关资料，同时，准备一定数量的故障案例与各小组一起讨论，同时，列出本项任务需要同学们掌握的排障知识点，并对必要的知识点进行必要的讲解。

2．计划阶段

学生根据老师布置的任务，准备相关知识的查找、学习，拟定故障定位原则和排除故障的方法。教师的职责是准备相关案例，并确定小组同学排障思路和方法的合理性。

3．实施阶段

各小组根据给出的案例进行学习讨论，利用相关的排障方法对故障进行定位，并给出处理的建议。教师职责是组织学生讨论确定处理故障的合理性和正确性，并在小组讨论过程中，随时准备解答学生一切可能的问题。同时，教师注意观察各小组的讨论情况，注意收集问题。

4．总结、成果展示、考核

每个小组应将自己小组做的故障处理思路和方法进行讲解，老师完成对该小组的同学的考核。

📖任务总结

① 故障定位的一般原则可总结为四句话："先外部，后传输；先单站，后单板；先线路，后支路；先高级，后低级"。

② 故障定位的常用方法和一般步骤，可简单地总结为：一分析，二环回，三换板。当故障发生时，首先通过对告警、性能事件、业务流向的分析，初步判断故障点范围。然后，通常采用逐段环回，排除外部故障或将故障定位到单个网元，以至单板。最后，更换引起故障的单板，排除故障。

思考题

1．故障定位的一般原则可总结为四句话：先________，后________；先________，后________；先________，后________；先________，后________。

2．当故障发生时，首先通过对________________的分析，初步判断故障点范围；然后，通过________________，排除外部故障或将故障定位到单个网元，以至电路板；最后，________________引起故障的电路板，排除故障。

3．如何进行故障的定位？

4．故障处理的基本原则是什么？

5．传输设备接收线路侧信号丢失的原因可能有哪些？

6．传输设备 2M 支路口信号丢失的原因有哪些？如何进行判断？

学习情景四

DWDM/OTN 设备组网及配置

✦情境描述

DWDM/OTN 是大容量光传输网的发展方向，而目前的光传输网大部分会选择向 DWDM/OTN 升级。本情境主要介绍的是 DWDM/OTN 设备连纤组网、网管配置以及日常维护管理，使学生对 DWDM/OTN 有比较深入的了解，以指导学生作为传输设备维护工程师维护 DWDM/OTN 设备的具体一些操作。

✦能力目标

❖ 专业能力

- DWDM/OTN 连纤组网能力
- DWDM/OTN 网管配置能力
- DWDM/OTN 日常维护管理能力

❖ 方法能力

- 能熟练使用多种手段查阅和收集信息的能力。
- 制定学习和工作计划能力。
- 能分析工作中出现的问题，并提出解决问题的方案。
- 能自主学习新知识和新技术应用在工作中。

❖ 社会能力

- 具有团队协作精神，主动与人合作、沟通和协调。
- 具有积极的工作态度和敬业精神。

任务 9 DWDM/OTN 设备认识

任务描述

小王在某电信公司从事传输设备维护工作，公司刚刚安装了一套 0SN6800\OSN1800 设备，OTN 技术是这几年才发展的新技术，小王需要很快熟悉 OTN 技术和设备完成后续相关的组网及数据配置等工作。

接下来小王该如何做呢？

📖任务分析

小王要熟悉 DWDM/OTN 设备首先需要了解 DWDM 的基本原理，如 DWDM 技术产生的背景；DWDM（密集波分复用）、特点、系统结构和实现方式；DWDM 的关键技术；DWDM 的网元类型。之后再了解 OTN 技术的一些基本原理，然后学习 0SN6800\OSN1800 的硬件结构和单板功能以及信号流程。

📖任务资讯

4.1.1 DWDM 的基本概念

光通信系统可以按照不同的方式进行分类。如果按照信号的复用方式来进行分类，可分为频分复用系统（Frequency Division Multiplexing，FDM）、时分复用系统（Time Division Multiplexing，TDM）、波分复用系统（Wavelength Division Multiplexing，WDM）和空分复用系统（SDM-Space Division Multiplexing）。所谓频分、时分、波分和空分复用，是指按频率、时间、波长和空间来进行分割的光通信系统。应当说，频率和波长是紧密相关的，频分也即波分，但在光通信系统中，由于波分复用系统分离波长是采用光学分光元件，它不同于一般电通信中采用的滤波器，所以我们仍将两者分成两个不同的系统。

波分复用是光纤通信中的一种传输技术，它利用了一根光纤可以同时传输多个不同波长的光载波的特点，把光纤可能应用的波长范围划分成若干个波段，每个波段作一个独立的通道传输一种预定波长的光信号。光波分复用的实质是在光纤上进行光频分复用（OFDM），只是因为光波通常采用波长而不用频率来描述、监测与控制。随着电-光技术的向前发展，在同一光纤中波长的密度会变得很高，因而使用术语密集波分复用（DWDM-Dense Wavelength Division Multiplexing），与此对应还有波长密度较低的 WDM 系统，较低密度的就称为稀疏波分复用（Coarse Wave Division Multiplexing，CWDM）。

这里可以将一根光纤看作是一个“多车道”的公用道路，传统的 TDM 系统只不过利用了这条道路的一条车道，提高比特率相当于在该车道上加快行驶速度来增加单位时间内的运输量。而使用 DWDM 技术，类似利用公用道路上尚未使用的车道，以获取光纤中未开发的巨大传输能力。

一、DWDM 技术产生的背景

随着语音业务的飞速增长和各种新业务的不断涌现，特别是 IP 技术的日新月异，网络容量必将会受到严重的挑战。传输网络升级扩容的方法均采用空分复用（SDM）或时分复用（TDM），但是这两种网络升级扩容方式都有局限，而且没有充分利用光纤的巨大带宽资源，让大量的网络资源白白浪费掉。DWD 技术就是在这样的背景下应运而生的，它不仅大幅度地增加了网络的容量，而且还充分利用了光纤的带宽资源，减少了网络资源的浪费。

下面对几种扩容方式进行比较。

1．空分复用

空分复用（Space Division Multiplexer，SDM）是靠增加光纤数量的方式线性增加传输的容量，传输设备也线性增加。在光缆制造技术已经非常成熟的今天，几十芯的带状光缆已经比较普遍，而且先进的光纤接续技术也使光缆施工变得简单，但光纤数量的增加无疑仍然给施工

以及将来线路的维护带来了诸多不便，并且对于已有的光缆线路，如果没有足够的光纤数量，通过重新敷设光缆来扩容，工程费用将会成倍增长。而且，这种方式并没有充分利用光纤的传输带宽，造成光纤带宽资源的浪费。作为通信网络的建设，不可能总是采用敷设新光纤的方式来扩容，事实上，在工程之初也很难预测日益增长的业务需要和规划应该敷设的光纤数。因此，空分复用的扩容方式是十分受限。

2. 时分复用

时分复用（Time Division Multiplexer，TDM）也是一项比较常用的扩容方式，从传统PDH 的一次群至四次群的复用，到如今 SDH 的 STM-1、STM-4、STM-16 乃至 STM-64 的复用。通过时分复用技术可以成倍地提高光传输信息的容量，极大地降低了每条电路在设备和线路方面投入的成本，并且采用这种复用方式可以很容易在数据流中抽取某些特定的数字信号，尤其适合在需要采取自愈环保护策略的网络中使用。

但时分复用的扩容方式有两个缺陷：第一是影响业务，即在“全盘”升级至更高的速率等级时，网络接口及其设备需要完全更换，所以在升级的过程中，不得不中断正在运行的设备；第二是速率的升级缺乏灵活性，以 SDH 设备为例，当一个线路速率为 155Mbit/s 的系统被要求提供两个 155Mbit/s 的通道时，就只能将系统升级到 622Mbit/s，即使有两个155Mbit/s 将被闲置，也没有办法。对于更高速率的时分复用设备，目前成本还较高，并且40Gbit/s 的 TDM 设备已经达到电子器件的速率极限，即使是 10Gbit/s 的速率，在不同类型光纤中的非线性效应也会对传输产生各种限制。现在，时分复用技术是一种被普遍采用的扩容方式，它可以通过不断地进行系统速率升级实现扩容的目的，但当达到一定的速率等级时，会由于器件和线路等各方面特性的限制而不得不寻找另外的解决办法。

不管是采用空分复用还是时分复用的扩容方式，基本的传输网络均采用传统的 PDH 或SDH 技术，即采用单一波长的光信号传输，这种传输方式是对光纤容量的一种极大浪费，因为光纤的带宽相对于目前我们利用的单波长信道来讲几乎是无限的。

3. 波分复用

波分复用（Wavelength Division Multiplexing，WDM）是指在一根光纤中同时传送多个波长光信号的一种技术。它利用单模光纤低损耗区的巨大带宽，将不同速率（波长）的光混合进行传输，它的实现方式是在发送端通过合波器将不同波长的光信号复用在一起送入到一根光纤中传输，在接收端通过分波器又将组合在一起的多个波长的光信号分开。这些不同波长的光信号所承载的数字信号可以是相同速率、相同数据格式，也可以是不同速率、不同数据格式。可以通过增加新的波长特性，按用户的要求确定网络容量。对于 2.5Gb/s 以下的速率的 WDM，目前的技术可以完全克服由于光纤的色散和光纤非线性效应带来的限制，满足对传输容量和传输距离的各种需求。WDM 扩容方案的缺点是需要较多的光纤器件，增加失效和故障的概率。

二、DWDM 原理概述

DWDM 技术是利用单模光纤的带宽以及低损耗的特性，采用多个波长作为载波，允许各载波信道在光纤内同时传输。与通用的单信道系统相比，密集 WDM（DWDM）不仅极大地提高了网络系统的通信容量，充分利用了光纤的带宽，而且它具有扩容简单和性能可靠等诸多优点，特别是它可以直接接入多种业务更使得它的应用前景十分光明。

在模拟载波通信系统中，为了充分利用电缆的带宽资源，提高系统的传输容量，通常利用频分复用的方法。即在同一根电缆中同时传输若干个频率不同的信号，接收端根据各载波频率的不同利用带通滤波器滤出每一个信道的信号。同样，在光纤通信系统中也可以采用光的频分复用的方法来提高系统的传输容量。事实上，这样的复用方法在光纤通信系统中是非常有效的。与模拟的载波通信系统中的频分复用不同的是，在光纤通信系统中是用光波作为信号的载波，根据每一个信道光波的频率（或波长）不同将光纤的低损耗窗口划分成若干个信道，从而在一根光纤中实现多路光信号的复用传输。

由于目前一些光器件（如带宽很窄的滤光器、相干光源等）还不很成熟，因此要实现光信道非常密集的光频分复用（相干光通信技术）是很困难的，基于目前的器件水平，可以实现相隔光信道的频分复用。人们通常把光信道间隔较大（甚至在光纤不同窗口上）的复用称为光波分复用（WDM），再把在同一窗口中信道间隔较小的 DWDM 称为密集波分复用（DWDM）。随着科技的进步，现代的技术已经能够实现波长间隔为纳米级的复用，甚至可以实现波长间隔为零点几个纳米级的复用，只是在器件的技术要求上更加严格，把波长间隔较小的 8 个波、16 个波、32 乃至更多个波长的复用称为 DWDM。ITU-T G.692 建议，DWDM 系统的绝对参考频率为 193.1THz（对应的波长为 1552.52nm），不同波长的频率间隔应为 100GHz 的整数倍（对应波长间隔约为 0.8nm 的整数倍）。

DWDM 系统的构成及光谱示意图如 4-1 所示。发送端的光发射机发出波长不同而精度和稳定度满足一定要求的光信号，经过光波长复用器复用在一起送入掺铒光纤功率放大器（掺铒光纤放大器主要用来弥补合波器引起的功率损失和提高光信号的发送功率），再将放大后的多路光信号送入光纤传输，中间可以根据情况决定有或没有光线路放大器，到达接收端经光前置放大器（主要用于提高接收灵敏度，以便延长传输距离）放大以后，送入光波长分波器分解出原来的各路光信号。

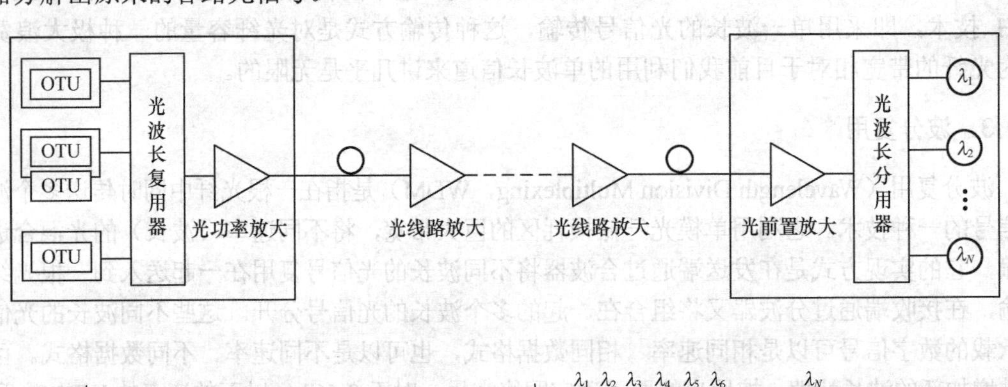

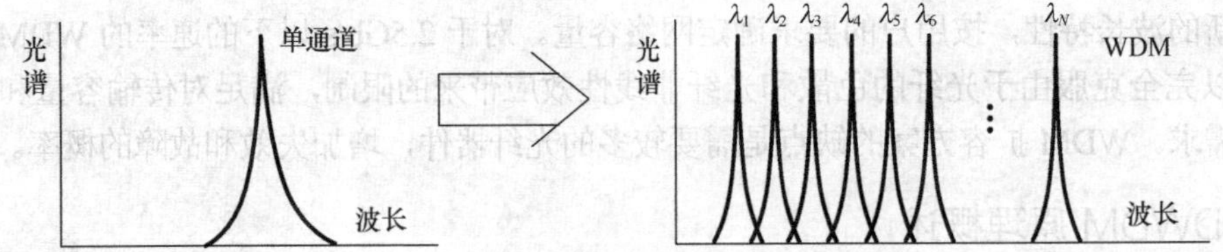

图 4-1 DWDM 系统的构成及频谱示意图

三、DWDM 的优势

光纤的容量是极其巨大的，而传统的光纤通信系统都是在一根光纤中传输一路光信号，这

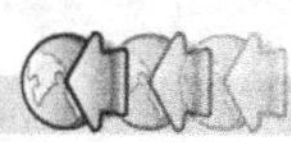

样的方法实际上只使用了光纤丰富带宽的很少一部分。为了充分利用光纤的巨大带宽资源，增加光纤的传输容量，以密集 WDM（DWDM）技术为核心的新一代的光纤通信技术已经产生。

1. 充分利用光纤的巨大带宽，实现超大容量

目前使用的普通光纤可传输的带宽是很宽的，但其利用率还很低。使用 DWDM 技术可以使一根光纤的传输容量比单波长传输容量增加几倍、几十倍乃至几百倍。现在商用最高容量光纤传输系统为 1.6Tbit/s 系统，朗讯和北电网络两公司提供的该类产品都采用 160x10Gbit/s 方案结构。容量 3.2Tbit/s 实用化系统的开发已具备条件。

2. 对数据的“透明”传输

由于 DWDM 系统按光波长的不同进行复用和解复用，而与信号的速率和电调制方式无关，即对数据是“透明”的。一个 WDM 系统的业务可以承载多种格式的“业务”信号，如 ATM、IP 或者将来有可能出现的信号。WDM 系统完成的是透明传输，对于“业务”层信号来说，WDM 系统中的各个光波长通道就像“虚拟”的光纤一样。

3. 系统升级时能最大限度地保护已有投资

在网络扩充和发展中，无需对光缆线路进行改造，只需更换光发射机和光接收机即可实现，是理想的扩容手段，也是引入宽带业务（例如 CATV、HDTV 和 B-ISDN 等）的方便手段，而且利用增加一个波长即可引入任意想要的新业务或新容量。

4. 高度的组网灵活性、经济性和可靠性

利用 WDM 技术构成的新型通信网络比用传统的电时分复用技术组成的网络结构要大大简化，而且网络层次分明，各种业务的调度只需调整相应光信号的波长即可实现。由于网络结构简化、层次分明以及业务调度方便，由此而带来的网络的灵活性、经济性和可靠性是显而易见的。

5. 可兼容全光交换

可以预见，在未来可望实现的全光网络中，各种电信业务的上/下、交叉连接等都是在光上通过对光信号波长的改变和调整来实现的。因此，WDM 技术将是实现全光网的关键技术之一，而且 WDM 系统能与未来的全光网兼容，将来可能会在已经建成的 WDM 系统的基础上实现透明的、具有高度生存性的全光网络。

4.1.2　DWDM 系统的基本结构与工作原理

一、DWDM 系统构成的基本结构

DWDM 系统由光发送机、光中继放大、光接收机、光监控信道和网络管理系统组成，如图 4-2 所示。

光发送机是 DWDM 的核心，它将来自终端设备（如 SDH 端机）输出的符合 G.957 建议的非特定波长光信号，在光转发器（OUT）处转换成具有稳定的特定波长的光信号，然后利用光合波器将各路单波道光信号合成为多波道通路的光信号，再通过光功率放大器（BA）放大后输出多通路光信号送入光纤进行传输。

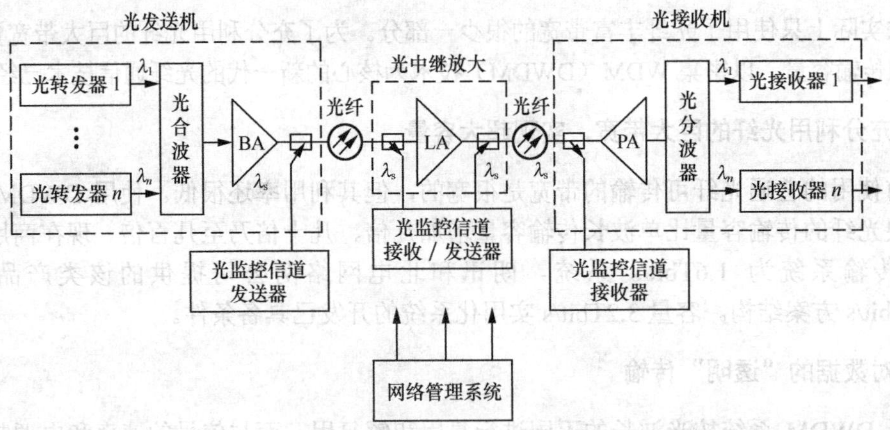

图 4-2 DWDM 系统的基本结构图

光中继放大是为了延长通信距离而设置的，主要用来对光信号进行补偿放大，弥补光信号在传输中所产生的光损耗。光中继距离一般为 80～120km。为了使各波长的增益是一致的，要求光中继放大器对不同波长光信号具有相同的放大增益。目前使用最多的是掺铒光纤放大器 EDFA，根据 EDFA 放置位置的不同，可将 EDFA 用作 “功率放大”、“线路放大”、“前置放大”。

光接收机，首先利用光前置放大器（PA）放大经传输而衰减的主信道的光信号，然后采用分光波器从主信号中分出各特定波长的各个光信道，再经 OTU 转换成原终端设备所具有的非特定波长的光信号。接收机不但要满足一般接收机对光信号灵敏度，过载光功率等参数的要求，还要能承受一定光噪声的信号，要有足够的电带宽性能。

光监控信道的主要功能是用于放置监视和控制系统内各信道的传输情况的监控光信号，在发送端插入本节点产生的波长 λs（1510nm 或 1625nm）光监控信号，与主信道的光信号合波输出。在接收端，从主信号中分离出 λs（1510nm 或 1625nm）光监控信号。帧同步字节、公务字节和网管所用的开销字节等都是通过光监控信道来传递的。由于 λs 是在 EDFA 的工作波段（1530～1565nm）之外的波长范围，所以 λs 不能通过 EDFA 后面加入，在 EDFA 前面取出。

网络管理系统通过光监控信道传送开销字节到其他节点或接收其他节点的开销字节对 WDM 系统进行管理，实现配置管理、故障管理、性能管理、安全管理等功能，并与上层管理系统相连。

二、DWDM 设备传输方式

1. 双纤单向 DWDM 系统

如图 4-3 所示，双纤单向 DWDM 系统采用两根光纤，一根光纤只完成一个方向光信号的传输，反向光信号的传输由另一根光纤来完成。

双纤单向 DWDM 系统中，同一波长在两个方向上可以重复利用。双纤单向 DWDM 系统可以充分利用光纤的巨大带宽资源，使一根光纤的传输容量扩大几倍甚至几十倍。在长途网中，可以根据实际业务需求逐步增加波长来实现扩容，十分灵活。

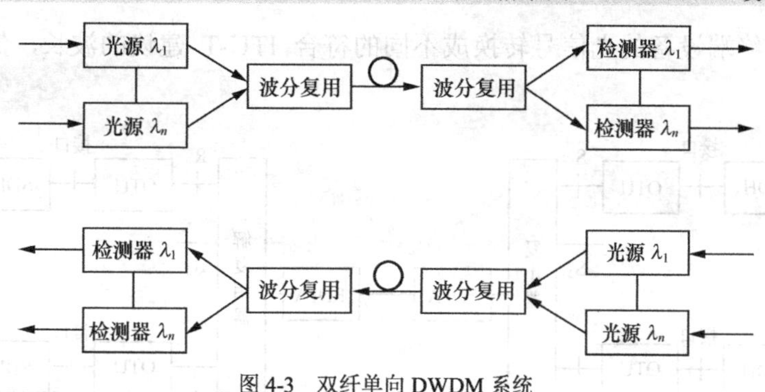

图 4-3 双纤单向 DWDM 系统

在不清楚实际光缆色散的前提下，也是一种暂时避免采用超高速光系统而利用多个 2.5Gbit/s 系统实现超大量传输的手段。

2. 单纤双向 DWDM 系统

如图 4-4 所示，双向波分复用系统则只用一根光纤，在一根光纤中实现两个方向光信号的同时传输，两个方向光信号应安排在不同波长上。

单纤双向 WDM 传输方式允许单根光纤携带全双工通路，通常可以比单向传输节约一半的光纤器件，由于两个方向传输的信号不交互产生 FWM（四波混频）产物，因此其总的 FWM 产物比双纤单向传输少很多，但缺点是该系统需要采用特殊的措施来对付光反射（包括由于光接头引起的离散反射和光纤本身的瑞利后向反射），以防多径干扰；当需要将光信号放大以延长传输距离时，必须采用双向光纤放大器以及光环形器等元件，但其噪声系数稍差。

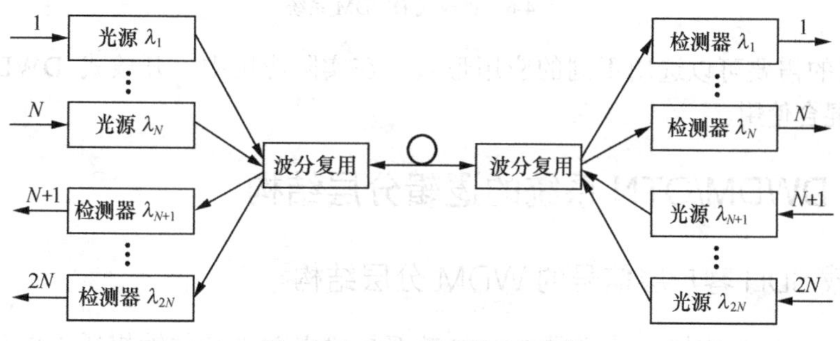

图 4-4 DWDM 的单纤双向系统

ITU-T 建议 G.692 文件对于单纤双向 WDM 和双纤单向 WDM 传输方式的优劣并未给出明确的看法。从目前来看，实用的 WDM 系统大都采用双纤单向传输方式。单纤双向 DWDM 系统只适合与光缆相对比较紧张的情况。

三、DWDM 应用模式

1. 开放式 DWDM 系统

开放式 DWDM 系统的特点是对复用终端光接口没有特别的要求，只要求这些接口符合 ITU-T 建议的光接口标准。DWDM 系统采用波长转换技术，将复用终端的光信号转换成指

定的波长，不同终端设备的光信号转换成不同的符合 ITU-T 建议的波长，然后进行合波，如图 4-5 所示。

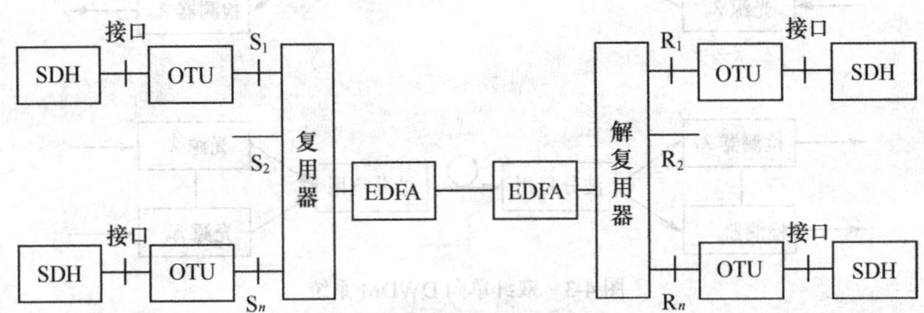

图 4-5　开放式 DWDM 系统

2．集成式 DWDM 系统

集成式 DWDM 系统没有采用波长转换技术，它要求复用终端的光信号的波长符合 DWDM 系统的规范，不同的复用终端设备发送不同的符合 ITU-T 建议的波长，这样他们在接入合波器时就能占据不同的通道，从而完成合波，如图 4-6 所示。

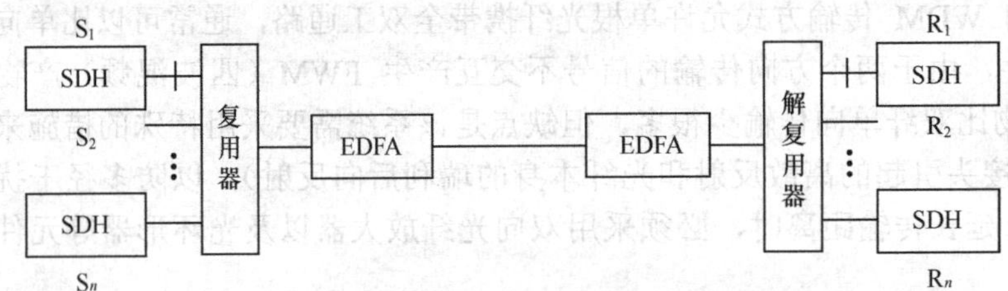

图 4-6　集成式 DWDM 系统

根据工程的需要可以选用不同的应用形式。在实际应用中，开放式 DWDM 和集成式 DWDM 可以混合使用。

4.1.3　DWDM/OTN 系统的逻辑分层结构

一、承载 SDH 客户层信号的 WDM 分层结构

DWDM 与 SDH 均属于传送网层，二者都是建立在光纤传输媒质上的传输手段，但 DWDM 系统是在光域上进行的复用、交叉和组网，而 SDH 是在电通道层上进行的复用、交叉连接和组网。目前 DWDM 的客户层信号多属 SDH 信号，但是由于 DWDM 中使用的各波长相互独立，与业务信号的格式无关，因此，每个波长可以传输特性完全不同的光信号，实现多种信号的混合传输。

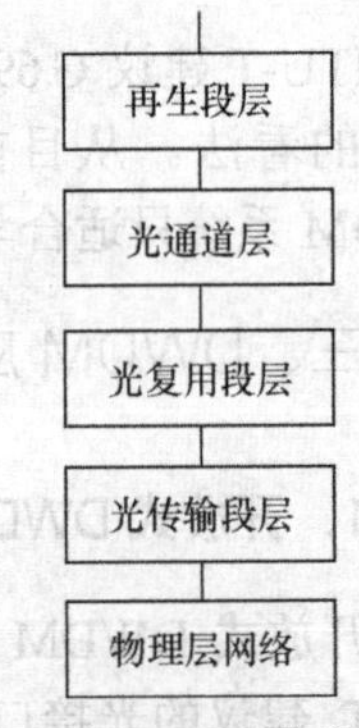

图 4-7　WDM 系统的分层结构

承载 SDH 信号的 WDM 系统使用了光放大器。根据 ITU-T 的相关建议，带光放大器的 SDH WDM 光缆系统在 SDH 再生段层和物理层之间引入了光域的三个层面：光通道层、光复用段层和光传输段层，如图 4-7 所示。

光通道层可为各种业务信息提供光通道端到端的透明传送，

主要功能包括：为网络路由提供灵活的光通道层连接重排，具有确保光通道层适配信息完整性的光通道开销处理能力；具有确保网络运营与管理功能得以实现的光通道层监测能力。

光复用段层可为多波长光信号提供联网功能，包括：为确保多波长光复用段适配信息完整性的光复用段开销处理功能；为保证段层操作与管理能力而提供的光复用段监测功能。

光传输段层可为光信号提供在各种类型的光纤（如 G..652、G.655 等）上传输的功能，包括对光传输段层中光放大器、光纤色散等的监视和管理功能。

二、OTN 网络分层结构

光传送网 OTN（Optical Transport Network）是由 ITU-T G.872、G.798、G.709 等建议定义的一种全新的光传送技术体制，它包括光层和电层的完整体系结构，对于各层网络都有相应的管理监控机制和网络生存性机制。OTN 的思想来源于 SDH/SONET 技术体制（例如映射、复用、交叉连接、嵌入式开销、保护、FEC 等），把 SDH/SONET 的可运营可管理能力应用到 WDM 系统中，同时具备了 SDH/SONET 灵活可靠和 WDM 容量大的优势。

按照 OTN 技术的网络分层，可分为光通道层、光复用段层和光传送段层三个层面。另外，为了解决客户信号的数字监视问题，光通道层又分为光通路净荷单元（OPU）、光通道数据单元（ODUk）和光通道传送单元（OTUk）三个子层，类似于 SDH 技术的段层和通道层。如下图 4-8 所示。

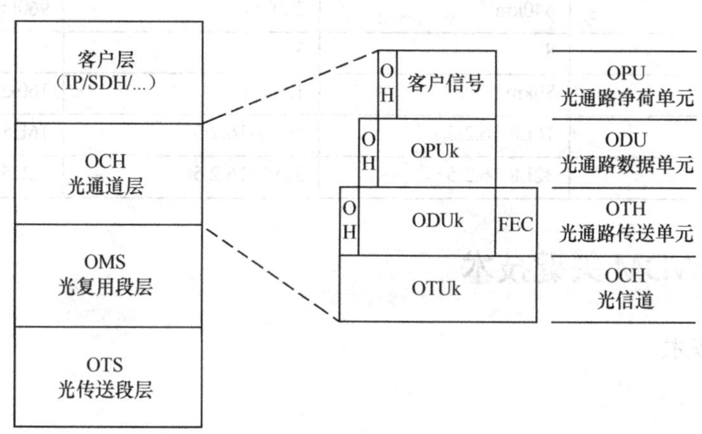

图 4-8　OTN 的分层结构

4.1.4　DWDM 光接口应用代码

DWDM 系统按在线路中是否设置有掺铒光纤放大器（EDFA），可将 WDM 系统分为线路光放大器的 WDM 系统和无线路放大器的 WDM 系统。WDM 系统主通道光接口应用代码的构成形式为：*nnWx-Y.Z*，系统参考配置如图 4-9 所示。

其中：

n 表示复用的最大波长数量；

W 表示局间传输距离的分类（L 表示长距离，V 表示甚长传输距离，U 表示超长距离）；

X 表示此应用代码中允许的光放段数量（注意：对于不带有线路放大器的系统 *X*=1）；

Y 表示单波通道信号的比特率，即 STM-*N* 等级；

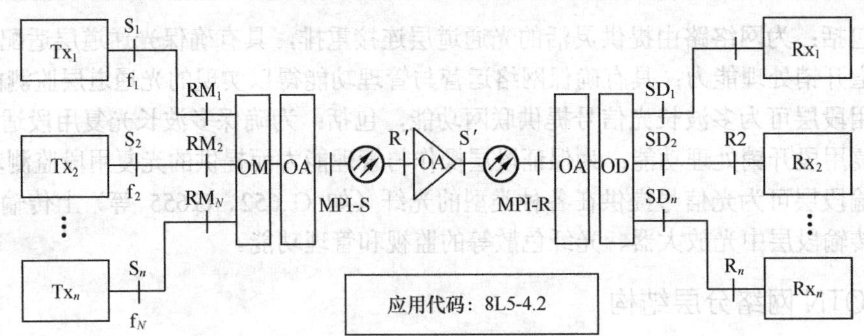

图 4-9　DWDM 系统参考配置示意图

Z 表示光纤类型："2"表示 G.652 光纤，"5"表示 G.655 光纤。

表 4-1 是基于 STM-16 基础速率、采用 G.652/G.655 光纤、工作在 C 波段的 16 波、32 波的 DWDM 系统的应用代码。

表 4-1　　16 波/32 波 DWDM 系统的应用代码

应用场合	长距离	很长距离	超长距离
波长范围	1530～1565nm（C 波段）		
光纤类型	G.652\G.655 光纤		
再生总目标距离	640km	360km	960km
光放段数量	8	3	6
光放段目标距离	80km	120km	160km
16 通路	16L8-16.2/5	16V3-16.2/5	16U5-16.2/5
32 通路	32L8-16.2/5	32V3-16.2/5	32U5-16.2/5

4.1.5　DWDM 关键技术

一、光源技术

1. 光源

光源的作用是产生激光或荧光，它是组成光纤通信系统的重要器件。目前应用于光纤通信的光源半导体激光器 LD（Laser Diode）和半导体发光二极管 LED（Light Emitting Diode），都属于半导体器件。共同特点是：体积小、重量轻、耗电量小。

LD 和 LED 相比，其主要区别在于，前者发出的是激光，后者发出的是荧光。LED 的谱线宽度较宽，调制效率低，与光纤的耦合效率也低，但它的输出特性曲线线性好，使用寿命长，成本低，适用于短距离、小容量的传输系统。而 LD 一般适用于长距离、大容量的传输系统，在高速率的 PDH 和 SDH 设备上被广泛采用。

高速光纤通信系统中使用的光源分为多纵模（MLM）激光器和单纵模（SLM）激光器两类。从性能上讲，这两类半导体激光器的主要区别在于它们发射频谱的差异。MLM 激光器的发射频谱的线宽较宽，为 nm 量级，而且可以观察到多个谐振峰的存在。SLM 激光器发射频谱的线宽，为 0.1nm 量级，而且只能观察到单个谐振峰。SLM 激光器比 MLM 激光

器的单色性更好。

DWDM 系统的工作波长较为密集，一般波长间隔为几个纳米到零点几个纳米，这就要求激光器工作在一个标准波长上，并且具有很好的稳定性。另一方面，DWDM 系统的无电再生中继长度从单个 SDH 系统传输 50～60km 增加到 500～600km，在延长传输系统的色散受限距离的同时，为了克服光纤的非线性效应（如受激布里渊散射效应（SBS）、受激拉曼散射效应（SRS）、自相位调制效应（SPM）、交叉相位调制效应（XPM）、调制的不稳定性以及四波混频（FWM）效应等），要求 DWDM 系统的光源使用技术更为先进、性能更为优越的激光器。

总之，DWDM 系统的光源的两个突出的特点是：

（1）比较大的色散容纳值

光纤传输可能会受到系统损耗和色散的限制，随着传输距离的提高，色散的影响越来越大。其中色散受限可选用色散系数较低的光纤光缆或谱宽狭窄半导体激光器的办法来解决。由于光缆已经敷设完毕，所以努力减小光源器件的谱宽是解决色散受限的有效手段。

（2）标准而稳定的波长

DWDM 系统对每个复用通道的工作波长有非常严格的要求，波长漂移将导致系统无法实现稳定、可靠的工作。常用的波长稳定措施包括温度反馈控制法和波长反馈控制法。

2. 激光器的调制方式

目前广泛使用的光纤通信系统均为强度调制—直接检波系统，对光源进行强度调制的方法有两类，即直接调制和间接调制。

（1）直接调制

直接调制又称为内调制，即直接对光源进行调制，通过控制半导体激光器的注入电流的大小来改变激光器输出光波的强弱。传统的 PDH 和 2.5Gbit/s 速率以下的 SDH 系统使用的 LED 或 LD 光源基本上采用的都是这种调制方式。

直接调制方式的特点是输出功率正比于调制电流，具有结构简单、损耗小、成本低的特点，但由于调制电流的变化将引起激光器发光谐振腔的长度发生变化，引起发射激光的波长随着调制电流线性变化，这种变化被称作调制啁啾，它实际上是一种直接调制光源无法克服的波长（频率）抖动。啁啾的存在展宽了激光器发射光谱的带宽，使光源的光谱特性变坏，限制了系统的传输速率和距离。一般情况下，在常规 G.652 光纤上使用时，传输距离≤100 公里，传输速率≤2.5Gbit/s。

对于不采用光线路放大器的 DWDM 系统，从节省成本的角度出发，可以考虑使用直接调制激光器。

（2）间接调制

间接调制这种调制方式又称做外调制，即不直接调制光源，而是在光源的输出通路上外加调制器对光波进行调制，此调制器实际上起到一个开关的作用。结构如图 4-10 所示。

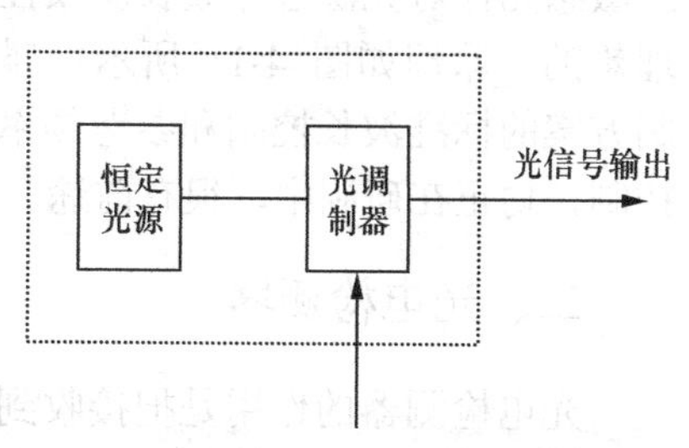

图 4-10　外调制激光器的结构

恒定光源是一个连续发送固定波长和功率的高稳定光源，在发光的过程中，不受电调制信号的影响，因此不产生调制频率啁啾，光谱的谱线宽度维持在最

小。光调制器对恒定光源发出的高稳定激光根据电调制信号以“允许”或者“禁止”通过的方式进行处理，而在调制的过程中，对光波的频谱特性不会产生任何影响，保证了光谱的质量。

间接调制方式的激光器比较复杂、损耗大、而且造价也高，但调制频率啁啾很小，可以应用于传输速率≥2.5Gbit/s，传输距离超过300km以上的系统。因此，一般来说，在使用光线路放大器的DWDM系统中，发射部分的激光器均为间接调制方式的激光器。

3. 激光器的波长的稳定

在DWDM系统中，激光器波长的稳定是一个十分关键的问题，根据ITU-T G.692建议的要求，中心波长的偏差不大于光信道间隔的正负五分之一，即当光信道间隔为0.8nm的系统，中心波长的偏差不能大于±20GHz。

在DWDM系统中，由于各个光通路的间隔很小（可低达0.8nm），因而对光源的波长稳定性有严格的要求，例如0.5nm的波长变化就足以使一个光通路移到另一个光通路上。在实际系统中通常必须控制在0.2nm以内，其具体要求随波长间隔而定，波长间隔越小要求越高，所以激光器需要采用严格的波长稳定技术。

集成式电吸收调制激光器的波长微调主要是靠改变温度来实现的，其波长的温度灵敏度为0.08nm/℃，正常工作温度为25℃，在15～35℃温度范围内调节芯片的温度，即可使EML调定在一个指定的波长上，调节范围为1.6nm。芯片温度的调节靠改变制冷器的驱动电流，再用热敏电阻作反馈便可使芯片温度稳定在一个基本恒定的温度上。

分布反馈式激光器（DFB）的波长稳定是利用波长和管芯温度对应的特性，通过控制激光器管芯处的温度来控制波长，以达到稳定波长的目的。对于1.5μm DFB激光器，波长温度系数约为0.02nm/℃，它在15～35℃范围内中心波长符合要求。这种温度反馈控制的方法完全取决于DFB激光器的管芯温度。目前，MWQ-DFB激光器工艺可以在激光器的寿命时间（20年）内保证波长的偏移满足DWDM系统的要求。

除了温度外，激光器的驱动电流也能影响波长，其灵敏度为0.008nm/mA，比温度的影响约小一个数量级，在有些情况下，其影响可以忽略。此外，封装的温度也可能影响到器件的波长（例如从封装到激光器平台的连线带来的温度传导和从封装壳向内部的辐射，也会影响器件的波长）。在一个设计良好的封装中其影响可以控制在最小。

以上这些方法可以有效解决短期波长的稳定问题，对于激光器老化等原因引起的波长长期变化就显得无能为力了。直接使用波长敏感元件对光源进行波长反馈控制是比较理想的，原理如图4-11所示，属于该类控制方案的标准波长控制和参考频率扰动波长控制，均正在研制中，很有前途。

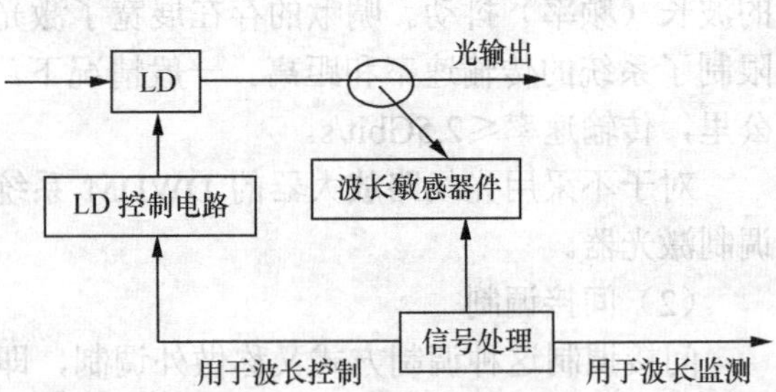

图4-11 波长控制原理

二、光电检测器

光电检测器的作用是把接收到的光信号转换成相应的电信号。由于从光纤传送过来的光信号一般是非常微弱的，因此对光检测器提出了非常高的要求。

（1）在工作波长范围内有足够高的响应度。

（2）在完成光电变换的过程中，引入的附加噪声应尽可能小。

（3）响应速度快。线性好及频带宽，使信号失真尽量小。

（4）工作稳定可靠。有较好的稳定性及较长的工作寿命。

（5）体积小，使用简便。

满足上述要求的半导体光检测器主要有两类：PIN 光电二极管和雪崩光电二极管（APD）。

1. PIN 光电二极管

PIN 光电二极管是一种半导体器件，其构成是在 P 型和 n 型之间夹着本征（轻掺杂）区域。在这个器件反向偏置时，表现出几乎是无穷大的内部阻抗（即像开路一样），输出电流正比于输入光功率。PIN 光二极管的价格低，使用简单，但响应慢。

2. 雪崩光电二极管（APD）

在长途光纤通信系统中，仅有毫瓦级的光功率从光发送机输出后，经光纤的长途传输，到达接收端的光信号十分微弱，一般仅有几个纳瓦。如果采用 PIN 光电二极管检测，那么输出的光电流仅有几个纳安，为了使光接收机的判决电路正常工作，必须对这个电流多级放大。由于在放大信号的过程中不可避免地会引入各种电路噪声，从而使光接收机的信噪比降低，灵敏度下降。为了克服 PIN 光电二极管的上述缺点，在光纤通信系统还采用一种具有内部电流放大作用的光电二极管，即雪崩二极管（APD）。雪崩二极管是利用光生载流子在耗尽区内的雪崩倍增效应，从而产生光电流的倍增作用。所谓雪崩倍增效应是指 PN 结外加高反向偏压后，在耗尽区内形成一个强电场。当耗尽区吸收光子时，激发出来的光生载流子被强电场加速，以极高的速度与耗尽区的晶格发生碰撞，产生新的光生载流子，并形成链锁反应，从而使光电流在光电二极管内部获得倍增。

雪崩二极管的增益和响应速度都优于 PIN 发光二极管，但其噪声特性差。

三、OTU 技术

光波长转换技术（OTU）的主要功能就是进行波长转换。它将光通路信号的非标称波长转换成符合 ITU-T 建议 G.692 规定的标称光波长，然后接入 DWDM 系统。

OTU 的其他功能包括提供较大色散容纳值的光源，DWDM 系统的无电中继长度的增加，要求系统延长光源的色散容限距离，并能够克服光纤的非线性效应，提供标准、稳定的光源。由于 DWDM 系统需要在一个低损耗窗口复用多个波长，波长间隔小，因此，需要 DWDM 光源的中心频率稳定工作在 ITU-T 标准规范的标称中心频率序列上，作为再生器使用时，具备数据再生功能，数据再生为波长转换器的可选功能。

OTU 的工作原理如下图 4-12 所示：

OTU 首先把符合 G.957 规范的复用光通路信号进行光/电（O/E）转换，然后把转换后的电信号进行整形、定时提取和数据再生（也可不进行数据再生），最后再进行电/光（E/O）转换，输出波长、色散和发光功率等皆符合 G.692 规范要求的 DWDM 复用光通路信号。

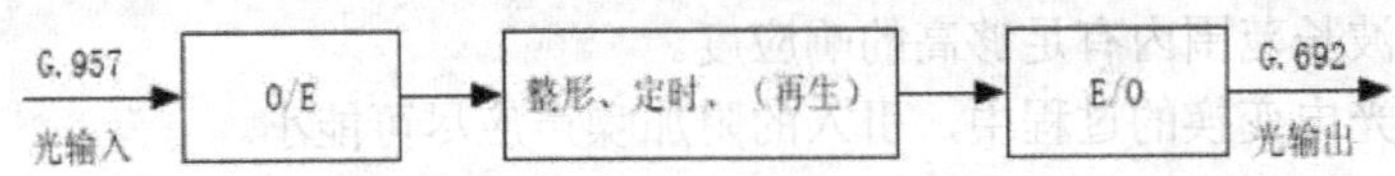

图 4-12 OTU 工作原理图

如果 O/E 转换后，只进行整形、定时处理（即 2R 功能），该 OTU 只实现波长转换的功能，传输距离较短。

如果 O/E 转换后，进行了整形、定时、再生处理（即 3R 功能），该 OTU 实际上兼有再生中继器（REG）的功能。

四、光放大器

我们知道光纤有一定的衰耗，光信号沿光纤传播将会衰减，传输距离受衰减的制约，为了使信号传得更远，我们必须增强光信号。传统的增强光信号的方法是使用再生器，但是这种方法存在许多缺点。首先，再生器只能工作在确定的信号比特率和信号格式下，不同的比特率和信号格式需要不同的再生器；其次，每一个信道需要一个再生器，网络的成本很高。人们希望有一种不使用再生器也可以增强光信号的方法，即光放大技术。

1．光放大器概述

光放大器简单地增强光信号，如图 4-13 所示。

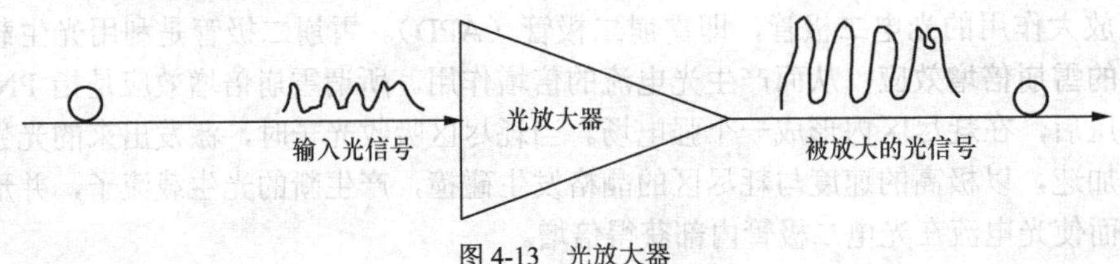

图 4-13 光放大器

光放大器的工作不需要转换光信号到电信号，然后再转回光信号。这个特性导致光放大器比再生器有两大优势。第一，光放大器支持任何比特率和信号格式，因为光放大器简单地放大所收到的信号。这种属性通常被描述为光放大器对任何比特率以及信号格式是透明的；第二，光放大器不仅支持单个信号波长放大（像再生器），而且支持一定波长范围的光信号放大。只有光放大器能够支持多种比特率、各种调制格式和不同波长的时分复用和波分复用网络。实际上，只有光放大器特别是 EDFA 的出现，WDM 技术才真正在光纤通信中扮演重要角色。EDFA 是现在最流行的光放大器，它的出现把波分复用和全光网络的理论变成现实。

现在有两种主要类型的光放大器，半导体光放大器（SOA）和光纤光放大器（FOA）。半导体光放大器实质上是半导体激光器的活性介质。换句话说，一个半导体放大器是一个没有或有很少光反馈的激光二极管。

光纤放大器与半导体放大器不同，光纤放大器的活性介质（或称增益介质）是一段特殊的光纤或传输光纤，并且和泵浦激光器相连。当信号光通过这一段光纤时，信号光被放大。光纤放大器又可以分为掺稀土离子光纤放大器（Rare Earth Ion Doped Fiber Amplifier）和非线性光纤放大器。像半导体放大器一样，掺稀土离子光纤放大器的工作原理也是受激辐射；

而非线性光纤放大器是利用光纤的非线性效应放大光信号。实用化的光纤放大器有掺铒光纤放大器（EDFA）和光纤拉曼放大器（Raman Fiber Amplifier）。

EDFA（Erbium Doped Fiber Amplifier）掺铒光纤放大器作为新一代光通信系统的关键部件，具有增益高、输出功率大、工作光学带宽较宽、与偏振无关、噪声指数较低、放大特性与系统比特率和数据格式无关等优点。它是大容量 DWDM 系统中必不可少的关键部件。

根据 EDFA 在 DWDM 光传输网络中的位置，可以分功率放大器（Booster Amplfier），简称 BA；线路放大器（Line Amplifier），简称 LA；前置放大器（preamplifier），简称 PA。

光纤拉曼放大器的增益波长由泵浦光波长决定，只要泵浦源的波长适当，理论上可得到任意波长的信号放大，其增益介质为传输光纤本身、噪声指数低。当与常规 EDFA 混合使用时可大大降低系统的噪声指数，增加传输跨距。

2．掺铒光纤放大器的优缺点

掺铒光纤放大器的主要优点：

（1）工作波长与单模光纤的最小衰减窗口一致。

（2）耦合效率高。由于是光纤放大器，易与传输光纤耦合连接。能量转换效率高。掺铒光纤 EDF 的纤芯比传输光纤小，信号光和泵浦光同时在掺铒光纤 EDF 中传播，光能量非常集中。这使得光与增益介质 Er 离子的作用非常充分，加之适当长度的掺铒光纤，因而光能量的转换效率高。

（3）增益高、噪声指数较低、输出功率大，串话很小。

（4）增益特性稳定：EDFA 对温度不敏感，增益与偏振无关。增益特性与系统比特率和数据格式无关。

掺铒光纤放大器（EDFA）是大容量 DWDM 系统中必不可少的关键部件。

掺铒光纤放大器的主要缺点：

（1）增益波长范围固定：Er 离子的能级之间的能级差决定了 EDFA 的工作波长范围是固定的，只能在 1550nm 窗口。这也是掺稀土离子光纤放大器的局限性，又例如，掺镨光纤放大器只能工作在 1310nm 窗口。

（2）增益带宽不平坦：EDFA 的增益带宽很宽，但 EFDA 本身的增益谱不平坦。在 WDM 系统中应用时必须采取特殊的技术使其增益平坦。

（3）光浪涌问题：采用 EDFA 可使输入光功率迅速增大，但由于 EDFA 的动态增益变化较慢，在输入信号能量跳变的瞬间，将产生光浪涌，即输出光功率出现尖峰，尤其是当 EDFA 级联时，光浪涌现象更为明显。峰值光功率可以达到几瓦，有可能造成 O/E 变换器和光连接器端面的损坏。

3．拉曼光纤放大器

在常规光纤系统中，光功率不大，光纤呈线性传输特性。当注入光纤非线性光学介质中的光功率非常高时，高能量（波长较短）的泵浦光散射，将一小部分入射功率转移到另一频率下移的光束，频率下移量由介质的振动模式决定，此过程称为拉曼效应。量子力学描述为入射光波的一个光子被一个分子散射成为另一个低频光子，同时分子完成振动态之间的跃迁。入射光子称作为泵浦光，低频的频移光子称为斯托克斯波（stokes 波）。普通的拉曼散射需要很强的激光功率。但是在光纤通讯中，作为非线性介质的单模光纤，其纤芯直径非常

小（一般小于 10μm），因此单模光纤可将高强度的激光场与介质的相互作用限制在非常小的截面内，大大提高了入射光场的光功率密度，在低损耗光纤中，光场与介质的作用可以维持很长的距离，其间的能量耦合进行的很充分，使得在光纤中利用受激拉曼散射成为可能。

实验证明，石英光纤具有很宽的受激拉曼散射（SRS）增益谱，并在泵浦光频率下移约 13THz 附近有一较宽的增益峰。如果一个弱信号与一强泵浦光波同时在光纤中传输，并使弱信号波长置于泵浦光的拉曼增益带宽内，弱信号光即可得到放大，这种基于受激拉曼散射机制的光放大器即称为拉曼光纤放大器。拉曼放大器增益的是开关增益，即放大器打开与关闭状态下输出功率的差值。

拉曼光纤放大器有三个突出的特点：

（1）其增益波长由泵浦光波长决定，只要泵浦源的波长适当，理论上可得到任意波长的信号放大，如图 4-14 所示，其中虚线为三个泵浦源产生的增益谱。拉曼光纤放大器的这一特点使拉曼光纤放大器可以放大 EDFA 所不能放大的波段，使用多个泵源还可得到比 EDFA 宽得多的增益带宽（后者由于能级跃迁机制所限，增益带宽只有 80nm），因此，对于开发光纤的整个低损耗区 1270～1670nm 具有无可替代的作用。

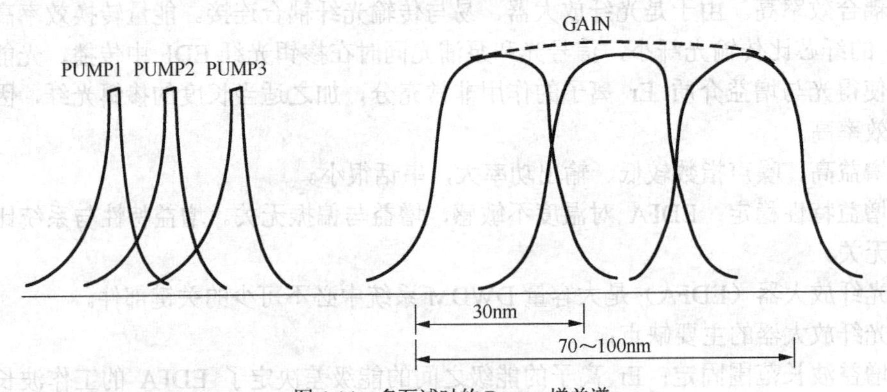

图 4-14　多泵浦时的 Raman 增益谱

（2）其增益介质为传输光纤本身，这使拉曼光纤放大器可以对光信号进行在线放大，构成分布式放大，实现长距离的无中继传输和远程泵浦，尤其适用于海底光缆通信等不方便设立中继器的场合，而且因为放大是沿光纤分布而不是集中作用，光纤中各处的信号光功率都比较小，从而可降低非线性效应尤其是四波混频（FWM）效应的干扰。

（3）噪声指数低，这使其与常规 EDFA 混合使用时可大大降低系统的噪声指数，增加传输跨距。

五、光复用器和光解复用器

波分复用系统的核心部件是波分复用器件，即光复用器和光解复用器（有时也称合波器和分波器），实际上均为光学滤波器，其性能好坏在很大程度上决定了整个系统的性能。合波器的主要作用是将多个信号波长合在一根光纤中传输，分波器的主要作用是将在一根光纤中传输的多个波长信号分离。

WDM 系统性能好坏的关键是 WDM 器件，其要求是复用信道数量足够、插入损耗小、串音衰耗大和通带范围宽等。从原理上讲，合波器与分波器是相同的，只需要改变输入、输出的方向。WDM 系统中使用的波分复用器件的性能满足 ITU-T G.671 及相关建议的要求，

如图 4-15 所示。

光波分复用器的种类有很多，大致可以分为四类：干涉滤光器型、光纤耦合器型、光栅型、阵列波导光栅（AWG）型。

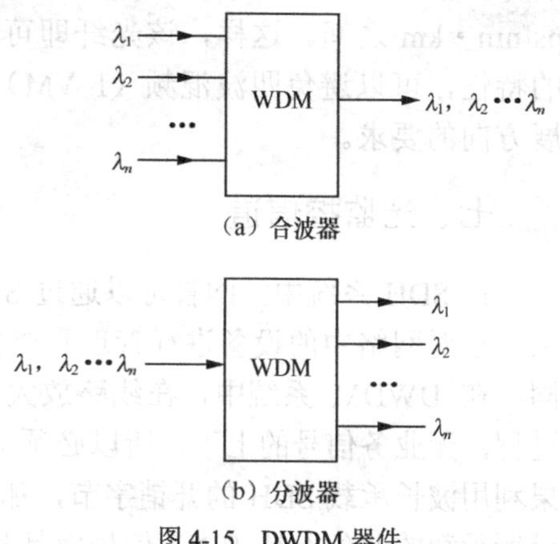

图 4-15　DWDM 器件

六、光纤传输技术

在 DWDM 系统中，由于采用波分复用器件引入的插入损耗较大，减少了系统的可用光功率，需要使用光放大器来对光功率进行必要的补偿。由于光纤中传送光功率提高，光纤的非线性问题变得突出。另外光纤的色散问题也是不可忽视的一种重要考虑因素。下面对常见的光纤的特性进行简要的介绍。

（1）G.652 光纤

目前世界上多数的国家使用得最多的光缆为 G.652 光纤，即常规光纤（SMF）。这种光纤有两个应用窗口，1310nm 和 1550nm，1310nm 窗口的损耗值一般为 0.35dB/km，1550nm 的损耗值为 0.2 dB/km。事实上，由于在 DWDM 系统中采用了光放大器技术，DWDM 系统对光纤的损耗已经不是影响传输距离的主要因素。1550nm 窗口的较高的色散系数（17～20ps/nm・Km），是一个影响较大的因素。

由于 DWDM 系统传送了很多个波长，当多个波长的光信号在一个信道上传输时，彼此之间相互作用，将产生四波混频（FWM）效应。四波混频（FWM）效应是指两个以上不同波长的光信号在光纤的非线性影响下，除了原始的波长信号外还会产生许多额外的混合成分（或叫边带）。四波混频（FWM）边带的出现会导致信号功率的大量耗散。但是四波混频（FWM）的机理及实验都说明光纤的色散越小，四波混频（FWM）的效率越高，光纤的色散对四波混频（FWM）有很好的抑制作用。

因此从抑制 DWDM 系统的四波混频（FWM）效应来看，在 DWDM 系统中如果采用 G.652 光纤，合适采用 1550nm 窗口。然而，色散系数越大，高比特系统的传输中继距离越短，从这一点上看，又不利于高比特率系统的波分复用。如果采用色散调节技术（如 DCF 法），则可有效地抵消传统 G.652 光纤的色散，实现超过千公里的长距离全光传输。

（2）G.653 光纤

G.653 光纤又称做色散位移光纤（DSF），这种光纤是通过改变折射率的分布将 1310nm 附近的零色散点位移到 1550nm 附近，从而使光纤的低损耗窗口与零色散窗口重合的一种光纤，这类光纤可以在 1550nm 波长的工作区毫无困难地开通长距离 10G bit/s 甚至 20G bit/s 系统，是最佳的应用于单波长远距离传输的光纤。

由于该光纤在 1550nm 附近的色散系数极小，趋近于零，当用于 WDM 时，不同通路光波之间的相位匹配很好，四波混频（FWM）很高，会产生非常严重的干扰。总的来说，G.653 光纤不适合 DWDM 系统。

（3）G.655 光纤

G.655 光纤又称非零色散位移光纤（NZDSF），它是针对 G.652 光纤和 G..653 光纤在 WDM 系统使用中存在的问题而开发出来的，使 1550nm 窗口同时具有了最小色散和最小

衰减，他在 1530～1565nm 光纤的典型参数为：衰减<0.25 dB/km，色散系数在 1-6 ps/nm・km 之间。这样，该光纤即可以支持 10G bit/s 的长距离传输。又由于其非零色散的特性，可以避免四波混频（FWM）效应影响，较好地同时满足 TDM 和 WDM 两种发展方向的要求。

七、光监控信道

在 SDH 系统中，网管可以通过 SDH 帧结构中的开销字节（如 E1、E2、D1～D12 等）来处理对网络中的设备进行管理和监控，无论是 TM、ADM 还是 REG。与 SDH 系统不同，在 DWDM 系统中，在线路放大设备只对业务信号进行光放大，业务信号只有光-光的过程，无业务信号的上下，所以必须增加一个信号对光放大器的运行状态进行监控。其次如果利用波长承载 SDH 的开销字节，那么利用哪一路 SDH 信号呢？况且如果 DWDM 中的信道所承载的业务不是 SDH 信号而是其他类型的业务时，怎么办？而且让管理和监控信息依赖于业务是不行的。所以必须单独用一个信道来管理 DWDM 设备。DWDM 系统可以增加一个波长信道专用于对系统的管理，这个信道就是所谓的光监控信道（Optical Supervising Channel-OSC）对于采用掺铒光纤放大器（EDFA）技术的光线路放大器，EDFA 的增益区为 1530～1565nm，光监控通路必须位于 EDFA 有用增益带宽的外面（带外 OSC），为 1510nm。监控通路采用信号翻转码 CMI 为线路码型。

DWDM 对光监控信道有以下要求：

（1）光监控通道不限制光放大器的泵浦波长。

（2）光监控通道不限制两个光线路放大器之间的距离。

（3）光监控通道不限制未来在 1310nm 波长的业务。

（4）线路放大器失效时光监控通道仍然可用。

根据以上要求：

① 光监控信道的波长不能为 980nm，1480nm，因为掺铒光纤放大器（EDFA）使用以上波长的激光器作泵浦源，拉曼光纤放大器也使用 1480nm 附近波长的激光器作泵浦源。

② 光监控信道的波长不能为 1310nm，因为这样会占用了 1310 窗口的带宽资源，妨碍了 1310nm 窗口的业务。光监控信道的接收灵敏度可以做得很高，这样一来，不会因为 OSC 的功率问题限制站点距离，具体是两个光放大器之间的距离。因此光监控信道需要采用低速率的光信号，保证较高的接收灵敏度。

③ 光监控信道的波长在光放大器的增益带宽以外，这样光放大器失效时光监控通道不会受影响。对于采用掺铒光纤放大器（EDFA）技术的光线路放大器，EDFA 的增益光谱区为 1528～1610nm，因此，光监控通道波长必须位于 EDFA 的增益带宽的之外。通常，光监控信道的波长可以为 1510nm，或 1625nm。

按照 ITU-T 的建议，DWDM 系统的光监控信道应该与主信道完全独立，主信道与监控信道的独立在信号流向上表现的也比较充分。在 OTM 站，在发方向，监控信道是在合波、放大后才接入监控信道的。在收方向，监控信道是首先被分离的，之后系统才对主信道进行预放和分波。同样在 OLA 站点，发方向是最后才接入监控信道；收方向，最先分离出监控信道。可以看出在整个传送过程中，监控信道没有参与放大，但在每一个站点，都被终结和再生了。这点恰好与主信道相反，主信道在整个过程中都参与了光功率的放大，而在整个线路上没有被终结和再生，波分设备只是为其提供了一个个通明的光通道。

4.1.6 DWDM 设备类型

DWDM 设备根据实现功能的不同可分为光终端复用器（OTM）、光分插复用器和光线路放大器（OLA）、电再生中继器（电 REG）。

1. 光终端复用器（OTM）

OTM 的功能如图 4-16 所示。与 SDH 的 TM 类似，OTM 由于只能提供一个线路方向，放置在 DWDM 系统的终端站点上，在发送端用于将 DWDM 系统的接入设备（如 SDH 设备）送来的非标准波长的光信号转换成符合 ITU-TG.692 建议的标准波长的光信号，然后经复用器复用形成 DWDM 主信道信号，在一根光纤中进行放大和传输，在接收端把在一根光纤中传输的所有波长分开，再分别送到对应的设备上。

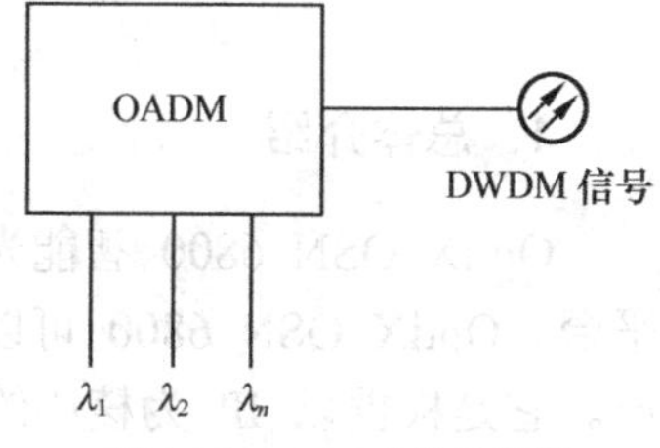

图 4-16 OTM 功能示意图

2. 分插复用器（OADM）

OADM 的功能如图 4-17 所示。光分插复用器是在光域上实现支路信号的分插和复用的设备。类型于 SDH 的 ADM 设备，OADM 设备的基本功能是从 DWDM 传输线路上选择性地分出或插入一个或多个波长，而不影响其他信道的透明传输。如果分插复用的波长通道是固定的，则称为固定波长的 OADM，这种方式缺乏灵活性，但可靠性高、时延小。如果分插复用的波长通道是可配置的，则称为可配置 OADM，这种方式能使网络波长资源得到良好的分配，但结构复杂。

3. 光线路放大器（OLA）

OLAD 的功能如图 4-18 所示，光线路放大器放置在中继站上，用来放大来自线路的 DWDM 微弱的光信号。光线路放大器（OLA）只有放大功能，而无上、下业务的功能。

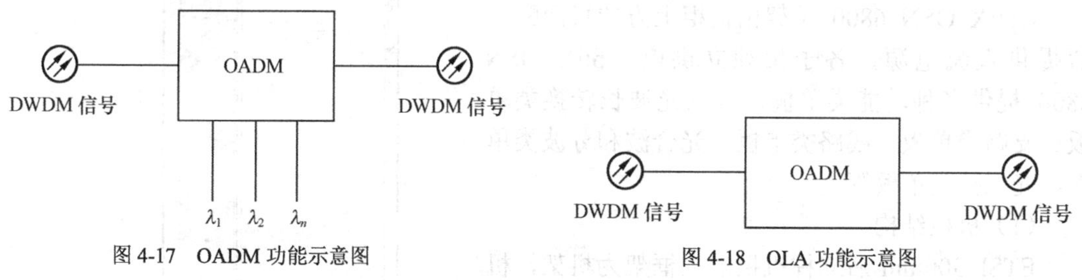

图 4-17 OADM 功能示意图

图 4-18 OLA 功能示意图

光线路放大器（OLA）的核心是掺铒光纤放大器（EDFA），与 SDH 光线路放大器不同的是，DWDM 系统的 OLA 还要完成光监控信道处理的功能。

4. 电再生中继器（REG）

光线路放大器（OLA）只有光信号放大的功能，而没有对信号的再生能力。DWDM 信号在传输一定距离后，由于受到光纤色散和 EDFA 本身噪声的影响，其传输质量将严重下降。因此，在 DWDM 线路可多级使用 OLA，但不能无限制地增加。一般每 600～800km 需要增加一个 REG，以改善光信噪比、通道光谱特性和系统的定时特性，抑制抖动，延长传输距离。

REG 在处理过程中有光/电/光（O/E/O）转换，完成对光信号的放大、再生功能。与 OLA 相同，REG 也无上、下业务的功能。

任务实施

一、认识 OSN6800 设备

1. 总体介绍

OptiX OSN 6800 智能光传送平台和其他智能光传送平台统称为华为下一代智能光传送平台。OptiX OSN 6800 可以应用于长途干线、区域干线、本地网、城域汇聚层和城域核心层。它是根据以 IP 为核心的城域网发展趋势而推出的面向未来的产品，采用全新的架构设计，可实现动态的光层调度和灵活的电层调度，并具有高集成度、高可靠性和多业务等特点。

OptiX OSN 6800 采用密集波分复用技术 DWDM（Dense Wavelength Division Multiplexing）和稀疏波分复用技术 CWDM（Coarse Wavelength Division Multiplexing）实现多业务、大容量、全透明的传输功能。

OptiX OSN 6800 支持点到点、链状、环状、网状等组网方式，并可以与其他 WDM、SDH/SONET 设备共同组网，实现完整的城域传送解决方案。

2. 硬件结构

OptiX OSN 6800 的硬件包括：机柜、子架、功能单板。它的典型配置机柜为 ETSI 300mm 后立柱机柜。OptiX OSN 6800 以子架为基本工作单位，OptiX OSN 6800 子架由机柜上方的直流配电盒提供直流电源，各子架独立供电。ptiX OSN 6800 提供多种功能类单板，包括光波长转换类单板、支路类单板、线路类单板、光合波和分波类单板、光保护类单板等。

（1）机柜结构

ETSI 300mm 后立柱机柜的主框架为机架，机架立柱位于侧面中间，机柜正面为开合式的前门，后面有螺丝固定的后门板，左右两侧装有侧板。ETSI 300mm 后立柱机柜外形如下图 4-19 所示。

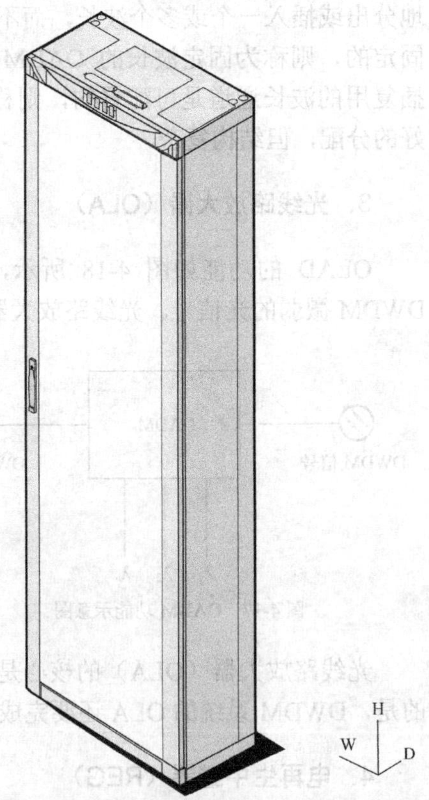

图 4-19 ETSI 300mm 后立柱机柜外形图

（2）子架

① 子架结构：OptiX OSN 6800 子架结构如下图 4-20 所示。

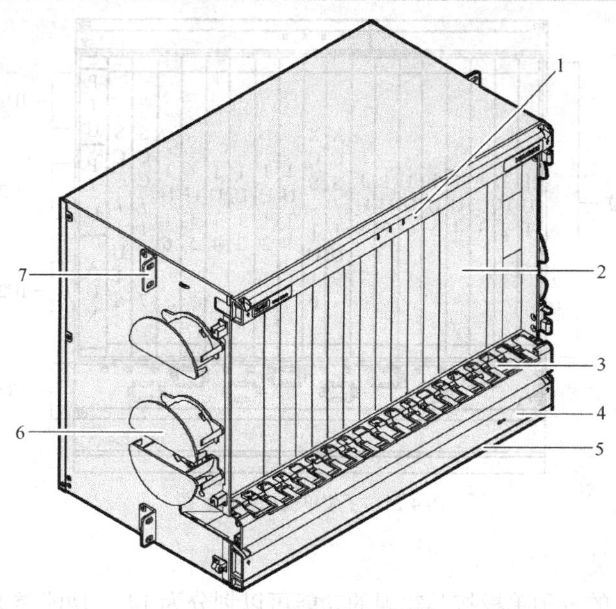

图 4-20　子架结构示意图

说明："1"为子架指示灯，"2"为单板区，"3"是走纤槽，"4"是风机盒，"5"是防尘网，"6"盘纤架，"7"是子架挂耳。

② 子架指示灯：指示子架的运行状态和告警状态。

③ 单板区：所有业务单板均插放在此区，共有 21 槽位。

④ 走纤槽：从单板拉手条上的光口引出的光纤跳线经过走纤区后进入机柜侧壁。机械可调的光衰耗器也安装在此区域。

⑤ 风机盒：装配有 10 个小风扇，为子架提供通风散热功能。

⑥ 防尘网：防止灰尘随空气流动进入子架，防尘网需要定期抽出清洗。

⑦ 盘纤架：用于缠绕光纤跳线的富余长度，子架两侧有固定盘纤架，机柜内一个子架的光纤跳线在机柜侧面可通过盘纤架绕完多余部分后连接到另一个子架。

⑧ 子架挂耳：用于将子架固定在机柜中。

⑨ 子架接口区：位于子架指示灯面板后部的子架接口区提供管理串口、子架间通信、告警输出及级联端口、告警输入输出端口等各种功能接口。

以下是子架单板槽位说明：X OSN 6800 子架的单板插放区共提供 21 个槽位，从左向右从上至下依次定义为 21。

① IU1～IU17 槽位可用于插放业务单板。

② IU21 槽位固定用于插放系统辅助接口板 AUX。

③ IU19、IU20 槽位固定用于插放电源接入板 PIU。

④ IU18 槽位固定用于插放系统控制与通信板 SCC。

⑤ IU17 槽位可用于插放备用 SCC 单板，也可插放其他业务单板。

⑥ IU9、IU10 槽位可用于插放交叉连接板 XCS，也可插放其他业务单板。

OptiX OSN 6800 子架槽位分布如下图 4-21 所示。

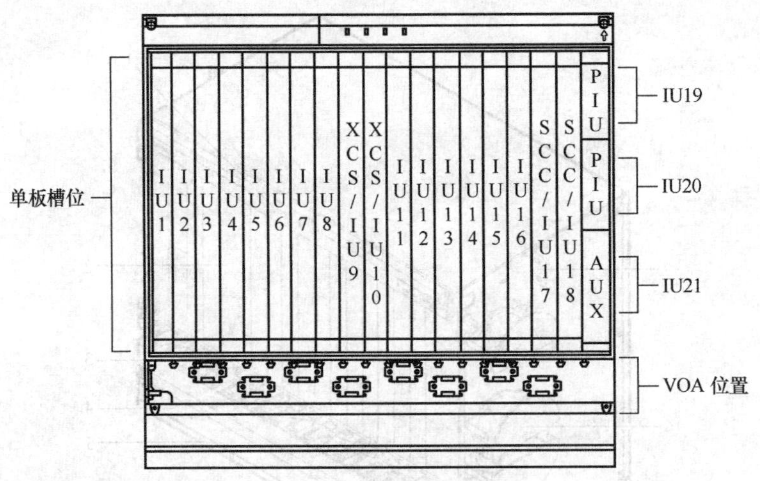

图 4-21　子架单板槽位示意图

（3）功能单板分类

OptiX OSN 6800 的各种单板按其实现的功能可以划分为 14 个功能类单板，见下表 4-2。

表 4-2　　功能类单板分类表

功能类单板分类	
功能类单板	包含的单板
光波长转换类单板	ECOM、L4G、LDGD、LDGS、LQMD、LQMS、LSX、LSXR、LWX2、LWXD、LWXS、LOG、LOM、LSXL、LSXLR、TMX
支路类单板	TQS、TQM、TDG、TBE、TDX
线路类单板	NS2
交叉类单板	XCS
光合波和分波类单板	FIU、ACS、D40、D40V、M40、M40V、ITL
静态光分插复用类单板	CMR2、CMR4、DMR1、MB2、MR2、MR4、MR8、SBM2
动态光分插复用类单板	RMU9、ROAM、WSD9、WSM9、WSMD4
光纤放大器类单板	CRPC、OAU1、OBU1、OBU2、HBA
系统控制与通信类单板	AUX、SCC
光监控信道类单板	SC1、SC2
光保护类单板	DCP、OLP、SCS
光谱分析类单板	MCA4、MCA8、WMU
光可调衰减类单板	VA1、VA4
光功率与色散均衡类单板	DCU

3．各单板介绍

（1）光波长转换类单板

光波长转换单元 OTU（Optical Transponder Unit）的主要功能是将接入的 1 路或多路客户侧信号经过汇聚或转换后，输出符合 ITU-T G.694.1 建议的 DWDM 标准波长或符合 ITU-T G.694.2 建议的 CWDM 标准波长，以便于合波单元对不同波长的光信号进行波分复用。OptiX

OSN 6800 的所有波长转换单元均为收发一体形式，可以同时实现上述过程的逆过程。

光波长转换单元包括下列单板：

① ECOM：增强型通信接口板。

② L4G：4xGE 线路容量波长转换板。

③ LDGD：双发选收双路 GE 业务汇聚板。

④ LDGS：单发单收双路 GE 业务汇聚板。

⑤ LOG：8 路 GE 业务汇聚&波长转换板。

⑥ LOM：8 路多业务汇聚及波长转换板（带 AFEC 功能）。

⑦ LQMD：双发选收 4 路任意速率（100Mbit/s～2.5Gbit/s）业务汇聚波长转换板。

⑧ LQMS：单发单收 4 路任意速率（100Mbit/s～2.5Gbit/s）业务汇聚波长转换板。

⑨ LSX：10Gbit/s 波长转换板。

⑩ LSXL：40Gbit/s 波长转换板。

⑪ LSXLR：40Gbit/s 波长转换中继板。

⑫ LSXR：10Gbit/s 波长转换中继板。

⑬ LWX2：任意速率（16Mbit/s～2.7Gbit/s）双波长转换板。

⑭ LWXD：任意速率（16Mbit/s～2.7Gbit/s）波长转换板（双发选收）。

⑮ LWXS：任意速率（16Mbit/s～2.7Gbit/s）波长转换板（单发单收）。

⑯ TMX：4 路 STM-16/OTU1/OC-48 到 OTU2 汇（16）（16）聚板。

光波长转换单元在系统中的位置如下图 4-22 所示。

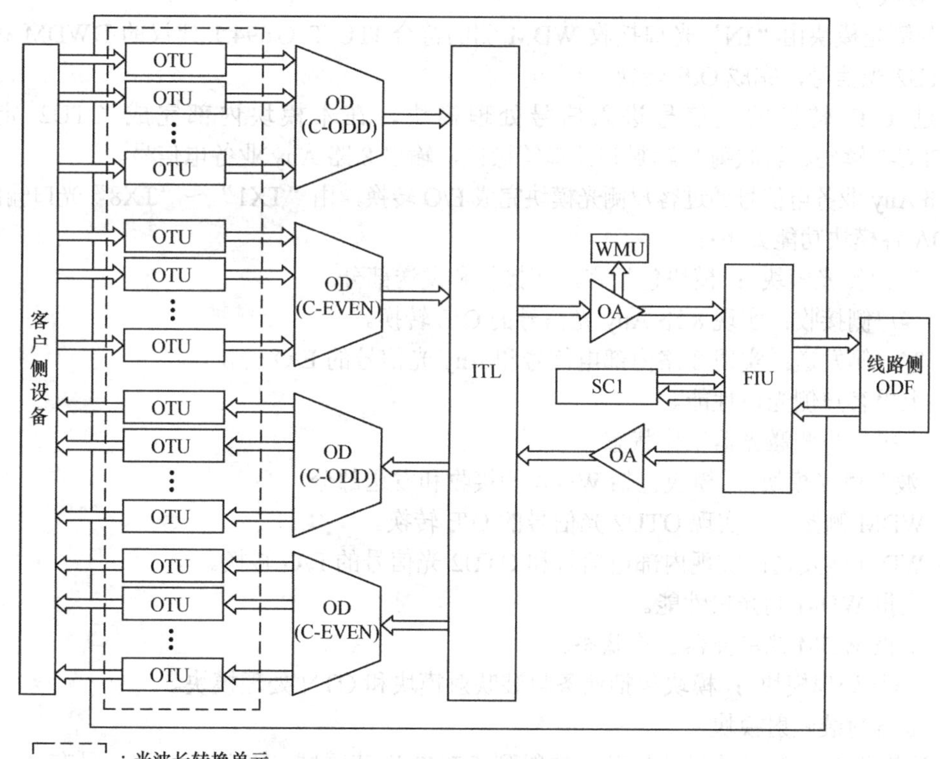

图 4-22　光波长转换单元在系统中的位置

DWDM 系统各单元名称见表 4-3。

表 4-3　　　　DWDM 系统中各单元名称

OTU：光波长转换单元	OA：光放大单元	OM：光合波单元
OD：光分波单元	SC1：单路光监控信道单元	FIU：线路接口单元
ODF：光纤配线架	ITL：梳状滤波器	WMU：波长检测单元
C-ODD：C 波段奇数通道	C-EVEN：C 波段偶数通道	

LOA 单板将最多 8 路 125Mbit/s～4.25Gbit/s 任意速率业务信号或 1 路 FC800/FICON8G 业务信号汇聚到 1 路 OTU2 的光信号中，并转换成符合 ITU-T G.694.1 建议的 DWDM 标准波长，同时可以实现上述转换过程的逆过程。

LOA 单板的信号流方向可分为发送方向和接收方向，即 LOA 单板从客户侧到 WDM 侧为发送方向，反之为接收方向。

① 发送方向

客户侧光模块由“RX1”～“RX8”光口接收 8 路 Any 客户设备的光信号，完成 O/E 转换。

经过 O/E 转换的电信号进入信号处理模块，不同类型的信号被送入不同的封装映射模块，完成封装映射处理、OTN 成帧和 FEC/AFEC-2 编码处理等操作，输出 1 路 OTU2 信号。

OTU2 信号送至波分侧光模块，经过 E/O 转换，发送符合 ITU-T G.694.1 建议的 DWDM 标准波长的 OTU2 光信号，由“OUT”光口输出。

② 接收方向

波分侧光模块由“IN”光口接收 WDM 侧的符合 ITU-T G.694.1 建议的 DWDM 标准波长的 OTU2 光信号，完成 O/E 转换。

经过 O/E 转换的电信号进入信号处理模块，在本模块内部完成 OTU2 定帧、FEC/AFEC-2 解码、解映射和解封装处理等操作，输出 8 路 Any 业务电信号。

8 路 Any 业务电信号通过客户侧光模块完成 E/O 转换，由“TX1”～“TX8”光口输出。

LOA 各模块功能如下：

- 客户侧光模块 ：模块包括客户侧接收和发送部分。

① 客户侧接收：实现 8 路 Any 光信号的 O/E 转换。

② 客户侧发送：实现 8 路内部电信号和 Any 光信号的 E/O 转换。

③ 上报客户侧光口性能。

④ 上报客户侧激光器工作状态。

- 波分侧光模块 ：模块包括 WDM 侧接收和发送部分。

① WDM 侧接收：实现 OTU2 光信号的 O/E 转换。

② WDM 侧发送：实现内部电信号和 OTU2 光信号的 E/O 转换。

③ 上报 WDM 侧光口性能。

④ 上报 WDM 侧激光器工作状态。

- 信号处理模块 ：模块包括业务封装映射模块和 OTN 处理模块。

① 业务封装映射模块

实现多路 Any 信号的封装处理，映射到 OTU2 净荷区域，及其逆过程，具有 Any 性能监测功能。

② 完成 OTU2 成帧、OTU2 开销处理、FEC/AFEC-2 编码及解码处理。

（2）光合波和分波类单板

光合波和分波单元的主要功能是将不同波长的光信号进行合波或分波处理。

光合波和分波单元包括下列单板：

① ACS：OADM 接入板。

② D40：40 波分波板。

③ D40V：40 波自动可调光衰减分波板。

④ FIU：光纤线路接口板。

⑤ M40：40 波合波板。

⑥ M40V：40 波自动可调光衰减合波板。

⑦ ITL：梳状滤波器。

光合波和分波单元在系统中的位置如下图 4-23 所示。

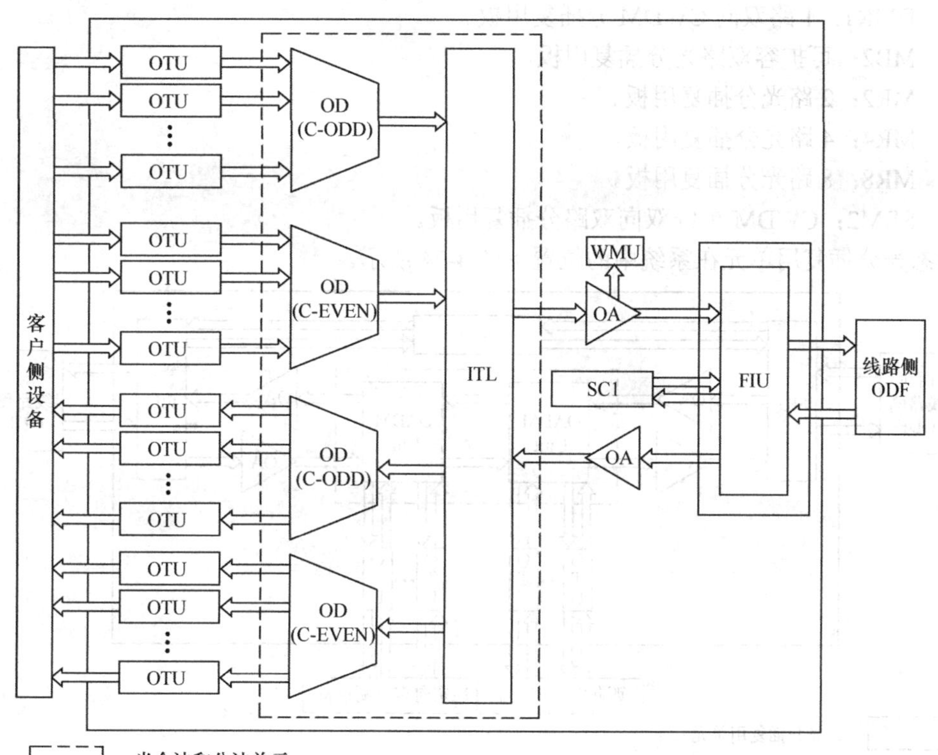

图 4-23　光合波和分波单元在系统中的位置

光合波和分波单元中各单板的主要功能如下：

① TN11ACS：实现 3 个波带的合波与分波。可将 40 波分为 20 波，4 波和 16 波三个波带，也可完成三个波带合成 40 波。与光分插复用板配合使用，可以实现多路波长的分插复用。

② TN11D40：将 C 波段 1 路光信号解复用为最多 40 路单波长光信号。

③ TN11D40V：将 C 波段 1 路光信号解复用为最多 40 路单波长光信号，并且可以调节各通道的输出光功率。

④ TN11FIU/TN12FIU：实现主光通道与光监控信道的合波和分波。

⑤ TN11M40：将 C 波段最多 40 路单波长的光信号复用进 1 路光信号。

⑥ TN11M40V：将 C 波段最多 40 路单波长光信号复用进 1 路光信号，并且可以调节各通道的输入光功率。

⑦ TN11ITL：实现了 C 波段信道间隔为 100GHz 的光信号和信道间隔为 50GHz 的光信号的复用解复用。

a．静态光分插复用类单板

静态光分插复用单元的主要功能是从合波光信号中分插出单波光信号，送入光波长转换单，同时将从光波长转换单元发送的单波光信号复用进合波光信号。静态光分插复用单元包括下列单板：

- CMR2：2 路 CWDM 光分插复用板。
- CMR4：4 路 CWDM 光分插复用板。
- DMR1：1 路双向 CWDM 分插复用板。
- MB2：可扩容双路光分插复用板。
- MR2：2 路光分插复用板。
- MR4：4 路光分插复用板。
- MR8：8 路光分插复用板。
- SBM2：CWDM 单纤双向双路分插复用板。

静态光分插复用单元在系统中的位置下图 4-24 所示。

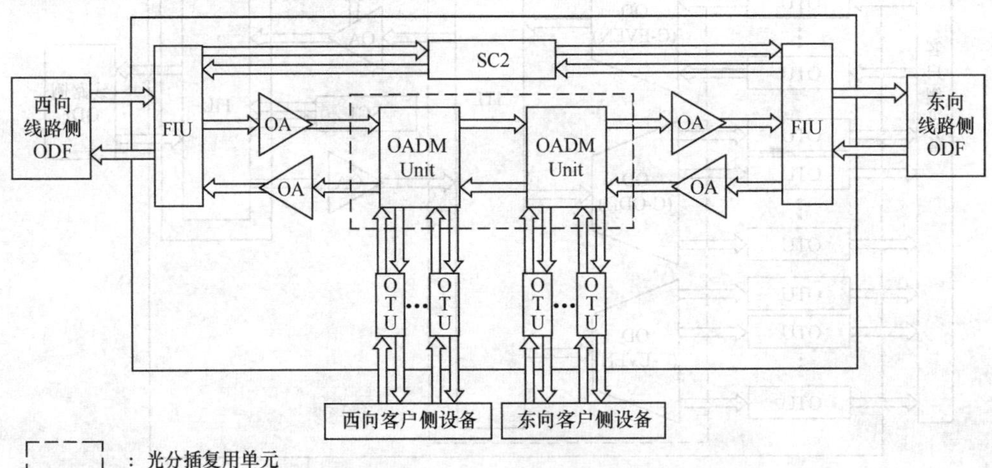

图 4-24　静态光分插复用单元在系统中的位置

DWDM 系统中各单元的名称见表 4-4。

表 4-4　DWDM 系统各单元的名称

ODF：光纤配线架	FIU：线路接口单元	OA：光放大单元
OADM Unit：光分插复用单元	SC2：双路光监控信道单元	OTU：光波长转换单元

b．MR4 板的应用

MR4 单板主要用于从合波信号中分插复用 4 路波长信号，可以上下 4 波信号，如图 4-25 所示。

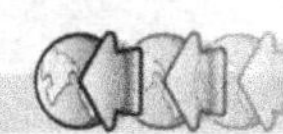

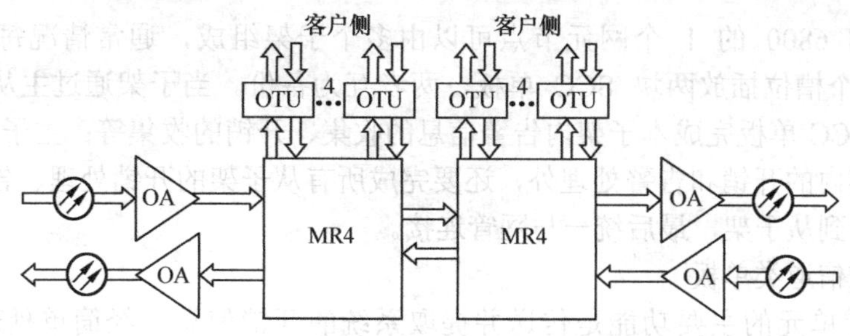

图 4-25　MR4 单板在 DWDM 系统中的应用

c．MR4 板信号流

"IN"光口接收从上一站传送来的合波信号，经下波模块分出 4 个波长，从"D1"～"D4"光口输出到波长转换板或集成式客户侧设备。下波后的信号从"MO"光口输出到其他 OADM 设备上。

"MI"光口接收主光信道传送过来的信号，经上波模块合入从"A1"～"A4"光口接入的 4 个波长。合波后的信号从"OUT"光口输出。

d．MR4 板可插放槽位

在 6800 设备中，MR4 板可插放 1-17 任意槽位。

（3）光功率放大类单板

光纤放大器单元的主要功能是对合波光信号进行功率放大，以延长光信号的传输距离。

光纤放大器单元包括下列单板：

① CRPC：盒式 C 波段 Raman 驱动单元。

② OAU1：光放大板。

③ OBU1：光功率放大板。

④ OBU2：光功率放大板。

⑤ HBA：大功率放大板。

现在简单介绍一下 OBU1 单板，该单板属于光纤放大器类单板，完成光信号的放大功能。OBU101/OBU103/OBU104 单板在 WDM 系统中的应用如下图 4-26 所示。

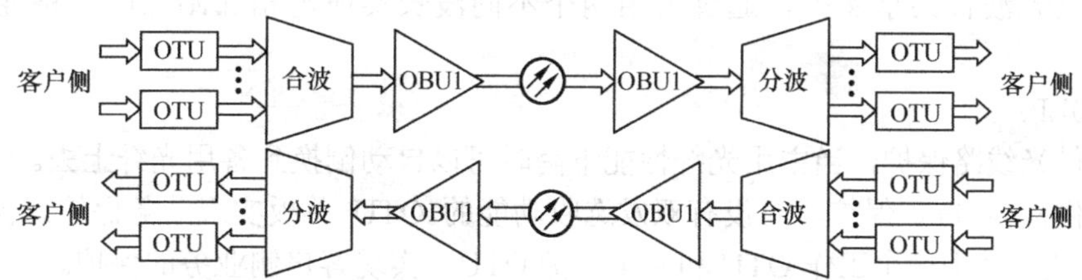

图 4-26　OBU101/OBU103/OBU104 单板在 WDM 系统中的应用

（4）系统控制、监控与通信类单板

系统控制与通信单元主要功能是协同网络管理系统对设备的各单板进行管理，并实现设备之间的相互通信。系统控制与通信单元是设备的控制中心。

系统控制与通信单元包括：

① AUX：系统辅助接口板。

② SCC：系统控制与通信板。

OptiX OSN 6800 的 1 个网元节点可以由多个子架组成，通常情况每个子架均需在IU17、IU18 两个槽位插放两块 SCC 单板，两者互为备份。当子架通过主从方式进行级联时，从子架的 SCC 单板完成本子架内告警信息的收集、开销的收集等；主子架的 SCC 单板除了完成本子架内的开销和告警处理外，还要完成所有从子架的开销处理、告警处理、包加载、并下发配置到从子架，最后统一与网管连接。

（5）光监控信道类单板

光监控信道单元的主要功能是传送并提取系统的开销信息，经简单处理后送至 SCC 单板。

光监控信道单元包括下列单板：

① SC1：单路光监控信道单元。

② SC2：双路光监控信道单元。

光监控信道单元各单板的主要功能如下：

① TN11SC1：完成一路光监控通道信号的收发、控制与处理。

② TN11SC2：完成两路光监控通道信号的收发、控制与处理。

（6）保护类单板

光保护单元的主要功能是实现网络自愈保护。

光保护单元包括下列单板：

① DCP：双路光通道保护板。

② OLP：光线路保护板。

③ SCS：同步光通信分离板。

光保护单元各单板的主要功能如下：

TN11DCP：

① 提供板内 1+1 保护，对没有双发选收功能的 OTU 单板实现业务保护。可以提供两路光信号保护，与 OLP 单板相比具有高集成度。

② 提供客户侧 1+1 保护，通过使用一个工作 OTU 和一个保护 OTU，实现客户侧业务的保护。

③ 提供光波长共享保护，通过占用两个不同波长实现对相邻站点间一路业务的共享保护。

TN11OLP：

① 提供光线路保护，当主用光纤性能下降时可以自动倒换到备用光纤上去。

② 提供板内 1+1 保护，对没有双发选收功能的 OTU 单板实现业务保护。提供客户侧 1+1 保护，通过使用一个工作 OTU 和一个保护 OTU，实现客户侧业务的保护。

TN11SCS：

① 提供客户侧 1+1 保护，作为工作、保护 OTU 单元的接入单板。

② 提供板级 1+1 保护（扩展模式），作为工作 TBE、保护 TBE 的接入单元。

（7）光谱分析类单板

光谱分析单元包括如下单板：

① MCA4：4 通道光谱分析板。

② MCA8：8 通道光谱分析板。

③ WMU：波长检测单元。

光谱分析单元各单板的主要功能如下：

① TN11MCA4：在线监测光信号的中心波长、功率值、信噪比和光波数等，并将监测到的信息数据上报给 SCC 板处理。支持检测 4 路光信号。

② TN11MCA8：在线监测光信号的中心波长、功率值、信噪比和光波数等，并将监测到的信息数据上报给 SCC 板处理。支持检测 8 路光信号。

③ N11WMU：WMU 单板用于对系统发送端的 OTU 单板的波长精度进行集中检测，并将波长偏移信息反馈给 SCC 单板。

（8）可调光衰减类单板

光可调衰减单元包括如下单板：

① VA1：1 路可调光衰减板。

② VA4：4 路可调光衰减板。

光可调衰减单元各单板的主要功能如下：

① TN11VA1/TN12VA1：可根据 SCC 单板指令调节 1 路光信号的光功率。

② TN11VA4/TN12VA4：可根据 SCC 单板指令分别调节 4 路光信号的光功率。

（9）功率与色散均衡类单板

光功率与色散均衡类单板包括：DCU 色散补偿单元。

光功率与色散均衡类单板的主要功能如下：

TN11DCU：用于补偿系统中光信号在光纤传输过程中积累的色散，并压缩光脉冲信号，使光信号得到恢复，可配合光放大板可实现长距离光中继传输。

二、认识 OSN1800 设备

1. 总体介绍

OptiX OSN 1800 系列定位于城域边缘层网络，包括城域汇聚层和城域接入层，可放置于有线宽带、移动承载上行方向等位置。在城域接入层网络中将宽带、SDH、以太网等业务进行处理后送至城域传送网络汇聚点，配合现有 OptiX WDM 设备向接入层实现业务延伸。在容量比较小的网络中，OptiX OSN 1800 系列也可应用于核心层。

2. 硬件结构

（1）机盒结构

产品以机盒为基本工作单位，体积小巧，维护方便，单人便可完成设备的安装和维护操作。采用无防尘网设计，免除现场维护操作。

OptiX OSN 1800 I 机盒和 OptiX OSN 1800 II 机盒采取热备份供电方式，满足 DC（−48V/−60V）和 AC（100～240V）供电要求，适用于 ETSI 机柜（300mm/600mm 深）、19 英寸机柜（600mm 深/开放式机架）、桌面、挂墙、无线室外柜等安装形式。

OptiX OSN 1800 II 机盒提供 8 个单板槽位，较 OptiX OSN 1800 I 机盒，接入业务量可增大近一倍。

OptiX OSN 1800 II 机盒支持普通机盒（包括直流机盒和交流机盒）和盘纤盒一体化机盒（包括直流机盒和交流机盒）。直流机盒使用直流电源单板 PIU，交流机盒使用交流电源单板 APIU。交流机盒中，APIU 占据两个业务槽位，原 PIU 槽位处安装假面板。

OptiX OSN 1800 II 普通机盒斜视图如图 4-27、图 4-28、图 4-29 所示。

图 4-27　OptiX OSN 1800 II 普通机盒斜视图（直流机盒）

图 4-28　OptiX OSN 1800 II 普通机盒斜视图（交流机盒）

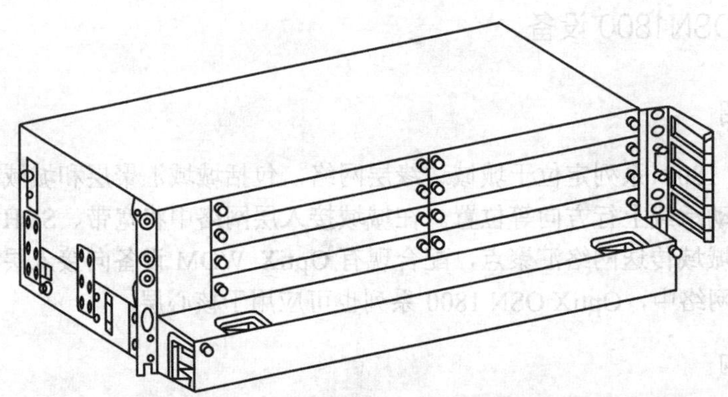

图 4-29　OptiX OSN 1800 II 盘纤盒一体化机盒斜视图（直流、交流机盒）

（2）单板槽位

OptiX OSN 1800 II 机盒提供 8 个单板槽位，如图 4-30 所示。

① 槽位 1 至槽位 6 可插放光波长转换类（OTU）单板、光分插复用类（OADM）单板、光合波和分波类单板、光放大类单板和光保护类单板。

② 槽位 7 可插放光分插复用类（OADM）单板、光合波和分波类单板和 SCS 单板。

③ 槽位 8 固定插放 SCC 单板。

④ 槽位 9 和槽位 10 固定插放 PIU 单板。

⑤ 槽位 11 固定插放 FAN 单板。

PIU 单板占用 2 个槽位。APIU 单板可插放槽位为 SLOT 2 和 SLOT 4，或 SLOT 4 和 SLOT 6。

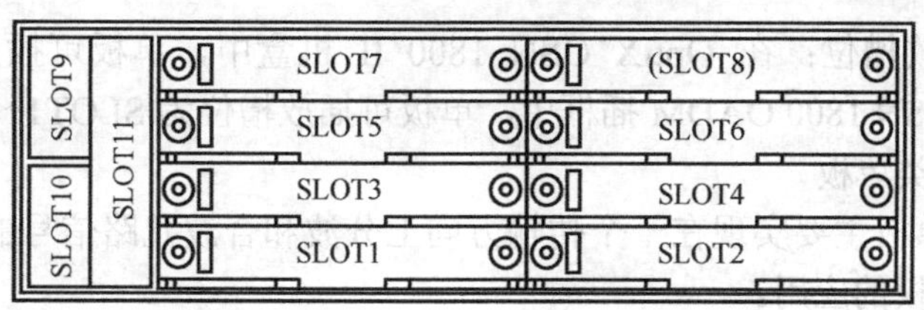

图 4-30 OptiX OSN 1800 II 机盒槽位分布

3. 单板

（1）光波长转换类单板

光波长转换单元 OTU（Optical Transponder Unit）的主要功能是将接入的 1 路或多路客户侧信号经过汇聚或转换后，输出符合 ITU－T G.694.1 建议的 DWDM 或 ITU－T G.694.2 建议的 CWDM 标准波长，以便于合波单元对不同波长的光信号进行波分复用。所有波长转换单元均为收发一体形式，可以同时实现上述过程的逆过程。

（2）光合波和分波类单板

OptiX OSN 1800 设备有两种合波分波板，一种是 FIU，一种是 X40 板。

① FIU 单板

FIU 单板属于光分合波单元，实现主信道与光监控信道的合波与分波功能。实现一个传输方向上主信道信号与监控信号的合波和分波。

FIU 单板在 WDM 系统中的应用如图 4-31 所示。

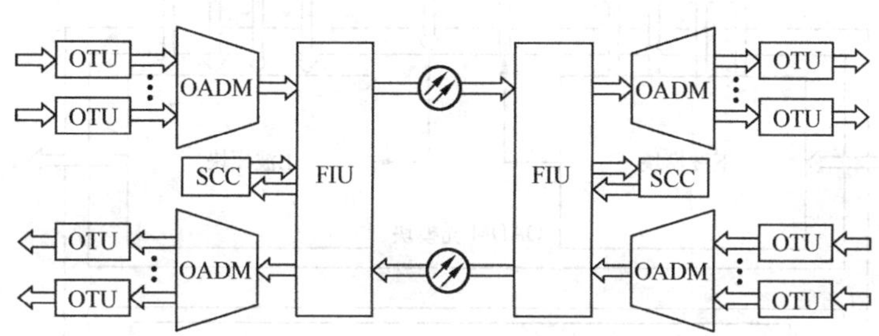

图 4-31 FIU 单板在 WDM 系统中的应用

FIU 面板及接口说明如图 4-32、表 4-5 所示

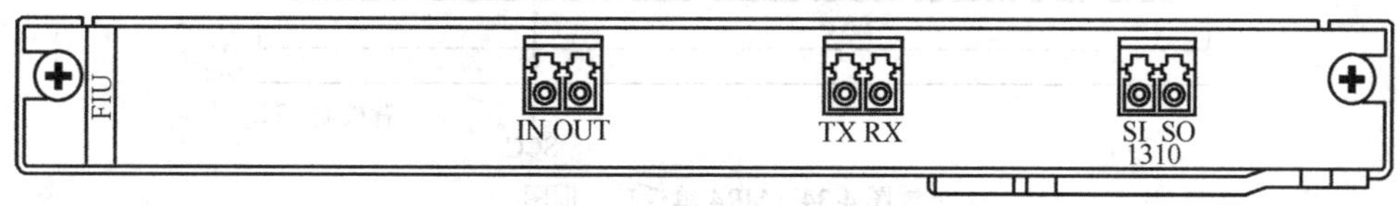

图 4-32 FIU 单板的面板外观图

表 4-5 FIU 单板光接口的类型和说明

FIU 单板光接口的类型和说明		
面板接口	接口类型	用途
IN/OUT	LC	输入/输出线路信号
RX/TX	LC	接收/发送主光通道信号
SI/SO	LC	输入/输出监控信道信号

FIU 单板可插放槽位：在 OptiX OSN 1800 II 机盒中，单板可插放槽位为 SLOT1～SLOT7；在 OptiX OSN 1800 OADM 插框中，单板可插放槽位为 SLOT1～SLOT4。

② 光分插复用类单板

光分插复用类单板主要实现在一个传输方向上分波和合波几路信号的功能，下面简要介绍 MR4 分插复用单板的应用。

MR4 主要完成在一个传输方向上，从合波信号中上下 4 个波长。MR4 单板支持双纤双向传输功能，其在 WDM 系统中的应用如下图 4-33 所示。

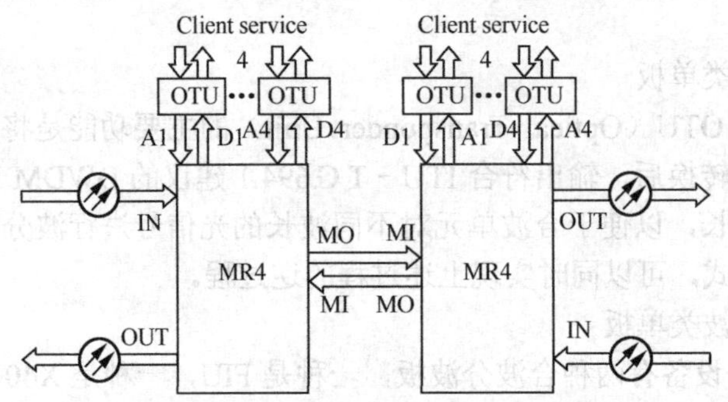

图 4-33　MR4 单板在 WDM 系统中的应用

MR4 由 OADM 光模块和通信模块组成，MR4 的单板功能框图如图 4-34 所示。

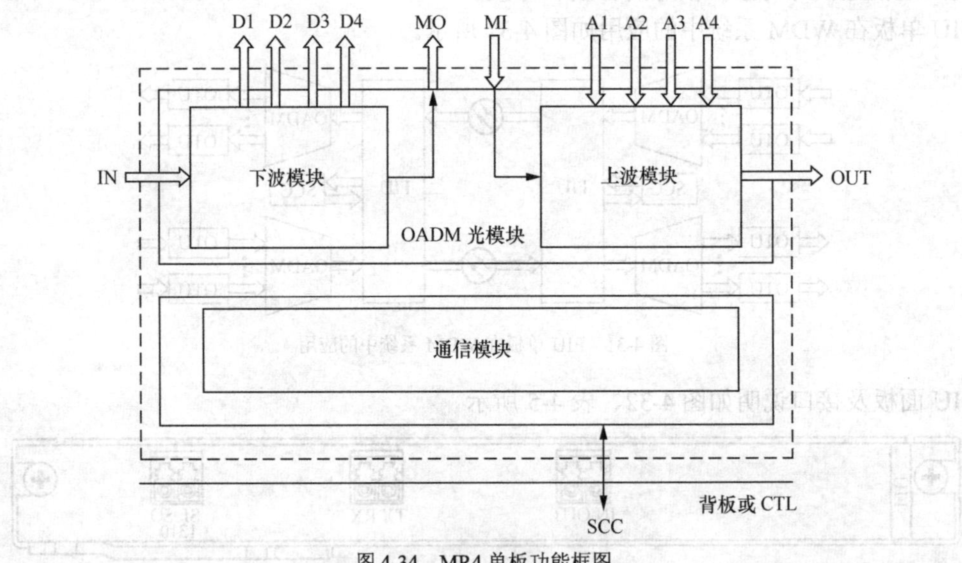

图 4-34　MR4 单板功能框图

MR4 的信号流：IN 光口接收从上一站传送来的合波信号，经下波模块分出 4 个波长，分别从 D1、D2、D3、D4 光口输出，下波后的信号从 MO 光口输出。MI 光口接收主光信道传送过来的信号，经上波模块合入分别从 A1、A2、A3、A4 光口接入的 4 个波长，合波后的信号从 OUT 光口输出。

MR4 的光模块的功能是在一个传输方向上，实现从合波信号中分插复用四路波长信号，提供中间级联端口，用于串接其他的光分插复用板，使系统在本地实现更多波长业务的上下。

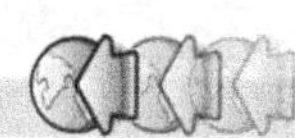

MR4 的通信模块的功能是与 SCC 单板进行数据通信，以实现对整个单板的操作控制。

MR4 单板的面板外观图如下图 4-35 所示。

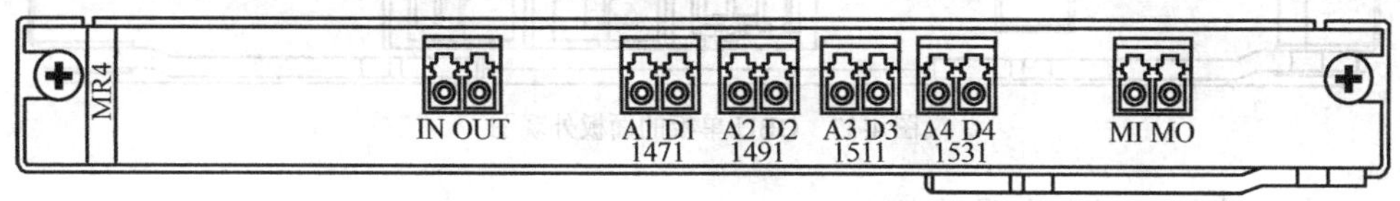

图 4-35　MR4 单板面板外观图

MR4 单板的面板上共有 12 个光接口，各接口的类型和功能见表 4-6。

表 4-6　MR4 单板各接口的类型和功能

面板接口	接口类型	用　途
IN/OUT	LC	输入/输出合波信号
A1～A4	LC	分别从波长转换板或集成式客户侧设备接收 1 路光信号，并合入合波信号
D1～D4	LC	分别从合波信号中分出 1 路光信号，输出到波长转换板或集成式客户侧设备
MI/MO	LC	级联输入/输出接口，将合波信号送入其他 OADM 单板，完成合波信号中其余信道的分插复用

MR4 单板可插放槽位如下：

在 OptiX OSN 1800 I 机盒中，单板可插放槽位为 SLOT1、SLOT3、SLOT4。

在 OptiX OSN 1800 II 机盒中，单板可插放槽位为 SLOT1～SLOT7。

在 OptiX OSN 1800 OADM 插框中，单板可插放槽位为 SLOT1～SLOT4。

（3）光放大类单板

光放大类单板支持光功率放大、在线光性能检测、性能监视、增益锁定与告警监测等功能和特性。在 OptiX OSN 1800 设备中主要有两种单板，一种 OBU，一种 OPU。下面主要介绍 OBU 单板功能、信号流和接口类型。

OBU 单板完成 C 波段光信号的放大功能，可用于发送端和接收端。OBU 单板在 DWDM 系统中的应用如图 4-36 所示。

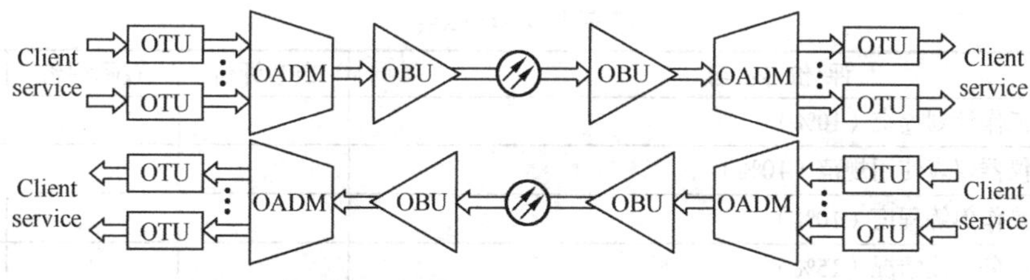

图 4-36　OBU 单板在 WDM 系统中的应用

OBU 单板能够支持光功率放大、在线光性能检测、性能监视、增益锁定与告警监测等功能和特性。其信号流：从 IN 光口接收的一路合波光信号被送入 EDFA 光模块。EDFA 光模块完成光信号的功率放大、增益锁定。经过放大后的合波光信号从 OUT 光口输出。合波信号也可以先从 VI 光口输入，经过光功率调整后从 VO 光口输出，然后 IN 光口接收调整后的合波信号。

OBU 单板的面板外观图如下图 4-37 所示。

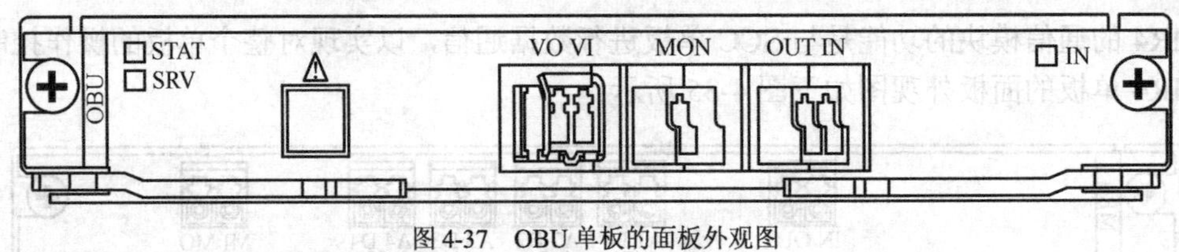

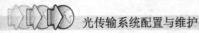

图 4-37　OBU 单板的面板外观图

OBU 单板光接口类型说明见表 4-7。

表 4-7　OBU 单板光接口类型说明

面板接口	接口类型	用　途
VO	LC	发送衰减后的信号
VI	LC	接收待衰减的信号
IN	LC	接入待放大的合波信号
OUT	LC	输出放大后的合波信号
MON	LC	连接光谱分析仪，进行在线的性能监测。 MON 口功率是 OUT 口功率的 1/99，即 MON 功率比 OUT 口低 20dB

（4）系统控制与通信类单板

系统控制与通信类单板主要有 SCC 单板，SCC 单板与 OptiX OSN 1800 的 U2000 网管系统共同完成各单板管理和各类维护和管理信号传送。

📖任务考核

通过对下面所列评分表的各项内容的考核，综合学生学习讨论过程中的表现，评定出学生的成绩。评价总分 100 分，分三部分内容：

（1）过程考核共 30 分，从工作计划提交、仪器仪表使用规范、操作熟练程度方面考核。

（2）结果考核共 20 分，从任务完成情况、技术报告方面考核。

（3）综合能力考核占 50 分，从知识掌握能力、成果讲解能力、小组协作能力、创新能力、态度方面进行考核，见表 4-8。

表 4-8　考核项目指标体系

评价内容			自我评价	教师评价	其他评价
过程考核（30%）	工作计划提交（10%）				
	仪器仪表使用规范（10%）				
	操作熟练程度（10%）				
结果考核（20%）	任务完成情况（15%）				
	技术报告（5%）				
综合能力考核（50%）	知识掌握能力（30%）	DWDM 概念及基本原理（10%）			
		OSN6800 设备硬件结构（10%）			
		OSN1800 设备硬件结构（10%）			
	成果讲解能力（5%）				
	小组协作能力（5%）				
	创新能力（5%）				
	态度方面（是否耐心、细致）（5%）				

📖教学策略

任务总课时安排 8 课时。教师通过引导、小组工作计划、小组讨论、成果展示多种教学方式提高学生的自主学习能力，教师从传统的讲授变为辅助。因此老师可以从以下几个部分完成。

1．资询阶段

将全班同学分成若干各项目小组，小组同学结合相关知识点进行自主学习（教师主要是引导作用），准备相关资料，列出本项任务需要同学们掌握的知识点，并对必要的知识点进行必要的讲解。

2．计划阶段

学生根据老师布置的任务，准备相关知识的查找、学习。教师的职责是准备相关内容，并确定小组同学知识的掌握的正确性。

3．实施阶段

各小组根据给出的任务进行学习讨论，利用相关的参考书籍和技术手册写出 DWDM 各单板的功能，画出设备机框配置图信号流程图。教师职责是组织学生讨论正确性，并在小组讨论过程中，随时准备解答学生一切可能的问题。同时，教师注意观察各小组的讨论情况，注意收集问题。

4．总结、成果展示、考核

每个小组应将自己小组掌握的设备构架配置进行讲解，老师完成对该小组的同学的考核。

📖任务总结

① 所谓波分复用（WDM）就是把不同波长的光信号复用在一根光纤传输的通信方式。WDM 的基本原理就是在发送端将多个不同波长的光信号复用在一起（合波），并耦合到光缆线路上的同一根光纤中进行传输，在接收端又将合波信号按波长分开（分波），并作进一步处理，恢复成原信号后送入不同的终端设备接收。

② 人们把在同一窗口（1550nm）中波长间隔更小（一般在 1.6 nm 以下）的 WDM 系统称为密集波分复用（DWDM）。

③ DWDM 系统具有超大容量传输、节约光纤资源、各通路透明传输、平滑升级扩容、利用掺铒光纤放大器（EDFA）实现超长距离传输和可组成全光网络等优点。

④ DWDM 系统由光发送机、光中继放大、光接收机、光监控信道和网络管理系统五个部分组成。

⑤ DWDM 系统实现方式可分为双纤单向 DWDM 系统和单纤双向 DWDM 系统。从应用模式可划分为集成式 DWDM 系统和开放式 DWDM 系统。

⑥ DWDM 系统的关键技术有光源技术、OUT 技术、光放大器技术、光传输技术和光监控信道技术等。

⑦ DWDM 系统的设备根据实现功能的不同可分为光终端复用器（OTM）、光分插复

用器（OADM）和光线路放大器（OLA）和电再生中继器（REG）。

思考题

1．什么是 WDM 技术？DWDM 与 WDM 有什么区别？
2．画出 DWDM 系统的基本构成？并简述各部分的作用？
3．DWDM 的实现方式有哪两种？各有什么特点？
4．DWDM 的逻辑分层有哪些？各层的作用是什么？
5．OTN 的逻辑分层有哪些？
6．对 DWDM 系统光源有什么特殊要求？
7．实现 DWDM 的关键技术有哪些？
8．OUT 的作用有哪些？
9．什么光纤最适合 DWDM 系统？阐述原因？
10．DWDM 系统的网元类型有哪些？各自有什么特点？
11．阐述 8L5-4.2 波分复用系统代码的含义？

任务 10　DWDM/OTN 组网及数据配置

任务描述

某通信学院刚刚购买了一套 0SN6800\和两套 OSN1800 设备，需要将其组建一个 DWDM 的链型组网，并完成相关配置，如图 4-38 所示。

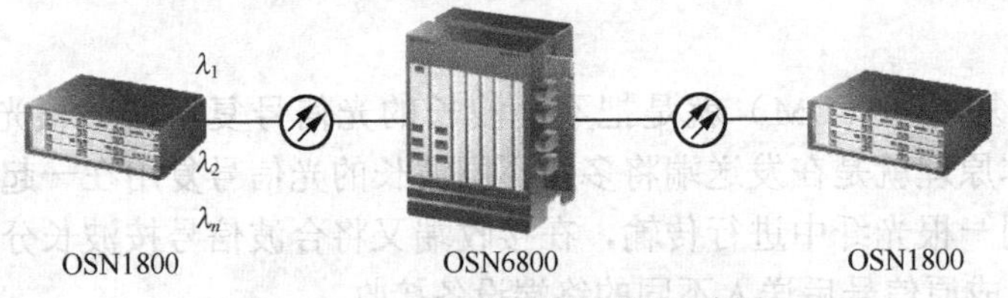

图 4-38　DWDM 链型组网配置示意图

任务分析

首先需要熟悉 DWDM 组网的几种方式，各自选择的设备类型，完成内部纤缆和外部光缆的物理连接以及网管配置，再根据业务需求完成数据配置。

任务资讯

4.2.1　DWDM 系统的组网方式

DWDM 系统的组网方式跟 SDH 组网方式相似，最基本的组网方式有点到点、链状组网和环状组网方式，并可由这三种方式组合出其他较复杂的网络形式。

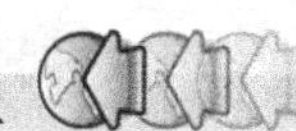

1．点到点组网

点到点组网是最简单、最基本的一种组网方式，用于端到端的业务传送。点到点组网不需要 OADM 设备和 REG 设备，只由 OTM 设备和 OLA 设备组成，如图 4-39 所示。

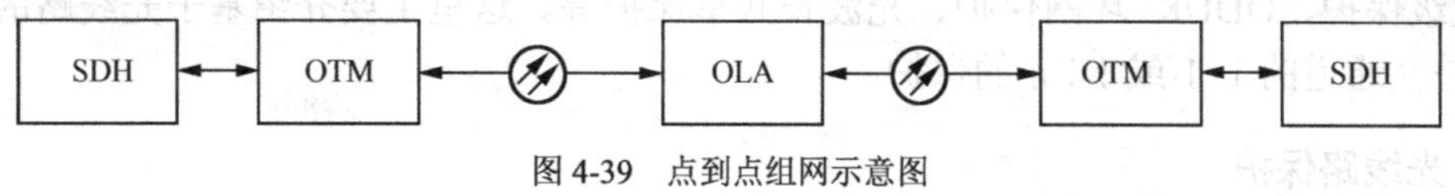

图 4-39　点到点组网示意图

2．链状组网

当部分波长需要在本地上/下业务，而其他波长继续传输时，就需要采用 OADM 设备组成链形组网。链状组网的形式如图 4-40 所示。

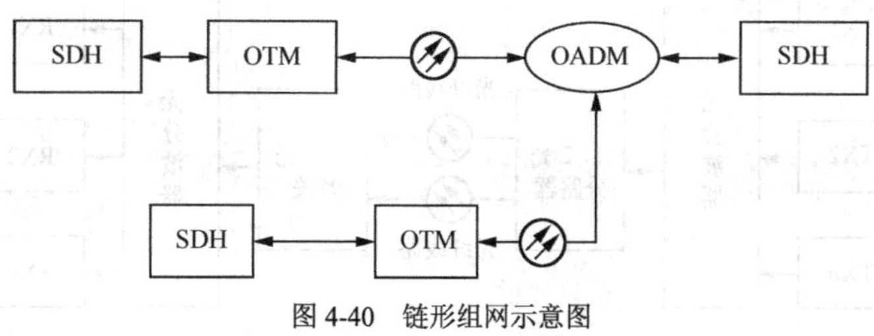

图 4-40　链形组网示意图

3．环状组网

网络的安全可靠是网络运营商服务质量的重要体现，为了提高传输网络的保护能力，在城域 DWDM 系统的网络规划中，绝大多数都采用图 4-41 中所示的环状组网。因为环状网络具有自愈能力，是一种应用非常广泛的组网方式，甚至环形组网还可以衍生出各种复杂网络结构。例如两环相切、两环相交、环带链等，在环网中节点采用 OADM 设备。

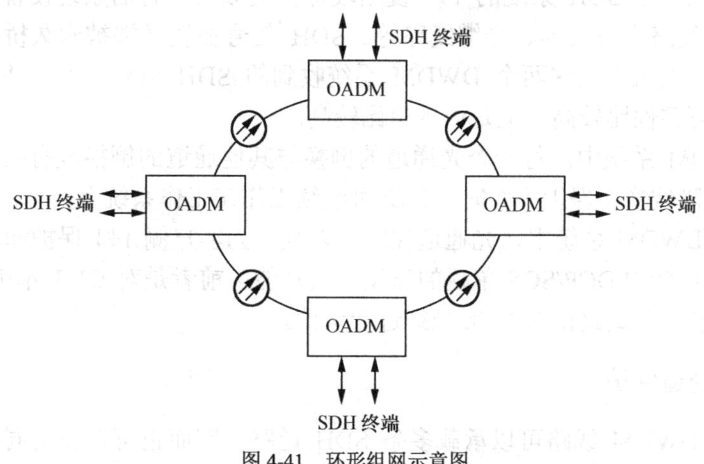

图 4-41　环形组网示意图

4.2.2 DWDM 系统的保护方式

由于 DWDM 系统承载的业务量很大，因此在 DWDM 系统中，安全性特别重要。DWDM 系统对业务有很多保护方式，如光线路保护、光通道保护、SNCP（子网连接保护）、板级保护、ODUK 环网保护、光波长共享保护等。这里主要介绍基于光线路的保护，另一种是光通道的 1+1 或 1∶*n* 的保护。

1. 光线路保护

光线路保护如图 4-42 所示，在发送端和接收端分别使用 1∶2 光分路器和光开关或采用其他手段，在发送端对合路的光信号进行功率分配，在接收端对两路输入光信号进行优选。在华为 DWDM 系统中就是采用 OLP 单板的双发选收功能，在相邻站点间利用分离路由对线路光纤提供保护。

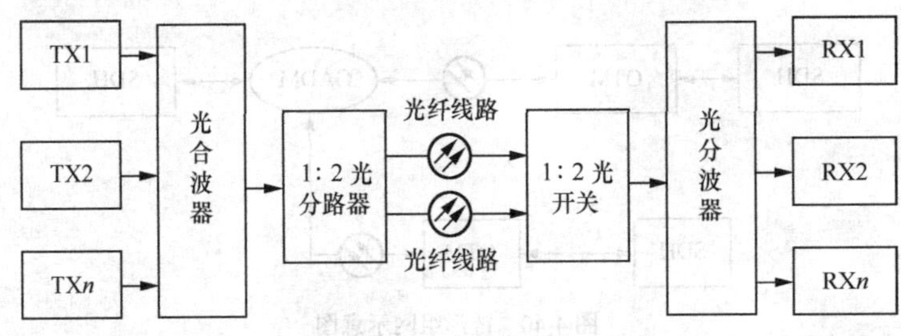

图 4-42 光线路保护

这种技术只在线路上进行 1+1 保护，而不对终端设备进行保护，只有光缆和 DWDM 的线路系统（如光线路放大器）是备份的，而 DWDM 系统终端站的 SDH 终端和复用器等则是没有备份的。相对于后面介绍的 1+1 光通道，光线路保护降低了成本。必须注意的是光线路保护一定是采用两条光缆而且在不同路由上才有保护意义、否则一断工作，保护都断了。

2. 1+1 光通道保护

1+1 光通道保护与 SDH 系统的 1+1 复用段保护类似，所有的系统设备都需要有备份，合波器/分波器、线路光放大器、光缆线路等。SDH 信号在发送端被永久桥接在工作系统和保护系统，在接收端监视从这两个 DWDM 系统收到的 SDH 信号状态，并选择更合适的信号，这种方式的可靠性比较高，但是成本也比较高。

在一个 DWDM 系统中，每一个光通道的倒换与其他通道的倒换没有关系，即工作系统里的 TX1 出现故障倒换至保护系统时，TX2 可继续工作在工作系统上。

在华为实际 DWDM 系统中，光通道保护可以细分为客户侧 1+1 保护和板内 1+1 保护，其保护原理是运用 OLP/DCP/SCS 单板的双发选收功能，前者是对 OUT 单板及 OCh 光纤进行保护，后者是利用分离路由对 OCh 光纤进行保护。

3. 1∶*n* 光通道保护

考虑到一条 DWDM 线路可以承载多条 SDH 通路，因而也可以使用同一 DWDM 系统内的空闲波长通道作为保护通路。

比如 n+1 路的 DWDM 系统，其中 *n* 个波长通道作为工作波长，一个波长通道作为保护系统，但是考虑到实际系统中，光纤、光缆的可靠性碧设备的可靠性要插，只保护系统，而不保护线路，所以意义不是很大。

📖任务实施

一、操作器材

OSN6800 设备（1 套）、OSN1800 设备（2 套）、尾纤若干、测试用 LC/PC 转接头 1 个、U2000 网管系统

二、实践操作一：DWDM 系统组网连纤

根据任务需求，确定链状组网方式，完成每个站点单板配置，并画出内部连纤图。

组网分析：

组网中 1800-1 设备是 OTM 网元，有两块 ELOM 波长转换板，波长频率分别为 129.1、129.2，6800 设备是 OADM 网元，4-LOA 波长转换板的中心波长频率为 129.1。1800-2 设备是 OTM 网元，1-ELOM 板的中心波长频率为 129.2.。

根据以上条件我们可以组成 1800-1——6800——1800-2 的链状组网。简易组网如图 4-43 所示。

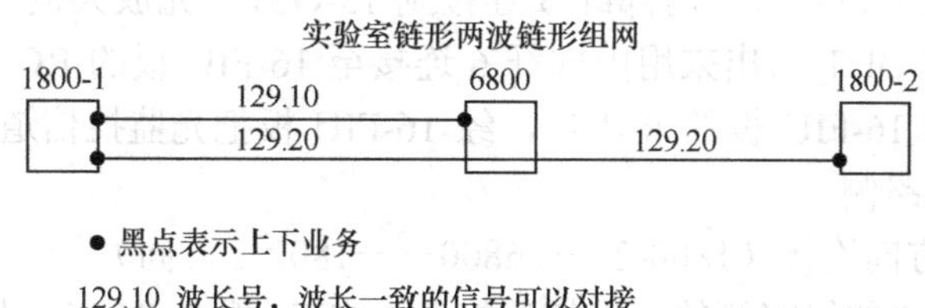

图 4-43　链型组网波长分配示意图

1. 1800-1 内部连纤

实验室 1800-1 设备的板件配置如下：ELOM 单板 2 块，MR4 单板 1 块，OPU 单板 1 块，SCC 单板 1 块。

（1）按照信号发送方向连纤。

客户信号从 ELOM 单板 RX1-RX8 进入 ELOM 内部经过转换后从波分侧 OUT 口发出，1-ELOM 波分侧信号经内部纤 1 连接至 MR4 分插复用板的 A1 端口（129.10），3-ELOM 波分侧信号经内部纤 2 连接至 MR4 分插复用板的 A2 端口（129.20）。这两波经 6-MR4 板合波后从 MR4 的 OUT 口发出，用内部纤 3 连接至 OPU 单板 IN 口，经过 OPU 放大后的信号从 OPU 单板 OUT 口发出直接上线路侧光纤。

（2）按照信号接收方向连接。

6800 设备发过来的线路信号直接进入 MR4 板的 IN 口，从 MR4 板分离出两波信号，用内部连纤 4 连接 MR4 单板 D1 口和 1-ELOM 单板 IN 口，用内部连纤 5 连接 MR4 单板 D2 口和 3-ELOM 单板 IN 口，从 ELOM 单板再分离客户信号，从 ELOM 单板的 TX1-TX8 发至

客户侧。注意接收方向侧没有前置放大器。

2. 6800 设备内部连纤

6800 设备配置单板：1 块 LOA（波长转换板）、2 块 OBU1 单板（光放大板）、2 块 MR4 单板（4 波分插复用板）、2 块 FIU 板、1 块 SC2 板、1 块 SCC（主控板）。

（1）按照信号流方向连接（1800-1——6800——1800-2 方向）

1800-1 设备发过来的信号首先进入西向 1-FIU 板的 IN 口，1-FIU 处理后分离出主信道和光监控信号。1-FIU 板把从上游站发过来的光监控信号分离出来后从 TM 口发出，用内部连纤 1 连接至 5-SC2 板的 RM1 口。1-FIU 板把从上游站发过来的主信道光分离出来，从 TC 口发出，用内部纤 2 连接 FIU 板 TC 口和 3-MR4 单板的 IN 口，经 3-MR4 单板分波出第一波信号（129.10）从 D1 口发出，用内部连纤 3 连接 3-MR4 单板 D1 口和 4-LOA 单板 IN 口，从 4-LOA 单板分离出上游站的客户信号，从 4-LOA 单板的 TX1-TX8 发至客户侧。

从 1800-1 设备其实发过来两波，另外一波（129.20）是要经过 6800 设备穿通到 1800-2 设备上去的，6800 设备的东向线路是对应的 1800-2 方向的，那么我们就需要从 6800 设备的西向穿通这一波到 6800 设备的东向，最终经过线路到达 1800-2 设备。因为 6800 设备的东西 MR4 板也是一块 MR4 板并且波道频率一样，那么我们就可以把 3-MR4 的 D2 口的信号用内部纤 4 连接到 14-MR4 板的 A2 口上波到东向，从而实现从西向跳波到东向。14-MR4 板合波后的信号从 OUT 口出来用内部纤 5 连接到 15-OBU1 光放大板 IN 口，放大后的信号从 15-OBU1 放大板的 OUT 口出来用内部纤 6 连接至 16-FIU 板的 RC 口，用内部纤 7 连接 5-SC2 板的 TM2 口和 16-FIU 板的 RM 口，经 16-FIU 板把光监控信道的光和主信道光合波后从 OUT 口发出到线路侧。

（2）按照信号流方向连接（1800-2——6800——1800-1 方向）

从 1800-2 方向过来的线路侧的光直接连接至 16-FIU 板的 IN 口，从 16-FIU 板分离出监控信道光和主信道的光。监控信道的光从 16-FIU 板的 TM 口发出用内部纤 8 连接至 5-SC2 板的 RM2 口。主信道的光从 16-FIU 板的 TC 口发出用内部纤 9 连接至 14-MR4 板的 IN 口，从 14-MR4 板分离出一波信号到 D2 口（第二波），因为这一波是要到 1800-1 设备落地的，所以要从东向穿通的西向最终到 1800-1。用内部纤 10 连接东向 14-MR4 板的 D2 口和西向 3-MR4 板的 A2 口，这样 1800-2 设备的波就穿通到了 6800 设备的西向，并最终可以到达 1800-1 设备。

用内部纤 11 连接 4-LOA 单板的 OUT 口和 3-MR4 板的 A1 口来实现 6800 设备的上波。这样 3-MR4 板就上了两波。3-MR4 板把这两波合波后从 OUT 口发出，用内部纤 12 连接 3-MR4 板的 OUT 口和 2-OBU1 板的 IN 口，经过 2-OBU1 板放大信号后从 OUT 口发出，用内部纤 13 连接到 1-FIU 板的 RC 口，5-SC2 板 TM1 口发出的光监控信道信号用内部纤 14 连接 1-FIU 板的 RM 口，经过 1-FIU 板合波后从 OUT 口发送至线路侧到达 1800-1。

3. 1800-2 内部连纤

实验室 1800-2 设备的板件配置如下：ELOM 单板 1 块，MR4 单板 1 块，OPU 单板 1 块，SCC 单板 1 块。

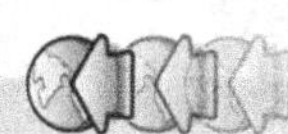

（1）按照信号发送方向连纤

客户信号从 1-ELOM 单板 RX1-RX8 进入 ELOM 内部经过转换后从波分侧 OUT 口发出，1-ELOM 波分侧信号经内部纤 1 连接至 4-MR4 分插复用板的 A2 端口（129.20），经 6-MR4 板合波后从 MR4 的 OUT 口发出，用内部纤 2 连接至 OPU 单板 IN 口，经过 OPU 放大后的信号从 OPU 单板 OUT 口发出直接上线路侧光纤。

（2）按照信号接收方向连接

6800 设备发过来的线路信号直接进入 MR4 板的 IN 口，从 MR4 板分离出一波信号，用内部连纤 3 连接 MR4 单板 D2 口和 1-ELOM 单板 IN 口，从 ELOM 单板再分离客户信号，从 ELOM 单板的 TX1-TX8 发至客户侧。注意接收方向侧没有前置放大器。实验室点对点内部连纤图如图 4-44、图 4-45 所示。

对照上边的组网及信号流可以画出直观的内部连纤图，大家可以参考连纤图来布放内部纤。根据内部连纤图在设备上连接内部纤。（图中的虚线表示没有此配置单板）

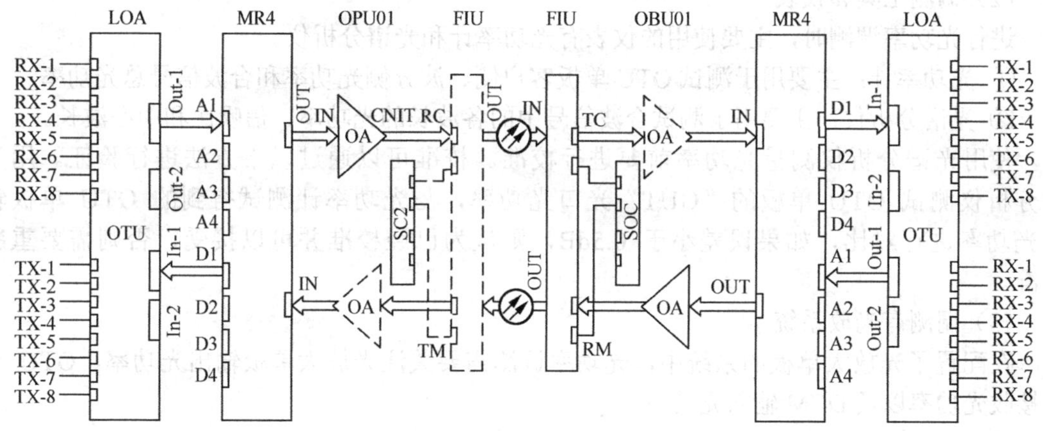

图 4-44 1800-1 到 6800 西向点对点内部连纤图

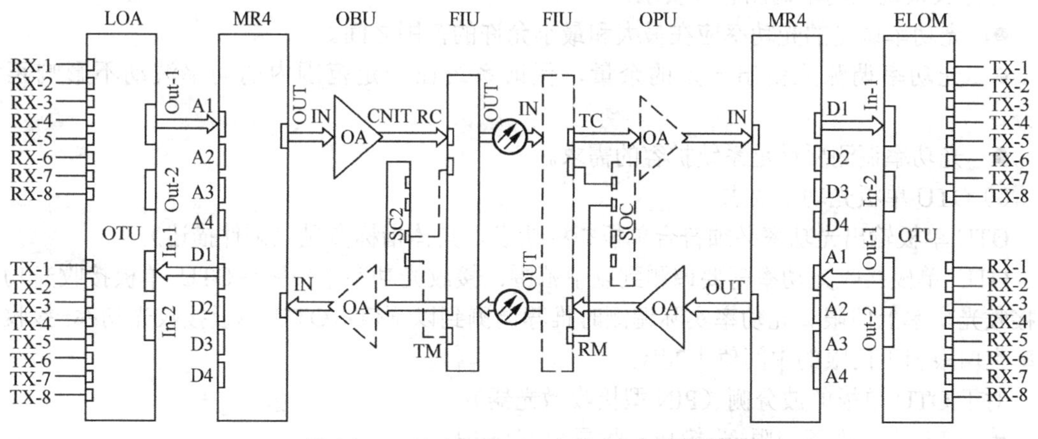

图 4-45 6800 东向至 1800-2 点对点内部连纤图

三、实践操作二：波分设备光功率调测

操作器材：6800 设备 1 套、1800 设备 2 套、光功率计 1 套、固定光衰若干、光谱分析仪 1 台、调测尾纤 2 根、LC-PC 转接头 1 个、U2000 网管 1 台、实验用维护终端若干。

1．光功率调测原理

（1）光功率调测的总体顺序

按照信号的流向顺序调测各个站点、各个单板的光功率值。根据单板的光功率、增益、插损等要求，排除线路和单板的异常衰耗。主要围绕 OTU 单板、光放大板、监控信道板的光功率调测要求进行调测。

波分系统一般以每两个终端站点 OTM 之间的站点为一个网络段，每一网络段中包含对应收发方向的两个信号流向。

波分系统在每个网络段中采用按照信号流向逐站点调测光功率的方式：首先完成某 OTM 终端站点发送方向的光功率调测，沿该信号方向，逐站完成信号下游各站点光功率调测，最终完成该信号流向终点的 OTM 站点的接收方向的光功率调测。然后沿如上信号流向的逆方向，完成另一信号流向的光功率调测。

（2）调测工具和仪表

进行光功率调测时，主要使用的仪表有光功率计和光谱分析仪。

① 光功率计：主要用于测试 OTU 单板客户侧、波分侧光功率和合波信号总光功率。

② 光谱分析仪：主要用于测试合波信号中的各波长的光功率、信噪比和中心波长。

使用光谱分析仪测量光功率前要进行校准。校准可以通过以下方法进行验证。用光谱分析仪测试 OTU 单板的“OUT”光口光功率，与光功率计测试得到的 OTU 单板输出光功率进行对比，如果误差小于 0.5dB，则认为已经校准并可以接受，否则需要重新校准。

（3）调测有光放系统

在配置了光放大单板的系统中，光功率调测需要关注光放大单板输出光功率、OTU 单板接收光功率以及 DCM 输入光功率。

① 总体要求

有光放系统光功率调测总体要求：

- 光功率调测的光功率应在最大和最小允许的范围之间。
- 光功率调测应留出一定的余量，保证系统在一定范围内的功率波动不影响正常业务。
- 光功率调测要满足系统扩容的需求。

② OTU 单板光功率要求

OTU 单板输出光功率必须符合单板指标要求，具体指标参见《硬件描述》。

OTU 单板接收光功率需要调测到以下范围：接收光功率下门限≤OTU 单板接收光功率≤接收光功率上门限。光功率实际调测时推荐调测到以下值：OTU 单板接收光功率=接收光功率上门限和下门限的中间值＋2dB。

对于 OTU 单板的波分侧（PIN 型接收激光器）：

- 接收光功率下门限=光模块接收灵敏度+5dB。
- 接收光功率上门限=光模块接收过载点−3dB。
- 对于 OTU 单板的波分侧（APD 型接收激光器）。
- 接收光功率下门限=光模块接收灵敏度+8dB。
- 接收光功率上门限=光模块接收过载点−3dB。

对于 OTU 单板的客户侧：

- 接收光功率下门限=光模块接收灵敏度+2dB。
- 接收光功率上门限=光模块接收过载点−2dB。

③ 合波单板光功率要求

各单波在合波前的光功率（即合波单板的输入光功率）应调测到以下范围：平均单波光功率−2dB≤单波光功率≤平均单波光功率＋2dB。

合波光功率=标称单波光功率+10lgN（N=波道数）。

输入单波标准光功率=输入最大大光功率−10lgN（N 为满波波长数）。

光放大单板平均单波输出光功率要求等于单波标称输出光功率。

- 平均单波输出光功率需要使用光谱分析仪连接至光放大单板的 OUT 口测量。
- 单波标称输出光功率=光放最大输出总光功率−10lgN，N 为系统设计所能达到的最大波数。例如，光放大单板最大输出总光功率为 17dBm，如果系统设计为 40 波系统，则单波标称输出光功率=17−10lg40=1dBm。

从 OPU 单板的硬件指标中我们获得 OPU 单板的最大输出光功率为 17dB，按 40 波系统来算则单波标称输出光功率即为上边算出的 1dB，那么我们知道了 OPU 的增益是 20dB，那么单波输入光功率即为单波标称输出光功率−增益，那么 1−20=−19dB，那么标称单波输入光功率=−19dB。那么光放板的标称单波输入光功率=合波板的标称单波光功率。

那么对于采用 OPU 光放的 40 波系统只加了一波的合波光功率是多少呢？套用公式即可：

合波光功率=−19+10lg1=−19+0=−19

注意：合波光功率=光放的输入光功率。

④ 调测要求

- 将光放板输入单波平均光功率尽量调节到输入标准单波光功率。
- 如果光放大单板输入单波平均光功率高于输入单波标准光功率，则增大光放大单板前可调衰减器的衰减值，使输入单波平均光功率达到标准。
- 如果光放大单板输入单波平均光功率低于输入单波标准光功率，则减小光放大单板前可调衰减器的衰减值，使输入单波平均光功率达到标准。
- 如果调节可调衰减器使光放大单板的输入单波平均光功率旳大值仍然低于输入标准单波光功率，但是去掉可调光衰减器又高于标准单波光功率，则调测输入光功率到当前最大值。
- 如果调节可调衰减器使光放大单板的输入单波平均光功率旳大值仍然低于输入标准单波光功率，去掉可调衰减器后仍然比标准单波光功率低，则去掉可调衰减器，直接接入光放大单板。

分析：调测要求最后两条在光放板的单波输入不能达到标称值的时候要求是可以略低于标称值，不能大于标称值。实际情况如果是按照满波的情况则必须按照上述要求，如果确定最终上波不会达到满波的情况下则光放的指标值可以稍微放松点。

根据配置按照链状组网来调测，按照 1800-1 到 6800 设备到 1800-2 设备来调测光功率，实际过程中按照信号流的方向来逐站调测光功率，本实验室中的配置是按照两波的情况来配置的，第一波是 1800-1 设备的 1-ELOM 板至 6800 设备的 4-LOA 板所用波道为 192.10。第二波是 1800-1 设备的 3-ELOM 板至 1800-2 设备的 1-ELOM 板的业务，所用

波道为 192.20。在做本实验前必须了解波分的组网情况和内部连纤图，知道波道的流向情况。

2．实践步骤

（1）调测 1800-1 设备的上波发送光功率

① OTU 单板客户侧光口光功率调测

调测首先从 1-ELOM 板开始，工程现场客户侧有信号的直接接入到 1-ELOM 板，注意在接入客户侧信号时必须用光功率计测试客户侧过来的光信号强度，必须保证 1-ELOM 板可插拔光模块的输入光功率在正常范围内。在网管上我们可以直接查询出 1-ELOM 所插光模块的收光范围，已经查询到 1-ELOM 板 1、2 光口的收光范围为−20～−4，发光功率为−6。3、4 光口的收光范围为−8～−1，发光功率为−5。

3-ELOM 板客户侧的光口调测跟 1-ELOM 板调测一样，接收光功率下门限 ≤OTU 单板接收光功率≤接收光功率上门限。光功率实际调测时推荐调测到以下值：OTU 单板接收光功率＝接收光功率上门限和下门限的中间值+2dB。请同学们根据光口的光模块信息来计算调测值。严禁在未测试光功率的情况下在 OUT 单板的客户侧接入光纤，如果客户侧光口收光过大则会烧坏 OUT 单板客户侧光口的激光器件。

② OTU 单板波分侧光口光功率调测

实验室在 1800-1 设备上我们上了两波，波分侧调测只需要测试 OTU 单板波分侧光口的发光功率正常即可，下波是调测重点。实验中我们测试到 1-ELOM 板的发光功率为 0.2（第一波），2-ELOM 板的光功率为 0.1（第二波），发光正常。

③ MR4 单板的插损测试

1-ELOM 板波分侧 OUT 光口通过内部纤直接连接至 MR4 分插复用板的 A1 口（第一波），此处我们要测试 MR4 板 A1 口的插损，测试的插损值一定要小于 2.2dB。（MR4 单板硬件描述）如果测试的插损大于这个值，请联系华为公司处理。MR4 板 A1-A4 口，D1-D4 口插损的测试方法为：（在没有光谱分析仪的情况下测试 MR4 板各波的插损时不能接入任何其他的信号）例如测试 A1 口，用光功率测试 A1 口的输入光功率值并记录，插上光纤，在 MR4 板的 OUT 口测试光功率并记录测试值，用 A1 口光功率减去 OUT 口光功率的值即为 MR4 板 A1 口的插损。我们实验室中测试的值为 1dB。

3-ELOM 板波分侧的尾纤连接至 MR4 分插复用板的 A2（第二波）口，这里需要测试 A2 口的插损。华为公司的板件在出厂前都经过严格的测试，板件出现故障及几率非常小。

④ 光合波板和光放大板的调测

首先我们要知道调测的各项指标值。实验中我们配置了一块 OPU 前置光放大板，从硬件指标中我们知道 OPU 单板的单波输出标称值为 1，单波标称输入光功率值为-19（查询设备的硬件描述可以找到），两波的情况 MR4 板的合波光功率为：根据公式合波光功率=单波标称值+10lgN=−19+3=−16（N=2，2 为波道数），那么两波的情况下 OPU 的输出光功率为多少呢？−16+20=4（OPU 单板固定增益 20dB），那么在两波的情况下要保证 OPU 单板的输出光功率为 4dB。下面我列出调测 OPU 单板所涉及到的光功率值：

OPU 的单波标称输入光功率为−19dB

OPU 的单波输出光功率为 1dB

MR4 板两波的合波光功率为−16dB

OPU 两波的输出光功率为 4dB

下面我们来介绍测试方法：测试时按照仪表情况我们分两种情况调测：

- 光功率计调测：如果我们只有光功率计，那么我们要按照单波的情况逐波来调测，即第一波调测好后调测第二波，第二波调测好后调第三波（调测其他波需要断开调好的波道）。把光功率计直接连接 MR4 板的 OUT 口，测试 OUT 口的光功率值，测试时尽量调测到−19dB。

- 光谱分析仪调测：如果有光谱分析仪，调测就比较简单了，把光谱分析仪的测试口用直接连接 MR4 板的 OUT 口尾纤，测试 OUT 口的光功率值，测试可以看到所有的上波的光功率值，把每一波的光功率值尽量调测到−19dB 即可。

在本实验中由于是用的固定光衰所以单波标称值不容易得到，我们调测的实际值为−18.68 和−18.78，合波后的光功率为−15.8dB，从调测值上来看，上波的两波的光功率基本保持一致，平坦度得到保证，如果我们有 0.2dB 的光衰加在 OPU 输入光功率之前即可得到−16dB 的输入光功率，而且所有的单波光功率值都会减小，总光功率也会降下去。

（2）调测 6800 设备的下波和跳波光功率

在实验室 ODF 架的 D 盘的 5 芯和 8 芯用跳纤连接起来。1800-1 设备发送过来的光，首先进入 6800 设备的西向 FIU 板，从 FIU 板分离主信道信号和监控信号，对于监控信号，只需在 SC1 的 RM1 口加上 15dB 的光衰即可，监控信道的收光范围为−46 到−3 之间。

① 第一波下波调测

FIU 发出上游站主信道光至 3-MR4 板 IN 口，MR4 板 D1 口分离第一波信号至 OTU 板（4-LOA）的 IN 口，这里只要保证 OUT 板 LOA 的输入光功率为−16 到−2 之间，建议值为−16 和−2 的中间值，我们调测到−7.8dB，然后在 U2000 网管上查询 4 板位 LOA 的输入光功率值为−7.8，在正常范围内。

② 第二波下波和第二波跳波调测

第二波是到 1800-2 设备上波，那么我们需要把这一波穿通过去到 1800-2 方向。根据实验室配置情况，只能通过跳波的方式把这一波发送到 1800-2。

3-MR4 板收到上游站过来的光在 D2 口分离出第二波光，分离出来的第二波的光直接用内部跳纤跳接到 14-MR4 板的 A2 口上波，经过 OBU1 放大后通过 FIU 板发送到线路并最终发送到 1800-2 设备。

这里光放大板为 OBU1，从硬件指标中我们查得 40 波系统的单波标称值为−20dB，这里到 1800-2 只有一波，我们按照一波来调测，合波光功率=−20+10lg1=−20+0=−20，用光功率计连接在 MR4 板 OUT 口，测试值为−20 即可。测试好后把光纤连接好，在网管上测试 OBU1 的输入光功率为−19.4，光功率在正常范围内。

（3）1800-2 下波和 1800-2 上波的光功率

① 第二波下波调测

1800 设备没有前置放大板，下波就比较简单，只需要保证 OTU 单板接收光功率=接收光功率上门限和下门限的中间值+2dB，MR4 板的 D2 口连接至 1-ELOM 板的 IN 口，调测光功率为光口的收光范围内即可，本次调测值为−9dB，可以通过减小衰耗的方法得到−7dB，

当然−9dB 是完全可以用的，中间值+2dB 是建议值。

至此从 1800-1 设备发送过来的光信号已经全部调测完毕，下面我们要按照业务流向调测从 1800-2 设备经过 6800 再到 1800-1 设备的波道。

② 第二波上波调测

3-ELOM 板 OUT 口直接连接至 MR4 板的 A2 口（192.2），调测这一段的光功率可以得到单波光功率值。

上波方向配置为 OPU 光放板，查询得知单波标称值为−19dB，上波为一波的情况，只需要保证合波光功率为−19dB 即可，在 MR4 板 OUT 口测试光功率为-19dB 即可，用光功率加固定光衰的方法得不到标称值，但是保持标称值附近即可。从网管上查询得知 OPU 的输入光功率为−18.2，在正常范围内。

（4）调测 6800 设备跳波和上波

第一波上波：4-LOA 板波分侧光口用内部纤跳接至 3-MR4 的 A1 口（129.10）。

第二波穿通波上波：穿通波在 6800 设备 14-MR4 板的 D2 口直接用内部跳纤跳接到 3-MR4 板的 A2 口（129.20）上波。

这两波通过 2-OBU1 板放大后和监控信道的光再经过 1-FIU 板合波后发送到线路侧最终到 1800-1 设备，0BU1 的标称单波光功率为−20，根据公式计算出上两波后合波光功率为−17dB。按照之前的光功率调测方法，单波单波的调测，合波后光功率值为−17.3，光功率在正常范围。

（5）调测 1800-1 设备下波

1800-1 设备的 6-MR4 单板的 D1（第一波）口内部纤连接至 1-ELOM 板的波分侧 IN 口。

1800-1 设备的 6-MR4 单板的 D2（第二波）口内部纤连接至 3-ELOM 板的波分侧 IN 口。

保证波分侧的收光的上门限和下门限的中间值+2dB 即可，本实验我们的调测值为−9.5 和−7.2，光功率正常。

总结：波分的光功率调测其实比较简单，前提是必须了解组网情况和波道的分配情况，就好像 SDH 一样，你必须知道这个站的业务到那个站的业务经过那几个站点，用的时隙是多少（SDH 中的时隙相当于波分中的波道）。剩下的就是光功率调测，光功率的调测要点是尽量把光放大板的输入单波光功率调测到标称值（OUT 板和合波板中间用可调光衰的情况下可以做到），如果调测不到标称值的情况下计算输入的平均光功率，确保平均光功率不大于标称光功率（因为在满波的情况下如果平均光功率大于标称值会使得输入的总光功率值大于光放板的输入光功率值，这样光放板会出现问题影响系统性能）。

四、实践操作三：U2000 网管配置网元和网络

操作器材：OSN1800（2 套）、OSN6800（1 套）、U2000 网管（1 套）。

1．批量创建网元

当 U2000 与网关网元通讯正常时，U2000 能够通过网关网元 IP 地址、网关网元所在 IP 网段，搜索出所有与该网关网元通信的网元并进行批量创建。使用该方法创建网元比手动创建网元更为快速、可靠，因此推荐使用批量创建网元的方式。

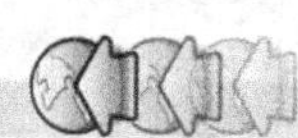

具体操作步骤为：

（1）登录 U2000 客户端，客户端密码请老师分配。

（2）在工作台内双击“主拓扑”进入拓扑视图界面。

（3）在主菜单中选择“文件>搜索>网元”，弹出“网元搜索”窗口，如图 4-46 所示。

（4）选择“传送网元搜索”选项卡，如图 4-47 所示。

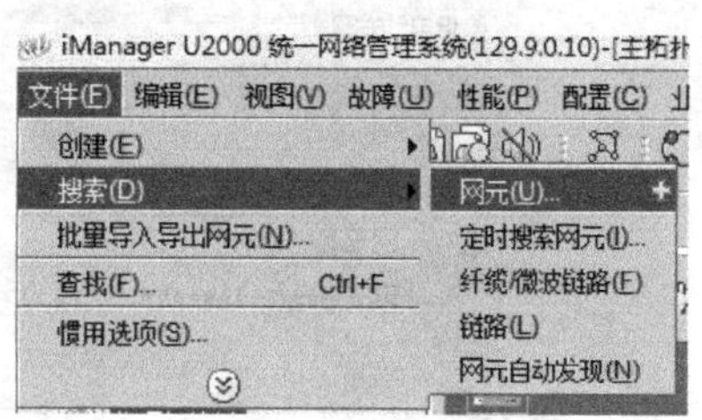

图 4-46　搜索网元

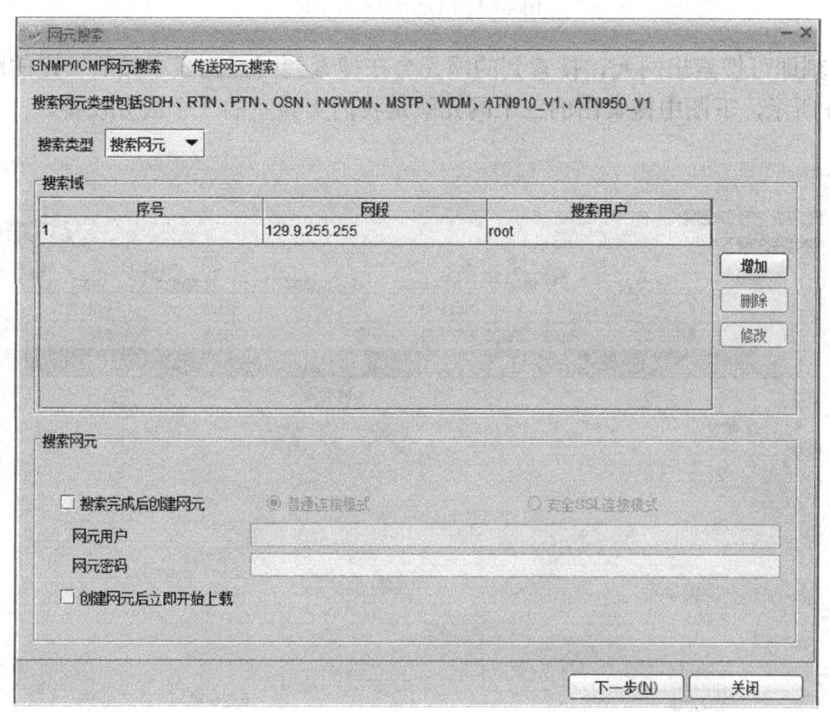

图 4-47　传送网元搜索

（5）在搜索类型下拉菜单中选择“IP 自动发现”，如图 4-48 所示。

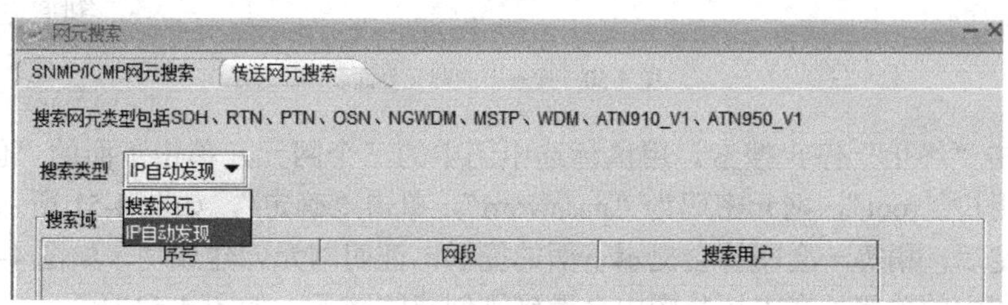

图 4-48　IP 自动发现

在网元用户框内输入“root”，网元密码“password”，单击“下一步”，如图 4-49 所示。

IP自动发现

◉ 普通连接模式　　○ 安全SSL连接模式

网元用户 root

网元密码 ●●●●●●●●●

下一步(N)　关闭

图 4-49　网元用户输入密码

稍等片刻即可搜索出网元，搜索到的网元会在搜索到网元列表中按照一定的顺序排列。如下图 4-50 所示，下图中搜索出的三个网元就是我们实验室的三个波分设备。

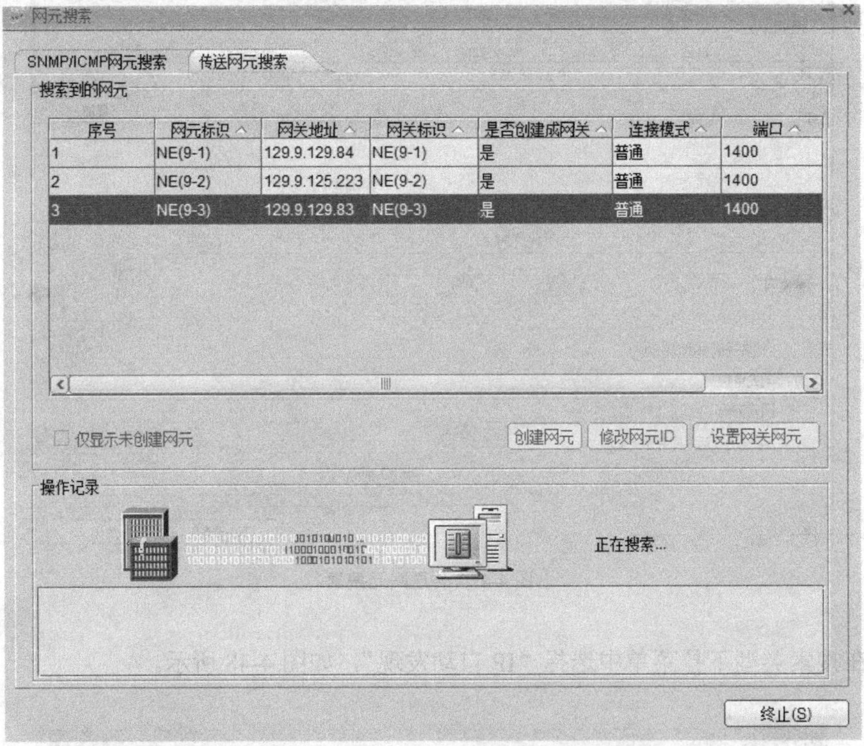

网元搜索

SNMP/ICMP网元搜索　传送网元搜索

搜索到的网元

序号	网元标识	网关地址	网关标识	是否创建成网关	连接模式	端口
1	NE(9-1)	129.9.129.84	NE(9-1)	是	普通	1400
2	NE(9-2)	129.9.125.223	NE(9-2)	是	普通	1400
3	NE(9-3)	129.9.129.83	NE(9-3)	是	普通	1400

仅显示未创建网元　　创建网元　修改网元ID　设置网关网元

操作记录

正在搜索...

终止(S)

图 4-50　搜索出的网元界面

（6）单击“终止”停止搜索。用鼠标选中图中的三个网元，单击下面的“创建网元”，并输入网元用户“root”，网元密码为“password”，单击“确定”，如图 4-51 所示。

单击确定后，稍等一会网管会提示下面的提示，证明网元创建成功，如图 4-52 所示。

单击上图中的关闭，在主拓扑图中会看到刚创建的网元，如图 4-53 所示。

2．网元配置数据上载

（1）网元创建好后，还不能对网元进行任何操作，需要对网元进行基本配置。

双击拓扑图中的任意一个网元会出现网元配置向导提示框，如图 4-54 所示。

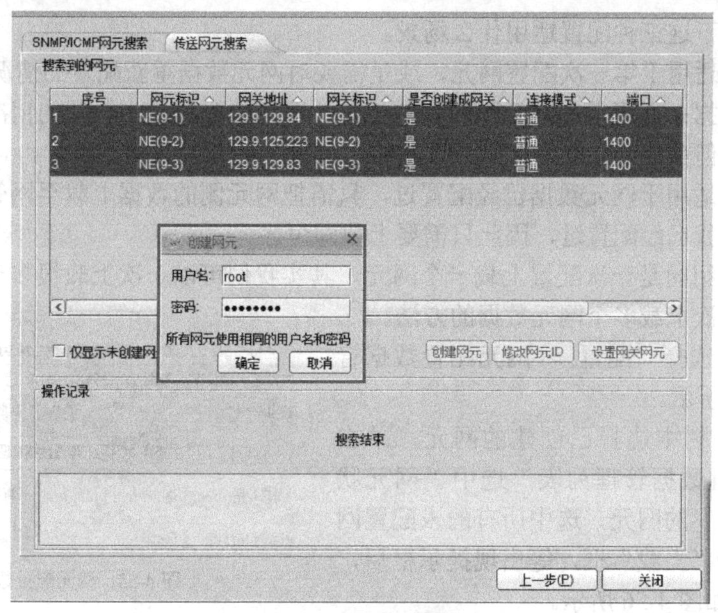

图 4-51　创建网元界面

图 4-52　网元创建成功示意图

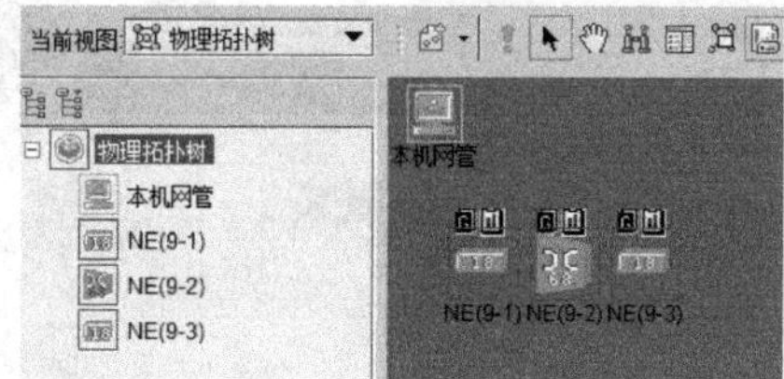

图 4-53　主视图下创建的网元

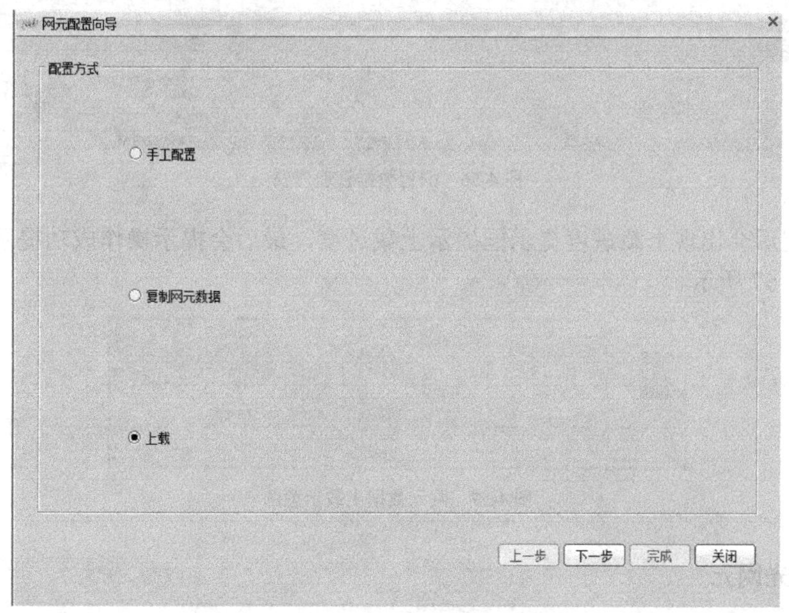

图 4-54　网元配置向导提示框

下面解释一下这三种配置适用什么场景。

手工配置：适用于第一次配置网元，或是需要对网元数据重新配置的情况。

复制网元数据：适用于本网元跟网管中的其他网元的配置基本一致的情况，这样可以减少配置的时间。但前提必须知道此网元跟网络中的哪个网元的数据一致。

上载数据：适用于网元数据已经配置过，只需把网元侧的数据上载至网管侧即可。因为网元的数据之前我已经配置过，因此只需要上载即可。

（2）上面介绍的是一次配置上载一个网元，其实我们可以一次上载很多个网元的数据，下面我们介绍一次上载多个网元数据的方法。

在主菜单上选择“配置 > 网元配置数据管理”，如图 4-55 所示。

在左侧拓扑树中选择已创建的网元，单击 ⇨，在“配置数据管理列表”选中“网元状态”为“未配置”的网元，选中所有的未配置网元，单击下面的“上载”框，等出现提示框后，单击“确定”，如图 4-56 所示。

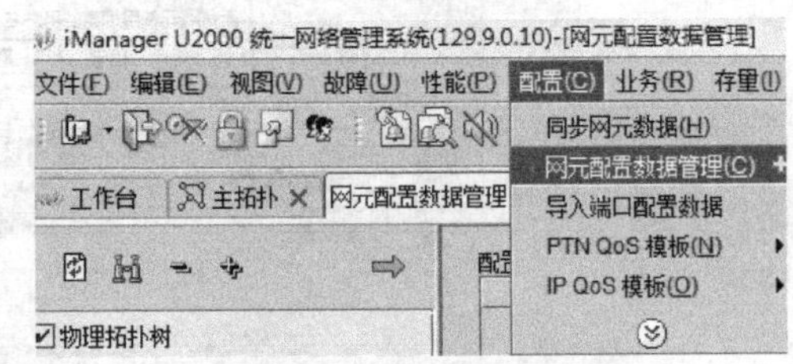

图 4-55　网元配置数据管理

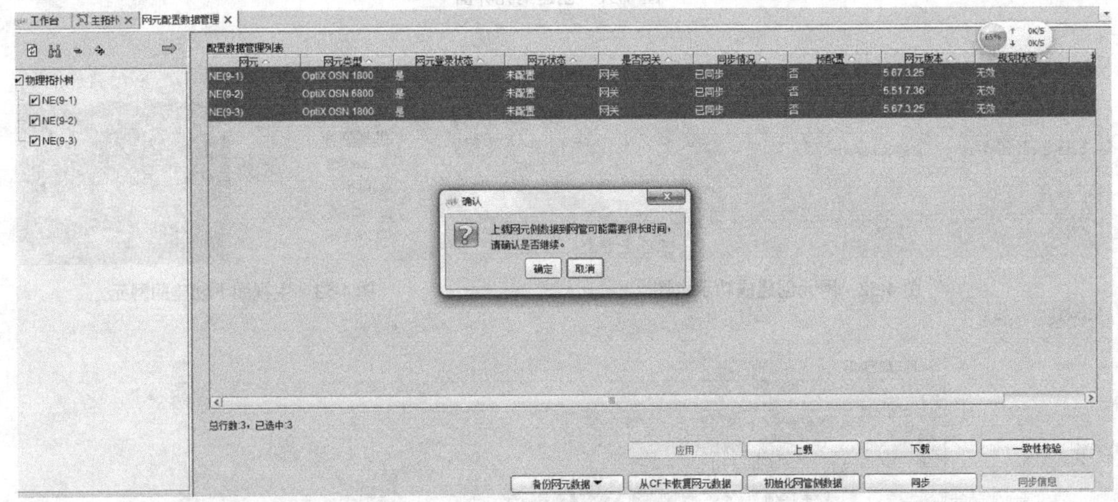

图 4-56　配置数据管理列表

单击确定后会出现上载进度提示框提示上载进度，最后会提示操作成功提示，关闭提示即可，如图 4-57 所示。

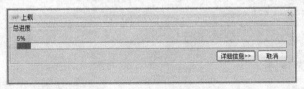

图 4-57　网元数据上载示意图

3．创建光网元

在 U2000 中，WDM 设备可划分到不同的光网元来进行管理。U2000 定义了四种光网元

类型，分别是 WDM_OTM、WDM_OLA、WDM_OADM 和 WDM_OEQ。

操作步骤为：

（1）在主视图中单击鼠标右键，选择“新建>网元”。

（2）在弹出的“创建网元”对话框左侧单击“Optical NE”对应的⊞，选择要创建的光网元类型，如图 4-58 所示。

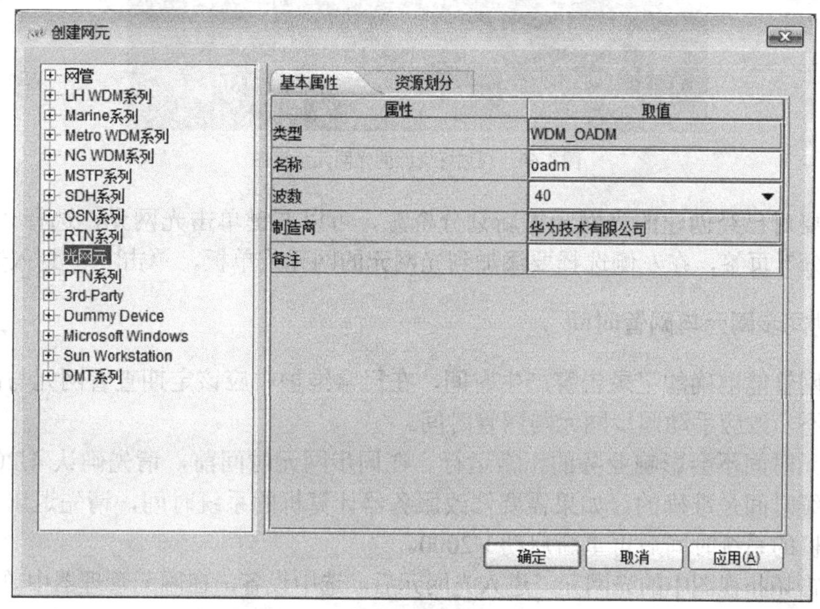

图 4-58　网元基本属性

（3）单击“基本属性”，按客户规划输入光网元名称等基本属性。

（4）单击“资源划分”，从空闲资源光网元中选择网元或单板，单击 >> ，如图 4-59 所示。

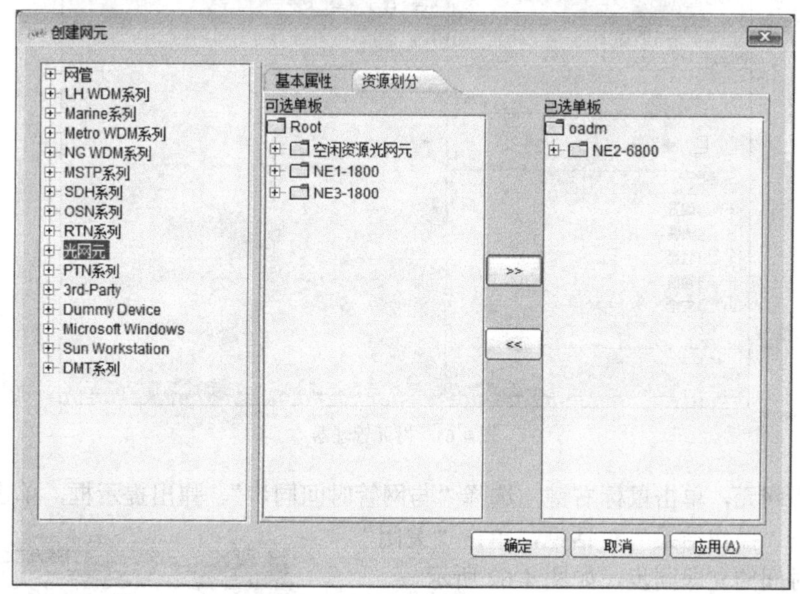

图 4-59　资源划分

图中我们把 6800 设备划分进 OADM 类型。按照上述方法创建 OTM 网元，把两个 1800 设备划分到 OTM 光网元中。实验中我们都按照 40 波系统来配置。

划分好资源后的光网元如图 4-60 所示。

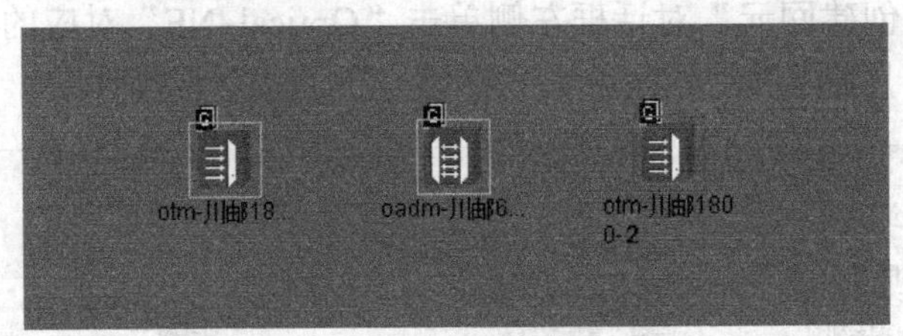

图 4-60　规划好资源的光网元示意图

如果需要对已经创建的光网元重新划分资源，可以右键单击光网元，选择“属性”。单击“资源划分”页签，在左侧选择要添加到光网元的网元或单板，单击 >> 划入光网元。

4．手动同步网元与网管时间

为了使网管能准确的记录告警产生时间，在日常维护中应该定期查看网元与网管时间是否一致。如不一致应手动同步网元与网管时间。

同步网元时间不会影响业务的正常运行。在同步网元时间前，请先确认 U2000 服务器计算机的系统时间是准确的。如果需要修改服务器计算机的系统时间，请先退出 U2000，重新设置计算机的系统时间后再重新启动 U2000。

（1）双击拓扑视图中的光网元，进入光网元后，选中设备，在网元管理器中单击网元，在功能树中选择“配置 > 网元时间同步”。弹出“操作结果”对话框，单击“关闭”，如图 4-61 所示。

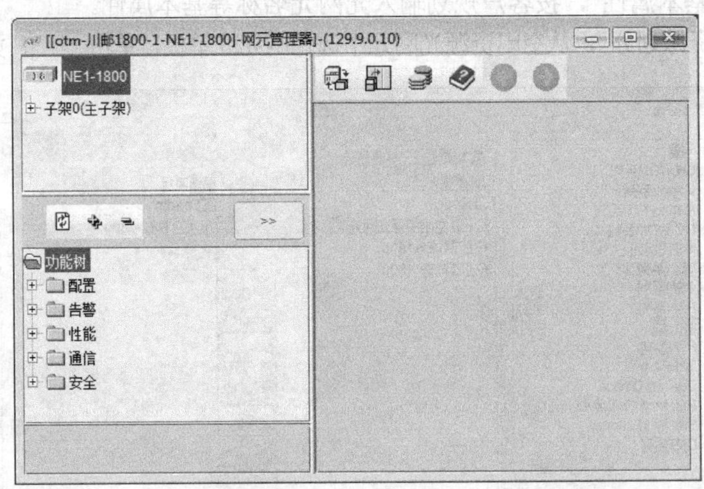

图 4-61　网元管理器

（2）选中网元，单击鼠标右键，选择“与网管时间同步”。弹出提示框，单击“是”。

（3）弹出“操作结果”对话框，单击“关闭”完成与网管时间的立即同步，如图 4-62 所示。

网元名称	网元ID	同步方式	NTP身份验证
otm-川邮180...	9-1	无	-

图 4-62　网元的同步方式

（4）上图中网元的同步方式为无，我们可以把

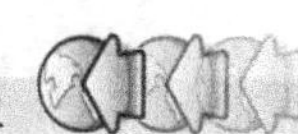

同步方式改为与网管同步，这样网元和网管时间始终会一致，网元和网管会自动同步时间。

（5）在网管上更改上图中网元的同步方式为网管，再单击下面的“与网管时间同步”。在提示框中单击“是”同步网元时间，如图 4-63 所示。

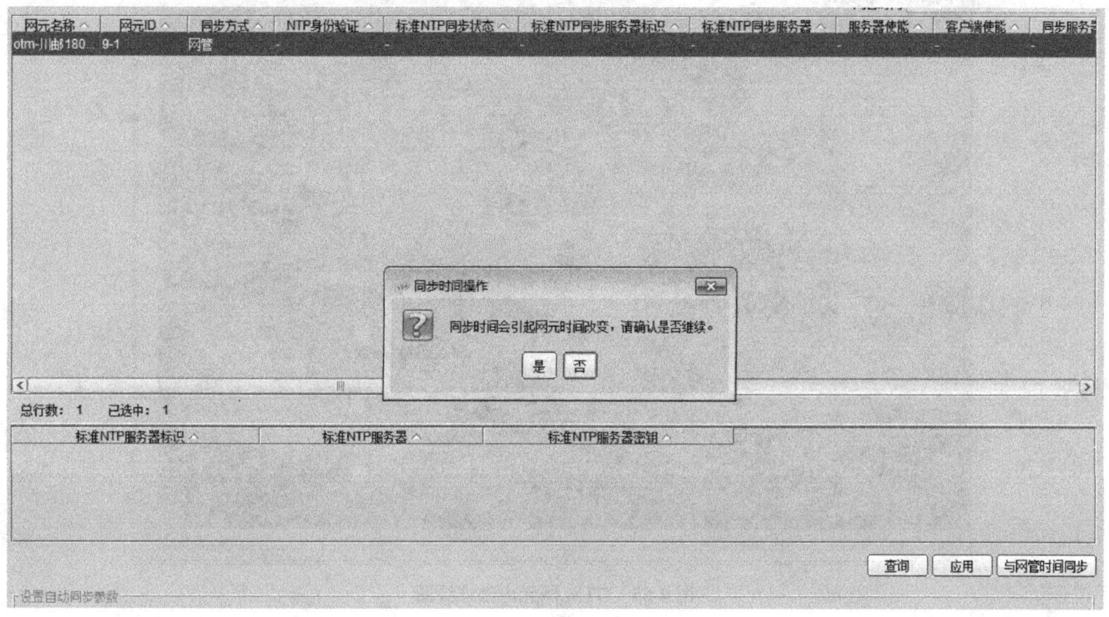

图 4-63　同步网元时间

5．光纤连接

（1）创建内部纤

双击拓扑图中的光网元，出现下图所示设备，选中 NE1-1800，单击“信号流图”，如图 4-64 所示。

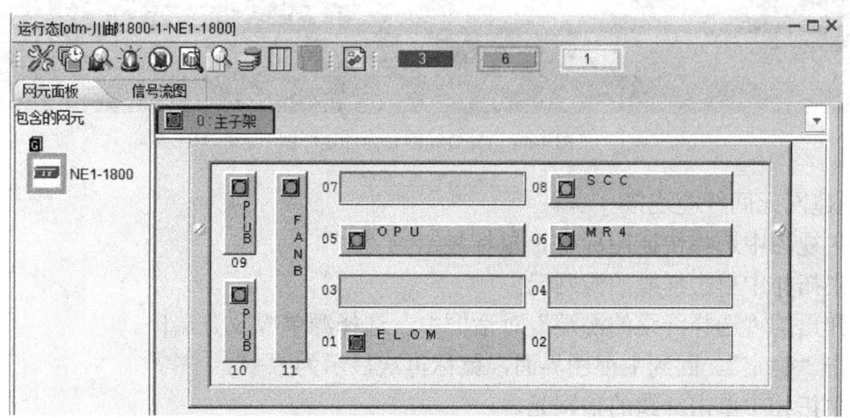

图 4-64　网元面板

在信号流图中单击鼠标右键，选择“新建光纤”按照信号方向创建内部纤，创建好后如图 4-65、图 4-66 所示。

基本连纤规则：OTU 波段—合波或分插复用器—光放—FIU 板—线路侧

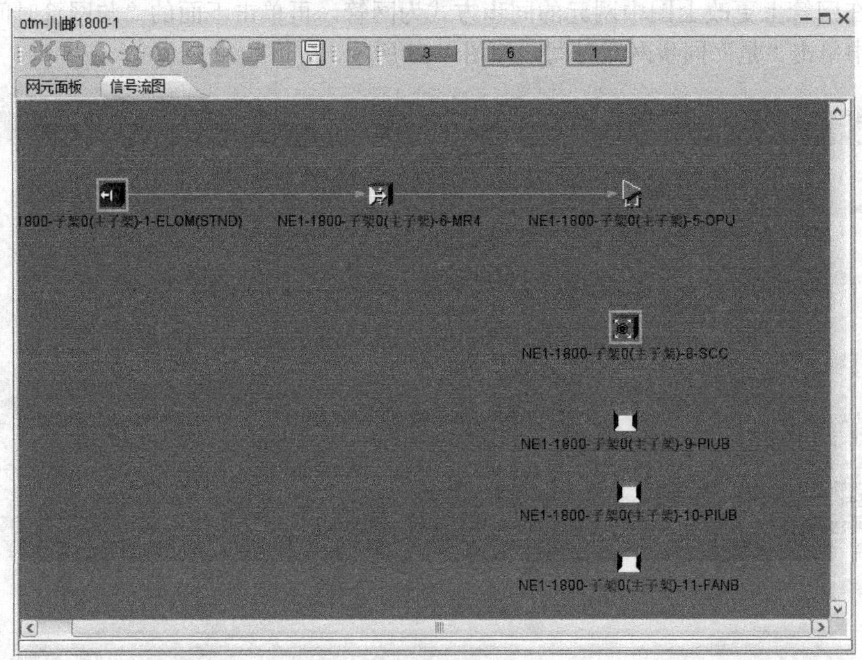

图 4-65　OTM 网元内部连纤图

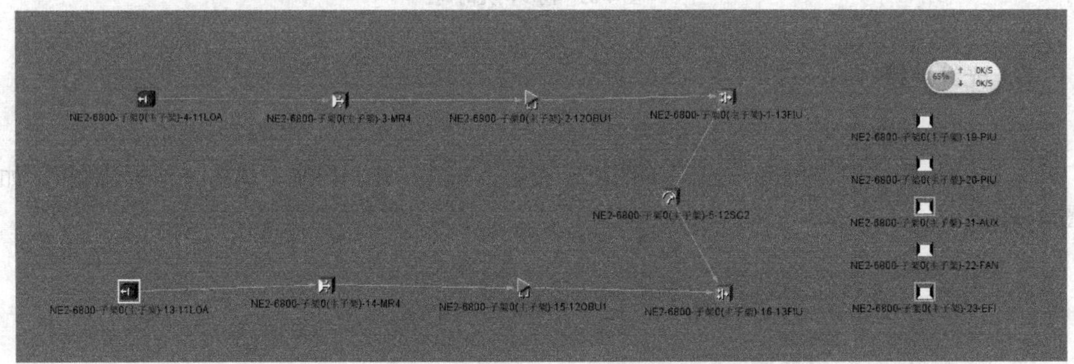

图 4-66　OADM 网元内部连纤图

（2）创建网元间纤缆连接

① 在主视图中选择快捷图标，鼠标显示为“+”。

② 在主拓扑中单击纤缆的源网元。

③ 在弹出的“选择纤缆的源端”对话框中，选择源单板及源端口。

④ 单击“确定”。回到主视图界面，鼠标再次显示为“+”。

⑤ 在主拓扑中单击纤缆的宿网元。

⑥ 在弹出的“选择纤缆的宿端”对话框中，选择宿单板及宿端口。

⑦ 单击“确定”，在弹出的“创建纤缆”对话框中输入纤缆的相应属性。

⑧ 单击“确定”。在主拓扑上，源宿网元间显示出已创建的纤缆。

按照实验组网创建外部纤，例如 NE1-1800 的 OPU 板的 OUT 口和 NE2-6800 的 FIU 板

IN 口有一条光纤。这是 1800 设备发向 6800 设备的。那么 6800 设备 FIU 板的 OUT 口连接 1800 设备 MR4 板 IN 口，这是 6800 设备发向 NE1-1800 设备的光纤。

创建好后如图 4-67 所示。

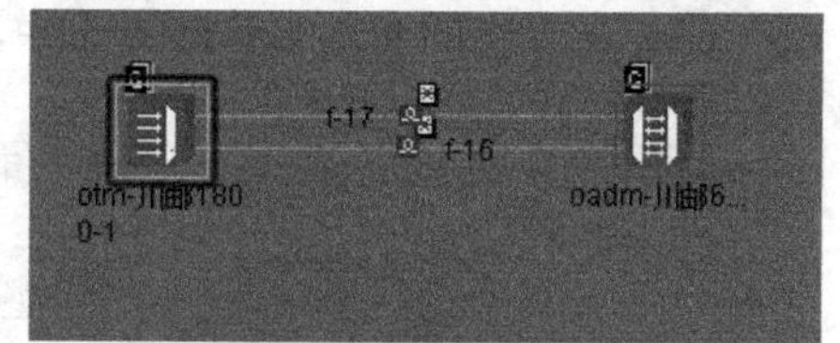

图 4-67　DWDM 组网两个网元外部连纤

把鼠标放在创建好的光纤上会显示创建光纤的信息，可以检查光纤连接的是否正确。

oadm-川邮6800-NE2-6800-子架0-1-13FIU-1(IN/OUT)-->otm-川邮1800-1-NE1-1800-子架0-6-MR4-5(IN/OUT)
纤缆名称: [f-17]
源网元名称: [oadm-川邮6800]
源网元IP地址: [129.9.125.223]
宿网元名称: [otm-川邮1800-1]
宿网元IP地址: [129.9.129.84]

otm-川邮1800-1-NE1-1800-子架0-5-OPU-2(OUT1)-->oadm-川邮6800-NE2-6800-子架0-1-13FIU-1(IN/OUT)
纤缆名称: [f-16]
源网元名称: [otm-川邮1800-1]
源网元IP地址: [129.9.129.84]
宿网元名称: [oadm-川邮6800]
宿网元IP地址: [129.9.125.223]

最后按照组网把所有的光纤全部创建完全，如图 4-68 所示。

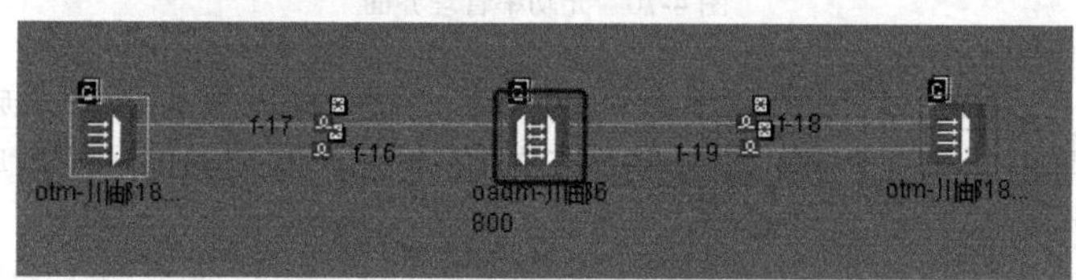

图 4-68　波分设备组网示意图

6. 查询光模块信息和收发光光功率范围

网管提供查询光模块信息的功能，这样可以通过网管查询光模块的信息以确定光模块的收发光范围、速率大小、可承载的业务等。通过网管我们还可以查询到光模块的收发光范围，以及发送光功率和接收光功率。下面我们通过网管来演示。

（1）双击拓扑图中的光网元，进入设备面板图。

（2）把鼠标放在要查询的板件上，单击鼠标右键，在弹出的菜单中选择“查询光功率”，如图 4-69 所示。

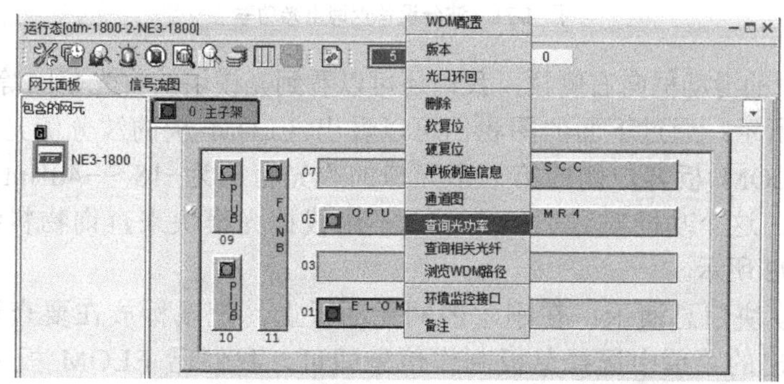

图 4-69　查询光功率界面

（3）在弹出的光功率管理界面中，单击右下角的“查询”按钮，如图 4-70 所示。

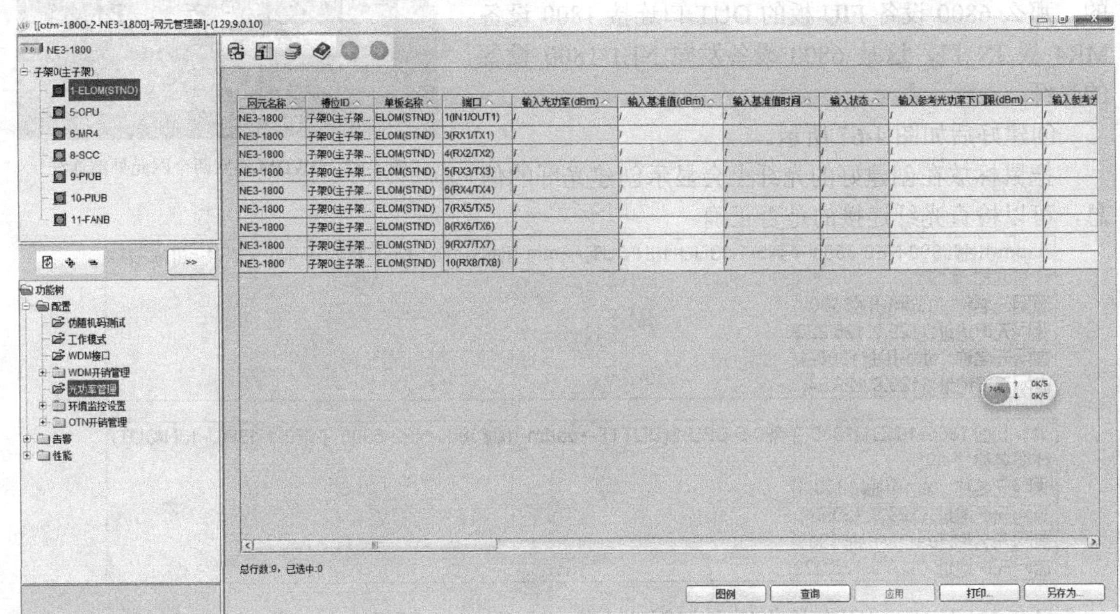

网元名称	槽位ID	单板名称	端口	输入光功率(dBm)	输入基准值(dBm)	输入基准值时间	输入状态	输入参考光功率下门限(dBm)	输入参考光
NE3-1800	子架0(主子架...	ELOM(STND)	1(IN1/OUT1)	/	/	/	/	/	/
NE3-1800	子架0(主子架...	ELOM(STND)	3(RX1/TX1)	/	/	/	/	/	/
NE3-1800	子架0(主子架...	ELOM(STND)	4(RX2/TX2)	/	/	/	/	/	/
NE3-1800	子架0(主子架...	ELOM(STND)	5(RX3/TX3)	/	/	/	/	/	/
NE3-1800	子架0(主子架...	ELOM(STND)	6(RX4/TX4)	/	/	/	/	/	/
NE3-1800	子架0(主子架...	ELOM(STND)	7(RX5/TX5)	/	/	/	/	/	/
NE3-1800	子架0(主子架...	ELOM(STND)	8(RX6/TX6)	/	/	/	/	/	/
NE3-1800	子架0(主子架...	ELOM(STND)	9(RX7/TX7)	/	/	/	/	/	/
NE3-1800	子架0(主子架...	ELOM(STND)	10(RX8/TX8)	/	/	/	/	/	/

图 4-70　光功率管理界面

（4）单击查询按钮后，会出现一个查询进度条，等两秒钟查询的结果就会显示出来。如下图 4-71 所示：可以看到 ELOM 波分侧光口的收光功率为−7.6dBm，客户侧第一个光口的收光功率为−11.4dBm。

网元名称	槽位ID	单板名称	端口	输入光功率(dBm)	
NE1-1800	子架0(主子架...	ELOM(STND)	1(IN1/OUT1)	-7.6	/
NE1-1800	子架0(主子架...	ELOM(STND)	3(RX1/TX1)	-11.4	/
NE1-1800	子架0(主子架...	ELOM(STND)	4(RX2/TX2)	-60.0	/
NE1-1800	子架0(主子架...	ELOM(STND)	5(RX3/TX3)	-60.0	/
NE1-1800	子架0(主子架...	ELOM(STND)	6(RX4/TX4)	-60.0	/
NE1-1800	子架0(主子架...	ELOM(STND)	7(RX5/TX5)	/	/
NE1-1800	子架0(主子架...	ELOM(STND)	8(RX6/TX6)	/	/
NE1-1800	子架0(主子架...	ELOM(STND)	9(RX7/TX7)	/	/
NE1-1800	子架0(主子架...	ELOM(STND)	10(RX8/TX8)	/	/

图 4-71　波分设备查询出光功率

（5）单击下面的滑动框向右侧拉，我们还可以看到光模块的收光范围等，我们只演示收光范围。如下图所示：通过下面的图我们可以看出 ELOM 板的波分侧光口的收光范围为−16～−2dBm，ELOM 板客户侧的第一个光口的收光范围为−18～−4dBm，依次类推其他光口的收光范围。这个功能对我们很实用，不用拔掉光模块来查询物料编码来确定收发光范围，如图 4-72 所示。

（6）查询光模块信息演示：在刚才的网元面板上，把鼠标放在要查询的板件上单击鼠标右键，在弹出的菜单中选择单板制作信息即可，我们已 ELOM 板为例，如图 4-73 所示。

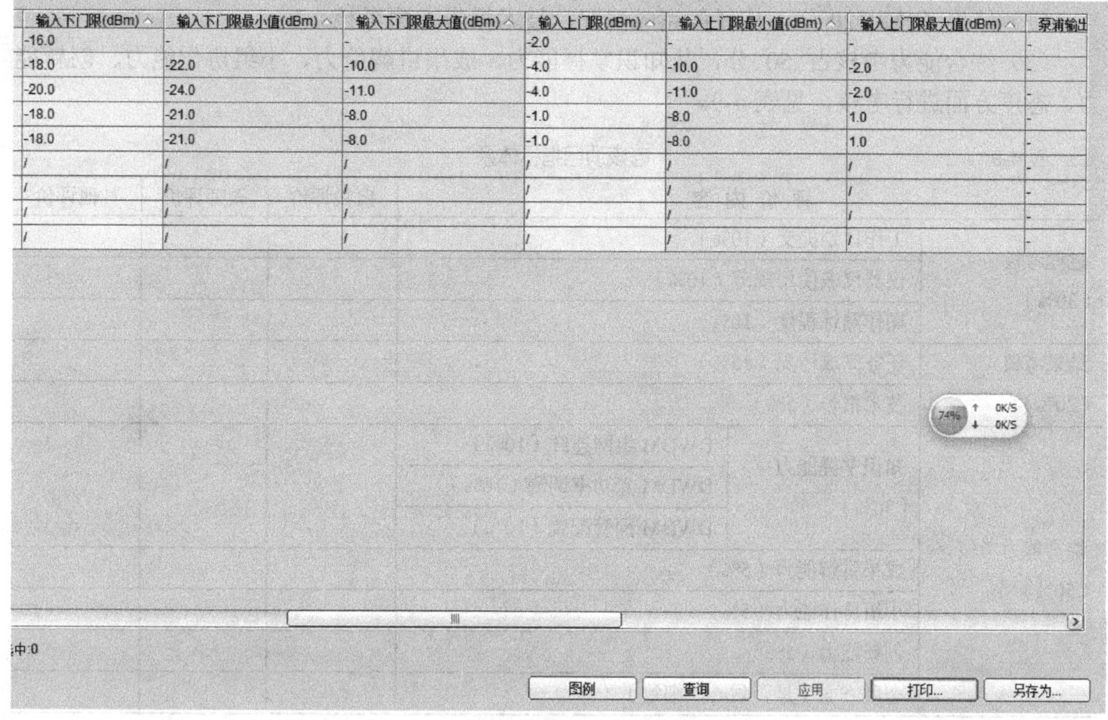

输入下门限(dBm)	输入下门限最小值(dBm)	输入下门限最大值(dBm)	输入上门限(dBm)	输入上门限最小值(dBm)	输入上门限最大值(dBm)	泵浦输出
-16.0	-	-	-2.0	-	-	-
-18.0	-22.0	-10.0	-4.0	-10.0	-2.0	-
-20.0	-24.0	-11.0	-4.0	-11.0	-2.0	-
-18.0	-21.0	-8.0	-1.0	-8.0	1.0	-
-18.0	-21.0	-8.0	-1.0	-8.0	1.0	-
/	/	/	/	/	/	-
/	/	/	/	/	/	-
/	/	/	/	/	/	-
/	/	/	/	/	/	-

图 4-72　查询出的光功率界面

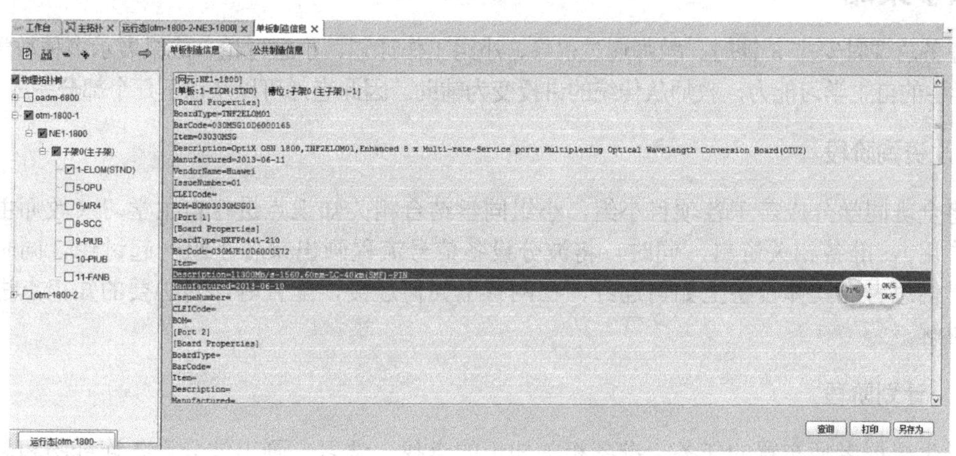

图 4-73　查询光模块信息

上图中鼠标选中的项可以看出此光模块式 OTU2 类型的光模块速率为 11300M/S，传输距离为 40km，光模块接口为 LC 接口，发光模块为 PIN 管等。向下拉滑动框可以看到其他光模块的信息。

🕮任务考核

通过对下面所列评分表的各项内容的考核，综合学生学习讨论过程中的表现，评定出学生的成绩。评价总分 100 分，分三部分内容：

（1）过程考核共 30 分，从工作计划提交、仪器仪表使用规范、操作熟练程度方面考核。

（2）结果考核共 20 分，从任务完成情况、技术报告方面考核。

（3）综合能力考核占 50 分，从知识掌握能力、成果讲解能力、小组协作能力、创新能力、态度方面进行考核，见表 4-9。

表 4-9　　考核项目指标体系

<table>
<tr><th colspan="3">评 价 内 容</th><th>自我评价</th><th>教师评价</th><th>其他评价</th></tr>
<tr><td rowspan="3">过程考核（30%）</td><td colspan="2">工作计划提交（10%）</td><td></td><td></td><td></td></tr>
<tr><td colspan="2">仪器仪表使用规范（10%）</td><td></td><td></td><td></td></tr>
<tr><td colspan="2">操作熟练程度（10%）</td><td></td><td></td><td></td></tr>
<tr><td rowspan="2">结果考核（20%）</td><td colspan="2">任务完成情况（15%）</td><td></td><td></td><td></td></tr>
<tr><td colspan="2">技术报告（5%）</td><td></td><td></td><td></td></tr>
<tr><td rowspan="7">综合能力考核（50%）</td><td rowspan="3">知识掌握能力（30%）</td><td>DWDM 组网连纤（10%）</td><td rowspan="3"></td><td rowspan="3"></td><td rowspan="3"></td></tr>
<tr><td>DWDM 光功率调测（10%）</td></tr>
<tr><td>DWDM 网管配置（10%）</td></tr>
<tr><td colspan="2">成果讲解能力（5%）</td><td></td><td></td><td></td></tr>
<tr><td colspan="2">小组协作能力（5%）</td><td></td><td></td><td></td></tr>
<tr><td colspan="2">创新能力（5%）</td><td></td><td></td><td></td></tr>
<tr><td colspan="2">态度方面（是否耐心、细致）（5%）</td><td></td><td></td><td></td></tr>
</table>

📖教学策略

任务总课时安排 8 课时。教师通过引导、小组工作计划、小组讨论、成果展示多种教学方式提高学生的自主学习能力，教师从传统的讲授变为辅助。因此老师可以从以下几个部分完成。

1．资询阶段

将全班同学分成若干各项目小组，小组同学结合相关知识点进行自主学习（教师主要是引导作用），准备相关资料，同时，将波分设备信号流程画出来各小组一起讨论，同时，引导同学们思考在具体设备上如何连纤，在网管上如何连接，配置等，对必要的知识点进行必要的讲解。

2．计划阶段

学生根据老师布置的任务，准备相关知识的查找、学习，画出波分设备连纤图和思路。教师的职责是准备相关资料，并确定小组同学连纤组网的正确性。

3．实施阶段

各小组根据给出的连纤配置进行学习讨论。教师职责是组织学生讨论确定学生画出的连纤组网的正确性，并在小组讨论过程中，随时准备解答学生一切可能的问题。同时，教师注意观察各小组的讨论情况，注意收集问题。

4．总结、成果展示、考核

每个小组应将自己小组做的连纤组网配置和方法进行讲解，老师完成对该小组的同学的考核。

任务总结

① DWDM 系统是最基本、最简单的组网方式为点到点方式、链状组网方式和环状组网方式，由这三种方式可组合出其他较复杂的网络形式。

② 点到点组网不需要采用光分插复用器（OADM），只由光终端复用设备和光线路放大设备组成。当部分波长需要在本地上/下业务，而其他波长继续传输时，就需要采用光分插复用设备组成的链状组网。环状组网也是一种应用非常广泛的组网方式，其节点采用光分插复用设备。

③ 由于 DWDM 系统承载的业务量很大，因此网络安全性特别重要。DWDM 网络主要有两种保护方式：一种是基于光通道的 1+1 或 1∶n 的保护，另一种是基于光线路的保护。

思考题

1．波分设备组网方式有几种？
2．请简述波分设备保护方式有哪些？
3．如何进行波分设备光功率调测？
4．画出实验室中链型组网中波长 1 的信号流程及设备组网连纤图？

任务 11　DWDM/OTN 设备日常维护

任务描述

小邓从通信职业技术学院毕业后，应聘到某电信局传输机房从事维护工作，面对公司新上的 OSN6800\OSN1800 设备，小邓不知道针对 DWDM/OTN 设备日常维护工作怎么做，心里不免很紧张。他应该如何维护 DWDM/OTN 设备呢？

任务分析

DWDM/OTN 设备的维护与 SDH 设备维护类似，为确保传输网络的正常运行，作为传输设备的维护人员需要熟悉 DWDM 设备维护的必备条件，如网络知识，以及日常维护注意事项，做好日常维护记录表，掌握常用的故障处理方法等内容。

任务资讯

4.3.1　DWDM 设备日常维护必备条件

为了使日常的维护工作达到预期的效果，维护人员应掌握必要的 DWDM 基本原理、产品知识、数据分析技能。

1．网络基本知识

做好 DWDM 网络维护工作的前提是对所维护的网络要熟悉。只有熟悉所维护的网络才

能使日常维护工作更有针对性，更准确、及时地处理维护时遇到的问题。

熟悉一个网络要从网络的基本结构入手，如全网有多少个站点、多少个网元、网元的类型、网元的单板种类、单板的类型、网络使用的波长、上下业务的站点、主备保护关系、固定光衰及可调光衰的位置、接入侧设备及业务类型、设备光纤连接关系、用户 ODF 柜光纤连接关系、线路光纤跳接站点、线路光缆类型等。总之，对网络的了解的越多，对维护人员的帮助就越大。

2. 设备文档

设备文档包括以下几方面：

（1）工程设计文件中的全网组网图、网管图、全网公务图、机柜的板位图、波长分配图、机柜连纤图、单板信息表、全网数据表等；还包括 ODF 架的端口对照表。

（2）工程竣工后定期刷新的《用户设备文档》，注意随时更新以保证内容的准确性。

（3）随设备发货的《技术手册》、《安装手册》、《设备手册》、《维护手册》等。

3. 备件

必备的备件对故障处理有着极为重要的作用，应定期检查备件是否齐全。备件的使用需要注意以下两点：

（1）备件替换的一致性。单板的区分主要通过条形码来识别，保证相同类型的单板互相替换，尤其是波长转换板和放大板。对于波长转换板要注意波长相同、收模块一致。对于同类型放大板尽量保证波长使用范围一致。

（2）备件的贮备环境要符合要求、定期测试。备件的存放环境要符合传输单板的条件要求，如温度、湿度、防静电等要求。定期半年或一年对备件进行测试，对性能降低或损坏的单板进行及时调换。

4.3.2 日常维护项目类型

DWDM 网络的维护包括单板级、网元级和网络级的维护。单板级的维护主要是针对不同的单板特性来进行维护工作。网元级主要是针对不同的网络单元进行的维护操作。网络级别的维护主要是针对系统性能进行的维护操作。

4.3.3 波分设备单板维护项目

波分设备的主要单板包括波长转换单元、光放大单元、光复用/解复用单元、光监控单元、主控单元及其他辅助处理单元。下面针对每种单板的维护要点进行详细描述。

1. 波长转换单元（OTU）

波长转换单元是 DWDM 设备的重要组成单元。其作用可以归结为以下几点：

（1）在发端将非标准波长的信号转换成符合 G.692 规范的标准波长，以满足在 DWDM 系统上的传输。

（2）在收端将符合 G.692 规范的标准波长的信号还原，同时对信号进行再生。

（3）OTU 具有 B1 和 J0 字节的监视能力，为故障定位提供了方便。

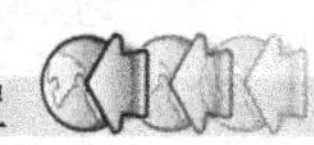

维护人员需要每天从网管系统收集各 OTU 的历史、当前的性能数据及告警信息并作记录，发现异常立即进行处理。OTU 的性能数据主要包括接收光功率、发送光功率和 B1 误码数量。一般情况下，如果发送光功率出现问题，可以尝试更换单板解决，接收光功率异常需要在整个再生段内查找原因。误码问题首先判断是波分侧故障还是客户侧故障引起的，如果为波分侧故障引起，则需要在整个再生段内进行排查。

2. 光放大单元（PA/BA/LA）

为了实现 DWDM 系统长距离传输的需要，光放大单元是必不可少的。实际中用的最多的是 EDFA（掺铒光纤放大器），包含三种类型：BA（功率放大器）、PA（预放大器）、LA（线路放大器）。它们都是对多波合路信号进行放大，也就是说一旦放大单元出现故障将会影响网上运行的所有波长，可见其地位是极其重要的，因此也是维护人员日常维护工作的重点检查对象。

在日常维护工作中维护人员要充分利用网管定期查看放大单元的历史、当前告警及性能数据并做记录，发现异常需要立即进行处理。性能数据主要包括输入光功率、输出光功率和偏置电流。

（1）如果接收光功率发生变化，需要从以下几方面定位故障：

① 是否发生掉波，如果是则需要排查掉波的原因，如发端 OTU 故障等。

② 检查上游放大单元输出功率是否发生变化，依次前推找到最开始功率发生变化的站点，排查原因。

③ 上游放大单元的输出光功率正常，则需要更多的关注线路的劣化。

（2）如果输出光功率发生变化，需要从下面两个方面查找原因：

① 由于光放大单元采用增益锁定技术，因此输出光功率发生变化，输入光功率肯定变化，可以同上述输入光功率变化的思路来处理。

② 如果输入光功率没有发生变化而输出变化，尝试更换单板解决。

在输入功率不发生变化的情况下，如果偏置电流发生较大的变化，那么可以判断是系统某块单板故障，依次前推找到最开始偏置电流发生变化的站点，尝试通过更换单板来解决。

3. 光复用/解复用单元

光复用/解复用单元是 DWDM 系统的核心器件，用以完成光层上的复用/解复用功能。光复用/解复用单元一般有三种：分波器、合波器、光分插复用器。这些单板大部分都是纯粹的光器件，性能非常稳定，因此在实际运行的 DWDM 网络中单板本身故障的概率比较小。在日常的维护工作中，可以通过网管定期查看分/合波器的历史、当前性能及告警并做好记录，发现异常立即进行处理。性能事件主要是分波器的输入光功率、合波器的输出光功率。

（1）分波器输入光功率发生变化，首先查看其信号流上游放大器的功率是否发生变化，如果有变化，则可以根据放大器问题的处理思路来解决。如果无变化，需要考虑放大器至分波器间直连尾纤的问题，如弯曲、挤压、接口不清洁等。

（2）合波器输出光功率发生变化，首先查看是否为单波输入光功率问题。如果是，则按照 OTU 故障处理思路来解决。如果各个 OTU 发光功率没有变化，则需要考虑 OTU 至合波器间直连尾纤的问题，如弯曲、挤压、接口不清洁等；如果尾纤及光接口、接头没有问题，

再去考虑单板自身插损问题。

（3）目前用的较多的是 AWG 型的合/分波器（M32、D32），对温度比较敏感，温度直接影响到波长漂移。在维护中如果发现收端所有波长光功率下降、出误码的情况，排除共有线路和单板问题后再将 D32 作为故障点来考虑，虽然这种单板故障率较低。

4．光监控单元

光监控通路 OSC 在 DWDM 系统中是一个特别重要并相对独立的子系统，用于传送全系统各个层面的网管管理及监控信息，并提供公务联络通路及使用者通路。通过网管系统维护人员可以监视 OSC 的误码性能并进行记录，用来评估整个光通路的传输质量。在 OSC 出现问题时或确有必要检查光接口实际余量时可对其输出输入光功率进行测试以判断光功率是否工作在正常范围以内。维护人员可以定期通过网管查看单板光功率及误码、告警情况。最重要的一点是，我们可以通过 OSC 的性能及告警作为线路还是设备故障界面判断的辅助手段。

5．光谱分析单元

DWDM 设备提供光谱分析单元（MS1/MS2/MCA）为系统提供内置式在线光谱分析和监测功能，通过光谱分析单元对 DWDM 系统的复用/解复用单元或光放大单元输出的各波光信号的波长、功率、信噪比进行不中断业务的监控，并上报主控单元和网管，便于设备的例行维护。通过网管在线查看系统中正在运行的波长个数，以及对应的中心波长、光功率和光信噪比，当系统异常掉波、加波或中心波长偏移时，该单元有告警指示，及时地反映当前系统的运行情况。如果某路信号光功率明显降低，则要根据信号流的流向，找出光功率下降的根本原因。

6．主控单元

主控单元是 DWDM 波分网元的控制中心，承载大量的配置数据。主控板发生故障时，一般情况下不会影响 DWDM 网络的正常运行。在日常维护中需要注意：

（1）更换主控板前需要上载数据到网管。

（2）更换主控板时需要保证更换前后单板 ID 拨码一致。

（3）更换后需要重新下载配置数据，并同时备份数据库。

4.3.4 波分设备网元维护项目

按照在网络中作用，将 DWDM 系统网络单元分为以下四种：OTM、OADM、OLA、REG。DWDM 网络规模大、站点多、分布广，因此一个局点往往只有一种网络单元，因此需要维护人员能够有针对性的对本站网络单元进行有效的维护操作。下面针对每种网元的维护进行介绍。

1．OTM 站点

OTM 设备将 SDH 等业务信号通过合波单元复用到 DWDM 的线路上，同时经过分波单元从 DWDM 线路上解下来，也就是单方向或多方向波长上/下站点。OTM 站点一般主要包含有光复用/解复用单元、光放大单元、波长转换单元、光监控单元等。维护人员应该在熟

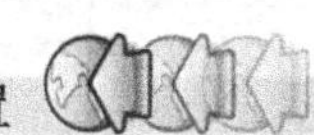

悉设备基本信号流、连纤关系等必备知识的的基础上来进行维护工作。

（1）定期通过网管查看分波/合波单元（M32、D32、M16、D16、MR2、MB2 等）输入、输出光功率，光放大单元（WBA、WPA、WLA）的输入、输出光功率及偏置电流，OTU 的接收、发送光功率及 B1 误码，OSC 单板的接收或发送光功率和误码情况并进行详细的记录。如果发现功率或偏置电流变化、误码产生等异常情况需要进行判断处理。

（2）如果设备配有光谱分析单元（检测的精度比仪表要差一些），通过网管每周记录主信道接收点（MPI-R）的各个波长的信噪比情况。信噪比下降需要查找原因（正常情况下：2.5G 无 FEC 功能 OSNR>20dB；2.5G 有 FEC 功能 OSNR>16dB；10G 有 FEC 功能>20dB）。

（3）如果设备没有配光谱分析单元，维护人员需要每季度用光谱分析仪通过在线检测口测试信噪比并进行记录。

（4）对于未使用的波长，如果配有波长转换单元，投入业务或紧急调度前需要对其进行光功率和中心波长测试，以确保通道是正常的。

2. OADM 站点

OADM 站点又叫做静态波长上下站点，作用相当于 OTM 站点，只不过穿通波长不在本地进行上下，而是在线路上直通。一般 OADM 站点配有光分插复用单元、OTU、光放大单元、光监控单元等。维护人员应熟悉 OADM 站点上下的波长值、信号流图及连纤关系等基本知识。日常的维护操作同样是利用网管对相应单板的性能事件进行检查和记录，参考 OTM 站点操作。

3. OLA 站点

OLA 站点是对 DWDM 系统线路传输的信号进行放大，不需要进行光电转换，直接进行光放大。此类站点信号流及连纤关系简单，单板较少。OLA 站点一般主要由光放大单元、光监控单元等组成。维护人员日常需要：

（1）定期通过网管对光放大器的输入、输出进行检查，通过检查输入和输出光功率的差值，来确定增益和光功率是否正常。发现问题，查明原因，及时处理。

（2）定期通过网管检测 OSC 的误码性能，并进行记录。在 OSC 出现问题时，或确有必要检查光接口实际余量时，可对其输入、输出光功率进行测试，以判断光功率是否工作在正常的范围之内。

（3）如有条件，也可以使用光谱分析仪通过光放大单元的 MON 口在线检测信号的波长、信噪比等参数。

4. REG 站点

REG 站点的主要作用是对信号进行再生，以满足更长距离的传输。对 REG 站点的维护类似 OTM 站点的维护，以此为参考。

4.3.5 波分网络的维护项目

从 DWDM 网络系统的角度来考虑，日常维护项目主要是测试主信道的 MPI-S、MPI-R 点的信噪比、系统各个波长的误码情况、保护倒换测试及特殊功能的测试如自动功率控制、自动光功率减少等。维护人员可以定期做以下工作：

1．每季度使用光谱分析仪通过在线检测口测试 MPI-S，MPI-R 点的信噪比并进行记录。

2．每天利用网管观察各个波道 OTU 的误码情况并记录，发现异常需要进行处理。

3．每半年利用网管对具有光层保护功能的网络做保护倒换测试，发现异常需要进行处理。

4．每半年利用网管对配置 ALC 功能的网络通过调节可调衰减器的衰减值（下降 3dB）做功能测试，发现异常需要进行处理。

5．对配置有光功率自动减少功能的系统，一般不建议做定期的测试，因为测试时需要中断业务。

4.3.6 波分网络维护注意事项

维护人员在对 DWDM 网络进行维护操作时，需要注意以下几点：

（1）进行单板的插拔与更换操作时，由于工作子架上单板插入的位置有大量细小的插针，插拔单板一定要做到小心谨慎，以免发生倒针现象，造成系统短路而带来的巨大损失。任何时候接触单板都需要佩戴防静电腕带。

（2）更换单板时，首先要确认将要插上的单板和拔下的单板是否是同一种具体型号，其工作特性是否相同。光波长转换板由于各自输出的光信号波长不同，不宜随意互换，所以替换光波长转换板时最好使用相同类型、输出光信号波长相同的单板。合波/分波板、光放板、分插复用板等都按工作波段以及工作特性等分为不同的类型，在更换时注意使用相同类型的单板。

（3）在单板运行不正常的情况下可考虑采取软/硬复位单板的操作。两种复位方式都可达到复位单板的目的，都是危险操作，会影响单板与主控板之间的通信，甚至导致业务中断。因此在复位单板时必须非常谨慎。在机房中，可以通过拔插单板进行单板硬复位，对于 SCC 板，也可以通过按其拉手条上的复位按钮“RST”来进行硬复位。一般情况下，建议通过网管来操作。

（4）定期清洗防尘网。风机盒的防尘网带有把手，可以抽出。防尘网抽出后可以拿到室外用水冲洗干净，然后用干抹布擦净，并在通风处吹干。清理工作完成后，应将防尘网插回原位置，沿子架下部的滑入导槽将防尘网调整好位置轻轻地推入，不可强行推入。注意不要关闭风扇电源。

（5）光板未用的光口一定要用防尘帽盖住。这样既可以预防维护人员无意中直视光口损伤眼睛，又能避免灰尘进入光口。当光纤跳线不用时，光纤跳线的接头也要戴上防尘帽。注意在做拔插光纤、线路割接操作时必须用无尘擦纤纸或擦纤盒清洁光纤头和光板光口，并确认光功率没有受到影响。

（6）不要直视光板的发送口，特别是光放大板，其输出光功率较大且为不可见光，会对维护人员的眼睛造成伤害。

（7）在对光口进行硬件自环时一定要加衰耗器，以防接收光功率太强导致光接收模块饱和，以及光功率太强损坏光接收模块。

（8）在日常维护中如果需要对机械可调衰减器做操作时，一定要注意旋转的方向：顺时针调节衰减值增大，输出光功率降低，反之光功率提高。由于机械衰减器灵敏度较高，因此调节时特别注意速度要慢，用力要稳，否则会导致功率突升或突降，影响业务，同时也有损坏衰减器的可能。

（9）DWDM 系统对光功率十分敏感，尾纤的过度弯曲、挤压都会对光功率产生影响。

任何时候要保证机柜内部弯曲直径大于 4cm，外部尾纤要求大于 6cm。

（10）需要通过换波来定位故障或是紧急恢复业务时，注意波长收发波长一致性。

任务实施

一、操作器材

OSN6800/OSN1800 设备、U2000 网管、光功率计、尾纤、法兰盘、衰减器。

二、实践操作

（一）日常例行维护的基本操作

1．设备声音告警检查

在日常维护中，设备的告警声通常比其他告警更容易引起维护人员的注意，因此在日常维护中必须保持该告警来源的通畅。

2．机柜指示灯观察

设备维护人员主要通过告警指示灯来获得告警信息，因此在日常维护中，要时刻关注告警灯的闪烁情况，据此来初步判断设备是否正常工作。

首先从整体上观察设备是否有紧急告警和主要告警，可通过观察机柜顶部的告警指示灯来获得。在机柜顶上，有红、黄、绿三个不同颜色的指示灯。表为机柜红、黄、绿三个指示灯表示的含义，见表 4-10 所示。

表 4-10　机柜指示灯及含义

指示灯	名　称	状　态	
		亮	灭
红灯	紧急告警指示灯	当前设备有紧急告警，一般同时伴有声音告警	当前设备无紧急告警
黄灯	主要告警指示灯	当前设备有主要告警	当前设备无主要告警
绿灯	电源指示灯	供电正常	电源中断

3．观察单板指示灯

在例行维护中，观察单板指示的状态，可判断单板的运行和业务等是否正常。红灯是告警指示灯，绿灯是电源指示灯。

4．风扇检查、清理

良好的散热是保证设备长期正常运行的关键，在机房的环境不能满足清洁度要求时，防尘网很容易堵塞，造成通风不良，严重时甚至可能损坏设备。因此需要定期检查风扇的运行情况和设备的通风情况。

（1）保证风扇时刻处于打开状态。

（2）确保各小风扇运转正常。

定期清理防尘网，每两周 1 次。

5．公务电话检查

公务电话对于系统的维护有这特殊的作用，特别是当网络出现严重故障时，公务电话就称为网络维护人员定位、处理故障的重要通信工具，因此在平时的日常维护中，维护人员需要经常对公务电话作一些例行检查，以保证公务电话的畅通。

应该定期从本站向中心站拨打公务电话，检查从本站到中心站的公务电话是否畅通，并检查语音质量是否良好，然后让对方站拨打本站测试，若本站就是中心站，则应定期依次拨打各从站，检查公务电话质量。

如果条件允许，可从中心站拨打会议电话，检查会议电话是否正常。

公务电话不通时，先确认被叫方是否挂机。若已挂机，则由中心站通过网管检查相应的单板配置数据是否发生了改变。

6．网管的例行维护项目

网管是例行维护的一个重要工具。为保证设备的安全可靠运行，网管站的维护人员应每天通过网管对设备进行检查。网管的例行维护项目主要包括拓扑图监视、告警监视和性能监视等几方面。

（二）波分设备维护项目记录

DWDM 系统的维护主要是光功率的维护，单板接收、发送光功率的变化直接反映了系统的功率变化，也决定了系统的稳定程度。在 DWDM 的日常维护中，应关注当前性能数据与历史性能数据进行比较是否发生了明显的变化，尤其是关注光功率、偏置电流等性能的变化。可以按照下面的维护项目来操作。

1．每日维护记录表（见表 4-11）

表 4-11　　每日维护记录表

测 试 项 目	周期	测试结果	备　注
当前告警检查并分析记录	每天		利用网管操作
历史告警检查并分析记录	每天		利用网管操作
OTU 接收光功率当前、历史 15m 和 24h 性能检查并分析记录	每天		利用网管操作
OTU 发送光功率当前、历史 15m 和 24h 性能检查并分析记录	每天		利用网管操作
OTU B1 误码性能当前、历史 15m 和 24h 性能检查并分析记录	每天		利用网管操作
网元 PMU 温度性能检查并分析记录	每天		利用网管操作

2．每周维护项目表（见表 4-12）

表 4-12　　每周维护项目表

测 试 项 目	周期	测试结果	备　注
光放大单元输入光功率当前、历史 15m 和 24h 性能检查并分析记录	每周		利用网管操作
光放大单元输出光功率当前、历史 15m 和 24h 性能检查并分析记录	每周		利用网管操作
光放大单元偏置电流当前、历史 15m 和 24h 性能检查并分析记录	每周		利用网管操作
OSC 单元误码 15m/24h 性能查看并分析记录	每周		利用网管操作

3．每月测试项目记录表（见表 4-13）

表 4-13　　每月测试项目记录表

测 试 项 目	周期	测试结果	备　注
分波器输入光功率当前、历史 15m 和 24h 性能检查并分析记录	每月		利用网管操作
合波器输出光功率当前、历史 15m 和 24h 性能检查并分析记录	每月		利用网管操作
光谱分析单元中心波长、光功率、信噪比 15m 和 24h 性能检查并分析记录	每月		利用网管操作
公务电话拨打测试	每月		可选择部分站点进行
风扇检查和防尘网定期清洗	每月		如果环境灰尘较大，适当增加清洗的频率，最好两周一次或一周一次
测试未使用（备用）通道	每月		可以接入实际光源测试
远程维护功能测试	每月		利用网管操作
网元时间查询、手工同步	每月		利用网管操作
单板配置信息查询	每月		利用网管操作
ECC 路由检查	每月		利用网管操作
数据库比较、备份	每月		利用网管操作

4．每季度维护项目表（见表 4-14）

表 4-14　　每季度维护项目表

测 试 项 目	周期	测试结果	
测试 MPI-S 点信噪比并做记录	每季度		使用光谱分析仪通过在线检测口进行
测试 MPI-R 点信噪比并做记录	每季度		使用光谱分析仪通过在线检测口进行
对设备文档进行整理、检查	每季度		核对定期刷新的文档

5．每半年测试项目表（见表 4-15）

表 4-15　　每半年测试项目表

测 试 项 目	周期	测试结果	备　注
保护倒换功能测试	每半年		利用网管操作。如果网络没有配置此功能，此操作省略
ALC 功能测试	每半年		利用网管操作。如果网络没有配置此功能，此操作省略
对储存的备件进行测试	每半年		利用仪表进行测试

📖任务考核

通过对下面所列评分表的各项内容的考核，综合学生学习讨论过程中的表现，评定出学生的成绩。评价总分 100 分，分三部分内容：

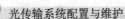

（1）过程考核共 30 分，从工作计划提交、仪器仪表使用规范、操作熟练程度方面考核。

（2）结果考核共 20 分，从任务完成情况、技术报告方面考核。

（3）综合能力考核占 50 分，从知识掌握能力、成果讲解能力、小组协作能力、创新能力、态度方面进行考核，见表 4-16。

表 4-16　　　　考核项目指标体系

评价内容			自我评价	教师评价	其他评价
过程考核（30%）	工作计划提交（10%）				
	仪器仪表使用规范（10%）				
	操作熟练程度（10%）				
结果考核（20%）	任务完成情况（15%）				
	技术报告（5%）				
综合能力考核（50%）	知识掌握能力（30%）	DWDM 日常维护事项（10%）			
		DWDM 单板维护事项（10%）			
		DWDM 网元维护事项（10%）			
	成果讲解能力（5%）				
	小组协作能力（5%）				
	创新能力（5%）				
	态度方面（是否耐心、细致）（5%）				

🕮教学策略

任务总课时安排 4 课时。教师通过引导、小组工作计划、小组讨论、成果展示多种教学方式提高学生的自主学习能力，教师从传统的讲授变为辅助。因此老师可以从以下几个部分完成：

1．资询阶段

将全班同学分成若干各项目小组，小组同学结合相关知识点进行自主学习（教师主要是引导作用），准备相关资料，列出本项任务需要同学们掌握的知识点，并对必要的知识点进行必要的讲解。

2．计划阶段

学生根据老师布置的任务，准备相关知识的查找、学习。教师的职责是准备相关内容，并确定小组同学知识的掌握的正确性。

3．实施阶段

各小组根据给出的任务进行学习讨论，利用相关的参考书籍和技术手册写出 DWDM 日常维护表格，并根据情况完成每日维护列表，教师职责是组织学生讨论参数正确性，并在小组讨论过程中，随时准备解答学生一切可能的问题。同时，教师注意观察各小组的讨论情况，注意收集问题。

4．总结、成果展示、考核

每个小组应将自己小组掌握的日常维护内容进行讲解，老师完成对该小组同学的考核。

🕮任务总结

① 与 SDH 设备维护类似，按照维护周期的长短，一般将 DWDM 设备维护分为以下三类：日常例行维护、周期性例行维护和突发性维护。

② 为了使日常的维护工作达到预期的效果，维护人员应掌握必要的 DWDM 基本原理、产品知识、数据分析技能。

③ DWDM 网络的维护包括单板级、网元级和网络级的维护。单板级的维护主要是针对不同的单板特性来进行维护工作。网元级主要是针对不同的网络单元进行的维护操作。网络级别的维护主要是针对系统性能进行的维护操作。

④ DWDM 设备的日常例行维护的基本操作包括：设备声音告警检查、机柜指示灯观察、观察单板指示灯、风扇检查和定期清理、公务电话检查和网管的例行维护。

⑤ 波分设备维护项目记录表有每日维护记录表、每周维护记录表、每月维护记录表、每季度维护记录表、每半年维护记录表。

思考题

1．波分设备设备日常维护的类型有哪几种？
2．波分设备的要单板级维护项目有哪些？
3．DWDM 设备网元级维护项目有哪些？
4．DWDM 设备维护的注意事项有哪些？
5．DWDM 每日维护项目有哪些？
6．DWDM 设备的风扇检查、清理是如何操作的？

参考文献

[1] 卜爱琴，梁秋妹等编著．光传输系统的组建与维护．北京：北京师范大学出版社，2013．

[2] 李方健，周鑫．SDH 光传输设备开局与维护．北京：科学出版社，2011．

[3] 刘业辉，方水平编著．光传输系统［华为］组建、维护与管理．北京：人民邮电出版社，2011．

[4] 陈海涛，李斯伟．光传输线路与设备维护——学习工作页．北京：机械工业出版社，2011．

[5] 何一心．光传输网络技术——SDH 与 DWDM．2 版．北京：人民邮电出版社，2013．

[6] 曾翎．通信机务．北京：中国铁道出版社．2012．

[7] 孙学康，毛京丽．SDH 技术．2 版．北京：人民邮电出版社，2009．

[8] 杨世平，张引发，等．光同步数字传输设备与工程应用．北京：人民邮电出版社，2002．

[9] 吴凤修．SDH 技术与设备．北京：人民邮电出版社，2006．

[10] Optix 系列 DWDM 光传输系统日常维护建议指导书．深圳：华为技术有限公司，2003．

[11] OSN 系列 6800、1800 DNDM 光传输系统维护手册．深圳：华为技术有限公司，2013．